SPN/MTN 使能5G切片网络

李　晗　程伟强　韩柳燕　李日欣　编著

SPN/MTN
Enabling 5G Slicing Networks

人民邮电出版社
北　京

图书在版编目（CIP）数据

SPN/MTN : 使能5G切片网络 / 李晗等编著. -- 北京:
人民邮电出版社, 2023.7（2023.10重印）
ISBN 978-7-115-61069-0

Ⅰ. ①S… Ⅱ. ①李… Ⅲ. ①无线电通信—移动通信
—通信技术 Ⅳ. ①TN929.5

中国国家版本馆CIP数据核字(2023)第016165号

内 容 提 要

本书是一本介绍SPN/MTN及其相关知识的技术专著，凝聚SPN/MTN技术主要提出者和国际标准主要贡献者的研究成果以及经验总结，系统解读SPN/MTN创新技术和标准。本书梳理SPN/MTN的理念和发展历程，剖析MTN的技术架构，介绍其接口与转发机制，以及开销与OAM、业务映射等方面的工作机制，阐释其保护技术、同步技术、管理与控制等方面的相关内容，展示MTN设备及其应用，并畅想MTN未来的发展。

SPN/MTN是ITU确立的新一代传送网技术，在传输领域首次实现了中国整体原创性技术体系在ITU的国际标准化。本书呈现了自主原创的技术内容，可为网络技术研究人员以及SPN应用涉及的各行各业的从业者提供参考。

◆ 编　　著　李　晗　程伟强　韩柳燕　李日欣
　责任编辑　韦　毅
　责任印制　李　东　焦志炜
◆ 人民邮电出版社出版发行　　北京市丰台区成寿寺路11号
　邮编　100164　　电子邮件　315@ptpress.com.cn
　网址　https://www.ptpress.com.cn
　固安县铭成印刷有限公司印刷
◆ 开本：720×1000　1/16
　印张：18.25　　2023年7月第1版
　字数：337千字　　2023年10月河北第3次印刷

定价：99.00元

读者服务热线：(010)81055552　印装质量热线：(010)81055316
反盗版热线：(010)81055315
广告经营许可证：京东市监广登字20170147号

推荐语

科技创新是提高社会生产力和综合国力的战略支撑，创新成果是否符合国际标准成为评估各国产业核心竞争力的重要依据，更是衡量各国创新能力的标志，是未来发展的战略制高点。因此，积极参与甚至主导国际标准的建立，是各国行业专家们的重要追求。

ITU成立于1865年，是主管信息通信技术事务的联合国机构，负责分配和管理全球无线电频谱与卫星轨道资源，制定全球电信标准，是世界上成立时间最长、行业内权威性最强的标准化组织。ITU-T部门下设的第15研究组（SG15）是制定光传输与接入技术标准最权威的国际标准化组织，全球广泛应用的SDH、OTN、PTN、GPON和DSL等技术标准均诞生于此。

长期以来，在许多领域，ITU-T SG15的标准均由国外公司主导，我很高兴看到由中国移动主导的系统性原创技术SPN/MTN在ITU-T SG15成功实现系列国际标准（7项）立项并基本完成，成为新一代的传送网技术体系，这是我国在信息通信领域技术创新的重大成果，值得宣传和推广。

《SPN/MTN：使能5G切片网络》是SPN/MTN国际标准主要贡献者的倾情之作，深度阐述了SPN/MTN的核心技术和发展历程。通过本书，读者可以全面了解SPN/MTN的技术体系和创新思路，也能领略中国在传输领域由跟随到引领所经历的艰辛而又光荣的历程。

难能可贵的是，作者从繁忙的工作中挤出时间撰写本书，与读者分享国际科技领域的新成果，介绍中国专家参与国际合作的个人经验和见解，值得赞许！期待看到更多年轻的科技工作者，特别是活跃在国际舞台上年轻的中国专家在这方面的努力和展示。

赵厚麟

国际电信联盟秘书长

2022年12月23日于日内瓦

本书编委会

序一

光传送网络是数字基础设施的底座，承载固定网络和移动网络的各种业务。早期传送网主要面向固话语音业务进行设计，ITU-T 制定了 PDH 和 SDH 国际标准，其核心理念是基于 TDM 电路交换提供面向连接的电信级可靠服务、丰富的运行管理维护和 50 ms 内的保护倒换能力。随着互联网业务的兴起，基于分组交换的分组传送网逐渐成为主流，其典型代表技术标准是 IEEE 制定的以太网技术标准和 IETF 制定的 IP/MPLS 技术标准，其核心理念是基于分组交换提供面向非连接的尽力而为服务、高效的统计复用和灵活的选路能力。

随着业务的高速发展和光通信波分复用技术的成熟，ITU-T 制定了 OTN 标准体系，其核心理念是为 SDH、以太网和 IP/MPLS 等业务提供高速长距离大容量承载、子波长速率交叉连接及复用、丰富的光层电层运行管理维护和保护恢复能力。

随着移动通信的蓬勃发展，传输技术演进的一个重要方向是面向移动回传网络。长期以来，移动回传网络基本上都是重用或借鉴已有的固定网络承载技术。1G/2G 语音时代，移动回传主要重用 PSTN 承载的 SDH 技术。3G/4G 时代，面向移动互联网和视频等数据业务，移动回传主要采用基于 IP/MPLS 的 IP RAN 技术，或基于 MPLS-TP 的、具有电信级增强和面向连接特性的 PTN 技术。5G 时代的 eMBB、URLLC 和 mMTC 三大应用场景，对回传网络提出了基于灵活切片的大带宽、低时延、高精度时间同步和高可靠等需求，基于 TDM 的刚性传输技术或基于分组交换的柔性传输技术都难以单独支撑 5G 承载需求，因此迫切需要一种新的传输技术体系。

在此背景下，中国移动面向 5G 提出了“无损 + 高效灵活”的承载理念，构建了融合 TDM 和分组技术的新一代传送网技术体系——切片分组网络（SPN）。SPN 采用以太网作为基础底层，充分利用以太网芯片和光模块等产业链生态，同时考虑引入 TDM 机制以保证电信级的服务，而且上层还要保持对灵活的分组服务的支持。SPN 首次提出在以太网协议栈中嵌入 TDM 子层，实现了一种全新的 MTN 传输接口。SPN 提出了以 64B/66B 码块为原子单元的时隙交换机制，并替换以太网空闲码块实现 OAM 开销插入的机制，构建了 MTN 新型帧结构。SPN 提出了 MTN 段层和通道层的映射结构和单级复用体系，实现了基于 $N\times5$ Gbit/s 灵活粒度的切片调度和适配。SPN 基于 MTN 实现了以太网 MAC 与 PHY 解耦，并通过引入错误标识机制和新型编码机制，避免了误码污染扩散，提升了系统可靠性。综上，SPN 首次在传输领域实现了软硬切片的灵活提供和基于切片的差异化业务统一承载。这些创新构成了 ITU-T MTN 标准的基石，具有系统性和原创性的特点。

SPN 作为由中国提出的原创性技术体系，成功在 ITU-T 完成 MTN 接口、架构、管理、设备、保护、演进、同步等 7 项完整的国际标准系列立项，现主要标准已制定完成并获得通过。SPN/MTN 成为 ITU-T 继 SDH、OTN 之后发布的新一代传送网技术体系。这也是中国在光通信领域首次以成体系的技术主导国际标准，标志着中国在 5G 传输技术领域处于国际领先水平。

SPN/MTN 已经形成产业，并在网络上广泛部署，走出了一条“面向国家重大需求、依托国家重大专项、深度实施技术创新、带动引领产业发展、主导成为国际标准”的科技创新路线。本书的作者是 SPN/MTN 核心理念和关键技术的提出者，也是 SPN/MTN 国际标准和行业标准的主要编辑人。本书系统地介绍了 SPN/MTN 的诞生和发展历程、设计理念、技术架构、关键机制、标准体系、组网应用等内容。本书体系性强、结构完整、概念清晰，讲解深入浅出，实用性强、可读性好。

SPN/MTN 作为 5G 与光传送网络的桥梁，实现了时分复用与统计复用技术的无缝融合，作为光传送网络的新体系，打开了广阔的创新空间。相信随着 SPN/MTN 研究与应用的深入，相关的技术还会继续发展。

邬贺铨

中国工程院院士

序二

发展数字经济是把握新一轮科技革命和产业变革新机遇的战略选择。数字经济发展速度快、辐射范围广、影响程度深，正推动生产方式、生活方式和治理方式深刻变革，成为重组全球要素资源、重塑全球经济结构、改变全球竞争格局的关键力量。数字经济的发展高度依赖信息基础设施，光传送网络是信息基础设施的坚实底座，是5G、有线宽带和算力网络的重要基础。

纵观传输技术的发展历史，那是一个技术创新不断涌现、技术融合不断发展的过程。一方面，向宽带化高速率发展，OTN从20世纪90年代被提出并在ITU-T标准化之后成为主流传输技术。另一方面，向分组化、融合化方向发展，借鉴了以太网技术和深度融合的IP技术。随着移动通信的发展，移动回传成为传输技术演进和竞争的焦点，并相应地呈现一定的代际特征，大体呈现出“两代无线，一代传输”的规律。在以语音业务为主的1G和2G时代，移动回传采用了基于电路交换的SDH技术，主要由欧美国家提出并得到大规模应用。在以数据业务为主的3G和4G时代，移动回传出现了两种基于分组交换的技术，即IP RAN技术和PTN技术，其中PTN由中国移动提出并得到大规模应用。随着5G的发展，移动回传领域对技术的前瞻性、创新性和突破性提出新的要求。

中国移动锚定“世界一流信息服务科技创新公司”新定位，全力构筑创世界一流“力量大厦”，系统打造“5G＋算力网络＋智慧中台”的新型信息基础设施，创新构建“连接＋算力＋能力”的新型信息服务体系，争做建设网络强国、数字中国、智慧社会的主力军。面向5G带来的To B和To C多样化新场景以及算力网络带来的超高速率、低时延新挑战，中国移动提出“无损＋高效灵活”的理念，构建了新一代传送网技术体系——SPN。

SPN是面向5G时代的新一代传输技术，形成了四方面的技术创新。一是提出全新的传输接口、帧结构和交换机制，支持软硬灵活切片和超低时延转发；二是提出新的标签类型，支持 IP 层面向连接电信级组网；三是采用灰光与彩光结合的新光层，实现带宽的灵活拓展；四是构建基于 SDN 的管、控、析三位一体的编排体系，实现集中化的智能调度。SPN 成为业界率先支持硬切片和软切片的 5G 传输技术，在时延、抖动和时间同步精度等多项性能指标上达到了业界领先水平，构筑了中国移动面向 To B 和 To C 场景的差异化承载优势。

SPN 作为中国移动提出的原创性技术，得到了广泛的国际认可和产业支持。在国际标准化方面，形成了接口、架构和演进等 ITU-T 系列国际标准，形成继 SDH、OTN 之后的新一代传送网技术体系。在产业方面，历经 6 年发展，逐步形成覆盖芯片、设备、光模块、仪表的千亿级产业链，实现核心芯片、光模块和设备的自主可控。在应用方面，截至 2022 年底，中国移动已部署 40 多万端 SPN 设备，承载百万座 5G 基站。SPN 的稳定性和可靠性已得到验证，将助力中国移动建成全球规模最大和技术领先的 5G 网络。

《SPN/MTN：使能 5G 切片网络》一书全面介绍了 SPN/MTN 技术的设计理念和产生过程，深入浅出地讲解了 SPN/MTN 的关键技术，展望了未来 SPN/MTN 技术的演进方向。本书由 SPN/MTN 技术的主要提出者倾情撰写，逻辑清晰、内容翔实、观点深刻，相信读者通过阅读本书将受益匪浅。

高同庆
中国移动通信集团有限公司副总经理

Preface 3

For background, mobile network services have increasingly migrated to using IP (Internet Protocol) as their network layer, with all 5G wireless services defined as being carried over IP packets. Advantages to providing services using IP-based networks include increased flexibility and the potential bandwidth efficiency gaining from statistical packet multiplexing. MPLS-TP (Multiprotocol Label Switching–Transport Profile) served as the best packet routing protocol for IP-based services within a telecom provider network. MPLS packets are carried over IEEE 802.3 Ethernet for their data link and physical layers. As the bandwidth of mobile services increased and the wireline backbone networks grew, the use of packet routing technology became more challenging. MPLS routing requires terminating the Ethernet layer so that MPLS packet overhead and routing tables can be used to make the forwarding decisions for each packet.

The processing associated with MPLS per-packet forwarding adds latency and requires a significant amount of power consumption relative to circuit-switched time division multiplexing (TDM) technology. This becomes increasingly important as node bandwidth capacity increases. A solution to this issue is to use hybrid approach where the nodes can use a combination of packet and TDM switching. With TDM, user packet flows that share a common set of ingress and egress nodes in the wireline network which can be carried within the same TDM channel. This allows intermediate nodes to use a TDM switch to bypass their packet switch. Consequently, since entire streams are switched/forwarded based on their TDM channel, per-packet processing is unnecessary. An additional benefit of TDM is that client traffic in one TDM channel cannot impact the performance of traffic in a different TDM channel. This feature is sometimes referred to as "hard isolation" to distinguish it from "soft isolation" in which IEEE 802.1 extensions to Ethernet are used to emulate this isolation feature within an Ethernet packet switched network.

Since the MPLS-TP networks use Ethernet for their lower layers, there was incentive to define a new TDM technology built on Ethernet technology rather than use an existing TDM technology with its own separate network management technology. China Mobile Communications Corporation (CMCC) led the way in pioneering such a technology. The umbrella name for this early development was Slicing Packet Network (SPN), where the "slicing" referred to the TDM channels. CMCC, along with several of their equipment vendors, submitted SPN to the ITU-T for standardization. The primary ITU-T group responsible for this type of technology is Question 11 of Study Group 15 (Q11/15), which defines TDM digital signal formats and rates.

I have been actively involved in telecommunications standards development since 1984. During that time, I have never seen a major proposal that was not significantly improved by the process of considering and incorporating input from participants. The Q11/15 work SPN followed this pattern. Although there were a number of interesting and innovative aspects to SPN, some issues and potential areas for improvement were identified during the Q11/15 discussions. After much discussion and hard work, Q11/15 reached consensus on a compromise that created an enhanced version of SPN. While the most important core aspects of SPN were preserved, in order to avoid confusion, SG15 chose the new name "Metro Transport Network" (MTN) for the version standardized in ITU-T Recommendation G.8312. MTN now forms a new generation of transport hierarchy after SDH and OTN, to support 5G wireless networks and beyond. The various aspects of MTN are covered in the ITU-T G.83xx Recommendation family to support 5G wireless networks and beyond, including:

- G.8310 (2020) -Architecture of the metro transport network
- G.8312 (2021) -Interfaces for metro transport networks
- G.8321 (2022) -Characteristics of MTN equipment functional blocks
- G.8331 (2022) -Metro transport network linear protection
- G.8350 (2022) -Management and control for metro transport network
- G.mtn-sync (2023) -Synchronization aspects of metro transport network

The key SPN concepts that were preserved in MTN, either directly or with enhancement, include:

- Using TDM to provide "hard-isolation" slices of the network bandwidth rather than packet-based soft-isolation.
- Using the Optical Internetworking Forum (OIF) FlexE Implementation Agreement as the basis for providing a TDM layer with $n \times 5$ Gbit/s channels. Each FlexE channel carries an IEEE 802.3 Clause 82 64B/66B block coded PCS stream.
- Introducing TDM switching of the 64B/66B block streams to avoid going up to the Ethernet MAC or MPLS layer for packet switching.

- Using IEEE 802.3 Clause 82 idle blocks insertion/removal for rate adapting the SPN client into the FlexE channel.
- Inserting network path overhead in-band as special control blocks in the Ethernet inter-packet gap (IPG), inserting one block at a time rather than using a multi-block format within the same IPG. The control blocks are identified by a 0xC O code.
- Defining a mix of high-priority and low-priority path overhead messages, with each OAM block containing the associated message type information.
  - ◊ Basic blocks, which are sent with a regular nominal spacing, use a bit-oriented format to carry information requiring frequent repetition (e.g., path error monitoring and defect status).
  - ◊ APS information is sent in separate messages/blocks.
  - ◊ Other information (e.g., connectivity verification, delay measurement functions and client signal information) are each carried separately using a message-oriented format that is typically spread across multiple blocks.
- Focus on 1+1 end-to-end linear protection for the MTN path layer.

MTN enhancements to SPN included:

- Enhancements to FlexE to create the MTN Section layer.
  - ◊ Arbitrary $n \times 5$ Gbit/s channel rates rather than the limited subset supported by FlexE.
  - ◊ Defining LLDP messages to be carried within the FlexE overhead channel in order to provide MTN Section-specific overhead.
- Modifying the SPN Ordered-set-like block used for MTN Path overhead so that it fully conformed to the IEEE 802.3 Clause 82 format .
  - ◊ Allowing requesting IEEE 802.3 to add a note reserving the associated MTN O code.
  - ◊ Ensuring transparency of the overhead block to existing Ethernet implementations.
- Supporting the insertion of Path OAM ordered set blocks according to the full IEEE 802.3 Clause 82 rate adaptation rules rather than only allowing OAM insertion by replacing idle blocks.
- Deterministic overhead performance, including overhead latency, which also reduced receiver complexity and buffer requirements.
- Some message coding enhancements to further improve robustness.

One key aspect of MTN is that it is defined to be transparent to existing intermediate SPN nodes. This allows network transition from SPN to MTN by replacing edge nodes without touching intermediate nodes. This topic is documented in ITU-T Supplement

G.Sup.69 “Migration of a pre-standard network to a metro transport network”. Network migration is further simplified if the new edge nodes can interoperate with either SPN or MTN nodes on the other side of the connection.

Dr. Han Li is the main author of this book, and I have appreciated and enjoyed working with him during his many years of active involvement in ITU-T SG15. He is one of the main contributors to MTN Recommendations and one of the key people who helped to reach consensus for MTN. Based on his profound knowledge, this book provides sound descriptions of MTN technologies and also introduces many interesting background stories during the recommendation discussion. I believe readers will learn a lot from the book and enjoy the book!

Steve Gorshe, Ph.D

IEEE Life Fellow，Rapporteur for ITU-T Q11/15

序三（中文版）

随着越来越多的移动网络业务转向使用 IP（互联网协议）作为其网络层，所有的 5G 无线业务都将通过 IP 分组承载。基于 IP 的网络提供的业务更加灵活，可通过分组网的统计复用提升带宽效率。MPLS-TP（多协议标签交换 – 传送子集）是电信运营商网络中基于 IP 的最佳分组路由协议。MPLS 分组报文通过 IEEE 802.3 以太网传输，用于其数据链路层和物理层。随着移动业务带宽的增加和骨干网络容量的提升，分组路由技术将面临更多的挑战。MPLS 路由要求终结以太网层，以便使用 MPLS 分组开销和路由表来为每个分组做出转发决定。

相比电路交换时分复用（TDM）技术，MPLS 逐包转发处理机制增加了延迟，并且功耗显著提升。随着节点带宽容量的增加，这一点变得越来越重要。一种解决方案是在节点处理中融合采用分组交换技术和 TDM 交换技术。引入 TDM 后，网络中同源同宿的用户分组流可以承载于同一 TDM 通道中，这允许中间节点使用 TDM 交换，绕过了分组交换。由于整个流是基于其 TDM 通道进行交换 / 转发的，因此不需要对每个报文进行逐跳处理。TDM 的优点还包括，一个 TDM 通道中的客户端流量不会影响另一个 TDM 通道的流量性能。此功能有时也被称为“硬隔离”，以区别于“软隔离”。在软隔离中，IEEE 802.1 以太网的扩展用于在以太网分组交换网中模拟这一隔离特性。

由于 MPLS-TP 网络将以太网作为其底层，因此有必要定义一种适合于以太网技术的新的 TDM 技术，而不是将现有的 TDM 技术简单地与以太网的网络管理技术叠加。中国移动（CMCC）率先开创了这项技术。这个技术早期的全称是切片分组网络（SPN），其中的“切片”指的是 TDM 通道。中国移动联合设备供应商向 ITU-T 提交了 SPN 技术并将其标准化。负责这类技术的主要 ITU-T 小组是 SG15 的 Q11（Q11/15），Q11 给出了 TDM 数字信号格式和速率的定义。

自 1984 年以来，我一直积极参与电信标准的制定工作。在此期间，我从未看到过一项重大提案在考虑和采纳参与者意见的过程中，一直没有得到显著改善。Q11/15 在制定 SPN 标准时便经历了这一过程。尽管 SPN 有许多有趣和创新的方面，在 Q11/15 的讨论中也发现了一些问题和潜在的改进方向。最后，经过大量讨论和努力，Q11/15 就一个折中方案达成共识，创建了 SPN 的增强版本。标准保留了 SPN 最重要的核心机制，但为了避免混淆，SG15 将 ITU-T G.8312 重新命名为“城域传送网（Metro Transport Network，MTN）”。现在，MTN 成为继 SDH 和 OTN之后的新一代传送网技术体系，并支持5G无线网络及其他网络。ITU-T G.83xx 标准系列涵盖了 MTN 的各个方面，以支持 5G 无线网络及其后续演进，包括如下几项。

- G.8310（2020）：MTN 架构。
- G.8312（2021）：MTN 接口。
- G.8321（2022）：MTN 设备功能特性。
- G.8331（2022）：MTN 线性保护。
- G.8350（2022）：MTN 管理与控制。
- G.mtn-sync（2023）：MTN 同步。

MTN 中保留的关键 SPN 理念（无论是直接保留还是在原来基础上增强）如下。

- 使用 TDM 提供网络带宽的“硬隔离”切片，而不是基于分组的软隔离。
- 基于光互联论坛（OIF）FlexE 协议，提供具有 $N\times 5$ Gbit/s 通道的 TDM 层。每个 FlexE 通道承载 IEEE 802.3 Clause 82 的 64B/66B 编码的 PCS 流。
- 引入了 64B/66B 码块流的 TDM 交换，以避免进入以太网 MAC 或 MPLS 层进行分组交换。
- 采用 IEEE 802.3 Clause 82 的空闲码块插入 / 删除机制，将 SPN 客户端速率适配到 FlexE 通道。
- 在以太网报文间隙（IPG）中插入特殊控制码块——带内通道层开销，一次插入一个码块，而不是在同一 IPG 中插入多个码块。控制码块由 O 代码 0xC 标识。
- 定义高优先级和低优先级通道开销消息，每个 OAM 码块包含相关的消息类型信息：
  - ◊ 基本码块以固定间隔发送，使用面向比特的格式携带需要频繁周期性发送的信息（例如，路径错误监控和缺陷状态）；
  - ◊ 以单独的消息 / 码块发送 APS 信息；
  - ◊ 其他信息（例如，连接性校验、时延测量功能和客户端信号）使用面向消息的格式单独携带，该格式通常分布于多个码块中。

◆ 重点关注 MTN 通道层端到端 1+1 线性保护机制。

MTN 相比 SPN 有以下提升。

◆ 增强 FlexE 以创建 MTN 段层。

◊ 采用任意 $N\times5$ Gbit/s 通道速率，而不是 FlexE 支持的有限子集。

◊ 定义要在 FlexE 开销通道中承载 LLDP 消息，以便提供 MTN 节特定开销。

◆ 修改用于 MTN 通道开销的 SPN 码块字节，使其完全符合 IEEE 802.3 Clause 82 规定的格式。

◊ 允许请求 IEEE 802.3 保留关联的 MTN O 代码。

◊ 确保开销码块对现有以太网实现的透明性。

◆ 支持基于 IEEE 802.3 Clause 82 规定的速率适配规则，插入通道 OAM 码块，而不是仅允许通过替换空闲码块的方式插入 OAM 码块。

◆ 开销性能确定性设计，包括确定性的开销时延，这也降低了接收器复杂性和缓冲区要求。

◆ 部分消息编码得到增强，以进一步提高可靠性。

MTN 非常关键的一点是，它被定义为对 SPN 的中间节点是透明的。网络可以通过替换边缘节点而不改变中间节点的方式从 SPN 过渡到 MTN。关于这一点，ITU-T G.Sup.69 “Migration of a pre-standard network to a metro transport network” 中有记录。如果新的边缘节点可以与另一侧的 SPN 或 MTN 节点互通，那么网络演进将进一步简化。

李晗博士是本书的主要作者，多年来他积极参与 ITU-T SG15 的工作。我很欣赏他，并且很高兴与他共事。他是 MTN 标准的主要贡献者之一，也是帮助达成 MTN 共识的关键人物之一。基于他的渊博知识，本书详细阐述了 MTN 技术，并介绍了在标准制定过程中发生的许多有趣的故事。我相信读者会从这本书中学到很多东西，并享受这本书！

史蒂夫·戈舍博士

IEEE 终身会士，ITU-T Q11/15 报告人

序四

提起5G传送网，特别是SPN/MTN，我便回想起我国5G传送网技术国际标准化的推进历程。

我国三大电信运营商（中国电信、中国移动、中国联通）早已预料到5G移动的低时延、大带宽、网络切片、多接入边缘计算等新特征，会对已有的光传送网络提出新的需求和挑战。基于此，它们联合国内的知名电信技术研究机构、电信设备制造商等，于2016年在中国通信标准化协会（CCSA）传送网与接入网技术工作委员会（TC6）上，率先启动传送网承载IMT-2020/5G的新技术需求和新网络架构的研究。此研究紧跟5G移动通信技术的研究进展，同步展开。

我国三大电信运营商结合各自网络的特点，分别提出具有自主知识产权、支撑5G移动业务的传送网的新概念、新需求以及新的网络架构，具体包括：中国移动提出的融合分组交换和电路交换技术的SPN、中国电信提出的移动优化光传送网络M-OTN技术和中国联通提出的基于城域光网络的WDM+IP技术。这三种技术各有特色。

这三种技术方案在TC6上进行了充分讨论，确定了5G传送网的国内标准立项，从此拉开了5G传送网技术标准研究的序幕。随后，5G传送网的关键技术研究、组网试验、网络测试、方案验证、参数定义、设备开发、各单位之间的技术协调等工作全面展开，很快就有了研究成果。此时，国际上5G传送网技术的标准研究尚未正式启动。我国在5G传送网标准化方面的研究一开始就处于国际领先地位。

2017年6月，ITU-T SG15全会期间，我国三大电信运营商，中国信息通信研究院，中国通信设备制造企业华为、烽火科技、中兴通讯等单位联合，首次向会议提交了关于5G传送网标准立项的文稿，并对网络切片、低时延（数百纳秒～数微秒）、大带宽（新的光接口）等提出新的研究建议，对移动网络的前传、中传、回传架构给出了详细方案。来自中国的方案在此次会议上引发了强烈反响，受到了国际同行的高度关注，同时在 SG15 全会上掀起了 5G 承载技术的研究热点。会议讨论非常激烈。也有一些刚介入 5G 传送网领域研究的国外电信运营商、设备商、芯片商的代表等，他们由于对相关需求、架构、技术理解不深，缺乏相关产品，因此希望延缓标准制定，以缩短其与中国的电信运营商、设备制造商之间的技术差距。

经过充分讨论和据理力争，会议最终决定以研究报告 GSTR-TN5G（支持 IMT-2020/5G 的传送网）的形式首先启动 5G 承载技术的研究，计划于 2018 年 1 月的 SG15 全会上完成研究报告，并以此研究报告为基础，开展 5G 传送网技术标准的研究。可以说，中国的 5G 传送网技术方案的国际标准化推进工作在当时取得初胜。

2018 年 1 月 29 日 ~ 2 月 9 日，ITU-T SG15 在日内瓦举行此研究期（2017—2020）的第二次全会。我国三大电信运营商、中国信息通信研究院以及华为、烽火科技、中兴通讯等向此次会议提交了涉及 5G 移动承载技术的文稿数十篇，内容涉及网络架构、网络切片技术、低时延技术需求、大带宽、网络管理及信息模型、网络的保护倒换、组网试验及测试结果等诸多方面，文稿内容涵盖全面、分析详尽、技术先进、方案完整。

会议重点对中国电信运营商提出的 SPN 和 M-OTN 两种方案，以及中国基于这两种方案提交的诸多文稿，进行了详尽讨论和分析。讨论过程中，来自中国的各单位和公司积极响应，认真准备，准确、完整地分析和回答了 SPN 及 M-OTN 两种方案的技术特点。此次会议计划完成 GSTR-TN5G 报告的开发，其内容（主要是网络架构和基本需求）决定了 5G 传送网发展的方向，竞争十分激烈。

经过积极争取，会议接受了中国电信运营商、科研机构、设备制造商提交的关于众多文稿的提议，包括前传链路的功能分离、通道带宽需求（前传接口带宽需求、中传接口带宽需求、回传接口带宽需求、基站接口带宽需求）分析、频率 / 时间同步分配架构及需求（时延分析及时延指标分配）、网络传输距离（前传、中传、回传网络的距离）、网络 / 设备管理及控制、支持多业务、传送网对 5G 切片的支持等技术需求，并最终决定由中国专家撰写 GSTR-TN5G 报告正文中多个主要章节的内容和报告附件，将中国提出的 5G 传送网网络架构纳入报告的附件中，并特别指出可供备选的 5G 传送网技术可以是 PON、OTN、SPN、以太网、G.metro 等。会议结果如下：

- ◆ 完成 GSTR-TN5G 报告并最终得到全会同意；
- ◆ 由中国联通牵头开发的 G.metro 新建议获得通过；
- ◆ 会议同意针对 SPN 和 M-OTN 两种技术开展 5G 传送网技术的研究，同时启动两个新标准立项，这两个新标准是“G.supp.5gotn: Application of OTN

to 5G Transport”和“G.ctn5g: Characteristics of transport networks to support IMT-2020/5G”。

GSTR-TN5G 报告的通过以及 5G 传送网的两个新标准立项，为 SPN 技术和 M-OTN 技术在 ITU-T SG15 后续开发相关系列奠定了良好基础。

为了确保 SPN 和 M-OTN 的标准立项，ITU-T SG15 国内对口组召开了 5G 传送网立项的协调会议，针对我国代表团拟向 2018 年 10 月召开的 SG15 全会提交的 5G 传送网立项相关重要文稿，进行了良好的沟通与协调。会议对各单位拟提交的文稿进行了分析和梳理，讨论了立项前提条件和共性问题，就各单位提交文稿的分工、各种技术的解答以及所需解决的问题、5G 传送网的低成本需求、网络切片管控功能需求以及管控一体化系统的功能要求等主要议题进行了分析与统一认识，并要求中国各成员单位协同推进中国提出的 5G 传送网技术方案的标准化。

2018 年 10 月 8~19 日，ITU-T SG15 在日内瓦举行该研究期（2017—2020）的第三次全会。SPN 与 M-OTN 的立项是此次会议讨论的重点之一。中国代表团参会的目的是，全力推进由我国企业提出的具有自主知识产权的 SPN、M-OTN 两个 5G 传送网技术方案在 SG15 立项。

会议针对 SPN 技术方案主要争论的观点包括：

◆ SPN 与 M-OTN 两种技术方案所解决的是否为同一个问题；
◆ SPN 的 SCL 是否会影响 OIF FlexE 及 IEEE 以太网标准；
◆ SPN 的 SCL 的 OAM 实现性如何；
◆ 目前在 ITU-T 开发 SPN 可能会涉及 ITU-T 与 OIF 及 IEEE 之间的哪些关系问题；
◆ FlexE 作为段层是否有段层保护能力；
◆ IEEE 码块中的全零字节是否可以用于 OAM 信息。

由此可见，争论焦点不仅涉及许多技术问题本身，还涉及 ITU-T 与 OIF 以及 IEEE 之间的争议，对传统的 ITU-T 传送网体系架构的划分和定义的理解，涉及面广、推动难度大、协调工作量大。

为了有效推进 SPN 在此次全会上立项，中国移动、中国信息通信研究院、华为、中兴通讯、中国信科的专家积极、详细、有效、准确地回答了会议针对文稿提出的各种问题。在第一周的会议讨论期间，中国专家对上述 6 个焦点问题，从理论依据、标准化组织之间的协调、方案优点等多个方面进行了全面、深入、准确、完整的回答，但会议仍然没有就此达成一致，推进立项的阻力甚大。在此情况下，李晗博士在第二周连续三个中午在会下与由 SG15 主席，SG15 WP3 主席，Q11 课题组正副报告人组成的管理团队进行了沟通，详细阐述了 SPN 技术方案的优点和特点，全面完整地回答了管理层仍然存疑和新产生的 8 个关键技术问题，最终获得了管理层一致认可，他们不但同意了中国代表团提出的新建议“G.mtn- 城域传送网接口”立项，并超预期地将 SPN/MTN 作为下一代传送网技术体系进行了系列标准立项。

同样，经过激烈的讨论和争取，会议最终达成一致，同意中国电信提出的 M-OTN 技术方案，M-OTN 标准名称为 G.709.25-50G“25G and 50G OTN interfaces”。

至此，中国实现了 SPN、M-OTN 两个 5G 传送网技术方案在 SG15 的标准立项，中国的 5G 传送网技术的国际标准化推进获得重要进展。

2019 年 7 月 1~12 日，ITU-T SG15 在日内瓦举行此研究期（2017—2020）的第四次全会。推进 G.mtn 标准的开发是此次会议的一项重要工作。

G.mtn 主要定义 SPN 的接口、帧结构及 OAM 功能，是 ITU-T MTN 系列标准的第一个标准，也是核心标准，其技术方案的选择是此次会议的争论焦点之一，主要内容包括：物理层是否需要端口绑定；段层是否要引入新的帧结构；通道层采用什么样的机制及帧格式。经过会上的激烈争论以及中国代表团的全力争取，中国企业提出的技术选择得到大部分参会企业和代表的支持。

在中国代表团的大力推动下，继在 2018 年 10 月会议上启动 G.mtn 标准开发后，此次会议同时完成如下 4 个 MTN 系列标准的立项：

- MTN 设备功能标准；
- MTN 线性保护标准；
- MTN 架构标准；
- MTN 管理标准。

这些标准的开发将形成完整的 MTN 技术标准系列，从而形成新一代电信传送网标准体系。MTN 是由中国移动主导、我国电信技术研究机构和电信设备制造商共同参与所推出的原创性电信传送网技术，是 ITU-T 在传送网的发展演进方面取得的最新重要成果。

另外，会议还讨论了由中国电信牵头并联合国内电信设备制造商提出的 25G/50G OTN 的需求和技术特征。经过充分讨论，中国提出了双速率技术方案，并就 25G/50G OTN 的速率、帧结构、复用结构、标准化方式等方面达成一致意见。根据会议讨论结果，会议起草了包含 25G/50G OTN 的 G.709 建议的更新版本和 G.709.4 新建议的初稿。2020 年 3 月，G.709.4“OTU25 and OTU50 short-reach interfaces”正式发布。

2022 年，由中国移动主导并联合国内多家单位积极推动的、符合中国移动 5G 传送网的 SPN/MTN 技术方案的 ITU-T 国际标准化系列基本完成，由中国电信主导并联合国内多家单位积极推动的、符合中国电信5G传送网的多项ITU-T国际标准基本完成，由中国联通主导的符合中国联通5G传送网的ITU-T国际标准已完成。相关标准建议和报告如下。

5G传送网技术报告及通用技术标准如下。

◆ GSTR-TN5G报告（已完成）。

◆ G.8300: Characteristics of transport networks to support IMT-2020/5G（已完成）。

基于SPN/MTN的标准如下。

◆ G.8310: Architecture of the metro transport network（已完成）。

◆ G.8312: Interfaces for metro transport networks（已完成）。

◆ G.8321: Characteristics of MTN equipment functional blocks（已完成）。

◆ G.8331: Metro transport network linear protection（已完成）。

◆ G.8350: Management and control for metro transport network（已完成）。

◆ G.mtn-sync: Synchronization aspects of metro transport network（开发中）。

◆ G.Sup.69: Migration of a pre-standard network to a metro transport network（已完成）。

基于M-OTN的标准包括：

◆ G.supp.5gotn: Application of OTN to 5G Transport（已完成）；

◆ G.709.4: OTU25 and OTU50 short-reach interfaces（已完成）。

基于WDM+IP的5G传送网标准是G.698.4 “Multichannel bi-directional DWDM applications with port agnostic single-channel optical interfaces”（已完成）。

同样，在接入网方面，中国的电信运营商、电信设备制造商、电信技术研究机构的专家团队积极推进5G光接入网国际标准的开发，提交了大量技术文稿，为5G光接入网的国际标准化做出了突出贡献。在与5G相关的时间同步系列标准的开发方面，中国专家也做出了重要贡献。

5G传送网国际标准的开发，得到了我国工业和信息化部科技司的支持，以及工业和信息化部国际电联工作委员会秘书处的积极指导和关注。CCSA TC6技术工作委员会下设的国际标准化工作组负责我国相关单位和企业向ITU-T SG15研究组提交文稿的相关组织工作，包括组织文稿起草、文稿讨论、文稿审核及修改、CCSA审核及上报电联秘书处等具体工作。

《SPN/MTN：使能5G切片网络》这本技术专著介绍的由中国移动提出并主导，联合国内电信技术研究机构、电信设备制造商等共同推动的SPN/MTN具有如下几个特点。

第一，引领性。SPN是以切片以太网内核为基础的新一代融合的承载网络架构，具有低时延、大带宽、超高精度时间同步、灵活管控等技术特征；同时，兼容以太网生态链，具备低成本优势。SPN/MTN 技术开辟了新一代传送网技术体系，开创了移动传送网的一个新的发展方向，具有引领作用。

第二，自主原创性。SPN 提出了面向 5G 承载的“无损＋高效灵活”的设计理念，提出了融合分组交换和电路交换支持软硬切片 / 隔离的核心机制及架构，构建了全新的传输接口和帧结构，是面向 5G 传送网的系列创新技术，其有效整合了从 L0 光波长传送层到 L2/L3 分组层的多层网络技术及其智能管控，在 L1 创新性提出新一代层网络技术，自主技术覆盖网络架构、超低时延、大带宽、超高精度时间同步、灵活管控等多个方面，且在国际上是首次提出。

第三，系统性。SPN/MTN 总体技术涵盖传送网诸多方面，包括 MTN 架构及组网技术、SPN 技术、MTN 的接口与转发机制（MTN 段层、通道层接口，速率适配，转发机制）、MTN 开销分配与 OAM，对各种业务的映射，MTN 保护倒换，高精度网络同步（频率同步及时间同步），网络管理与控制，MTN 设备要求、功能及应用，等等，充分体现了 SPN/MTN 技术的系统性，在 ITU-T 标准化方面，几乎涵盖了 SPN/MTN 的所有技术要求，形成了 ITU-T 关于 SPN/MTN 的系列标准。在 ITU-T SG15，首次实现了中国企业主导并完成的新一代传送网系列标准的开发。

从标准化的角度来看，SPN/MTN 系列标准在 ITU-T 成功立项是中国在世界传输领域从跟随到引领的标志性事件，本书亦可看作 SPN/MTN 技术国际标准系列的结晶。

另外，通过对 5G 传送网技术的深入研究、设备产业化的完全实现以及 5G 移动网络建设，我国在电信传送网领域培养了众多高端技术人才，包括国际标准化高端人才，其中一些专家（如本书的部分作者）已经成为 ITU-T SG15 核心专家团队的主要成员，他们的贡献对 SG15 的课题研究方向具有重要的影响。中国的电信科研技术高端人才已逐步进入该领域的世界前列，并发挥着重要作用。

朱 洪
中国 ITU-T SG15 对口研究组原组长
中国通信标准化协会传送网与接入网技术工作委员会（TC6）国际标准化工作组原组长
电信科学技术第五研究所原总工程师

前言

纵观传统传输技术的发展，它基本上都是针对特定业务或者特定场景设计的。在20世纪70年代到80年代，陆续出现了准同步数字系列（PDH）、X.25帧中继、综合业务数字网（ISDN）和光纤分布式数据接口（FDDI）等多种网络技术，主要面向语音、文字、数据、图像和视频的承载。直到20世纪90年代，ITU-T发布了SDH系列标准，规范了为不同速率的数字信号传输提供相应等级的信息结构，包括复用方法、映射方法和同步方法等，世界上才有了第一个面向综合业务承载的传输技术国际标准。

随着互联网的发展，网络带宽激增，具有大容量、长距离传输能力的波分复用（WDM）系统成为光层的主流技术。为了有效地弥补WDM系统在性能监控、维护管理、组网能力和互联互通等方面的不足，ITU-T于2000年前后制定了OTN（光传送网络）系列标准。OTN技术可以说是电网络与全光网折中的产物，具有光层和电层的功能，支持客户信号的透明传送、高带宽的复用交换和配置，具有强大的开销和前向纠错（FEC）能力，提供完善的OAM和多种保护功能，支持多层嵌套的串联连接监视（TCM），可以说是第二代传输技术国际标准。值得一提的是，每一代传输技术之间并不是严格意义的演进或替代关系，它们在不同的应用场景下长期共存。

随着移动通信的发展，移动回传成为传输技术演进和竞争的焦点。1G和2G时代主要以语音业务为主，移动回传采用了基于电路交换的SDH技术；3G和4G时代主要以数据业务为主，移动回传网络实现了IP化转型，代表性技术包括IP RAN和分组传送网（PTN）。不同代际移动通信对回传网络的不同要求驱动移动回传技术呈现出代际特征，大体表现为“一代传输，两代无线”的发展规律。5G提出了“赋能千行百业”的发展愿景，并采用切片技术支持eMBB、uRLLC和mMTC三大场景，相应地对5G回传网络提出了大带宽、低时延、网络切片、灵活调度和高精度同步等需求，最直接的挑战就是要求 5G 回传网络既支持软切片又支持硬切片，从而既满足对 IP 业务的灵活和高效承载，又满足高等级业务的硬隔离和低时延。单独采用基于分组交换的柔性传输技术或基于 TDM 的刚性传输技术都难以应对上述挑战，因此迫切需要一种能够结合统计复用和时分复用（TDM）的新技术体系。

中国移动针对 5G 承载提出了“无损 + 高效灵活”的 SPN 技术理念，无损是指 TDM 刚性管道，高效是指依托以太网芯片和光模块产业生态保证低成本，灵活是指 IP 灵活路由和统计复用，而 SPN 体现了依靠切片提供异质化、差异化的以分组业务为主的综合业务承载新模式。在这个过程中，最关键的是如何实现分组与 TDM 的融合。传统思路一般采用叠加方式，例如 POTN/EOTN 就是将 IP/ 以太网芯片与 OTN 芯片集成，从而在一体化设备上提供灵活的分组业务和大管道传输。这种解决方案复杂度高、功耗和成本高、对运维人员技术要求高，因此目前没有得到广泛应用。

中国移动提出了“分组内生 TDM”的新思路，即在以太网的物理编码子层（PCS）插入 TDM 层网络，从而在以太网芯片中新增 TDM 功能，以实现分组与 TDM 的无缝融合。要实现“分组内生 TDM”，面临三大技术挑战：一是为了兼容以太网的芯片，在实现 TDM 复用和交叉连接等功能的同时，不能破坏以太网的信号结构，即 TDM 层网络在以太网的 PCS 中对上对下是完全独立的；二是为了实现 TDM 交换，必须引入丰富的开销功能，为了重用以太网的光模块，不能改变信号的速率；三是在 PCS 引入 TDM 交换后，实现了以太网介质访问控制（MAC）层与物理层（PHY）的解耦，同时也引入了误码扩散以及如何满足以太网物理层所要求的错误报文平均接收时间（MTTFPA）仍然达到 100 亿年以上的设计要求的问题。

针对以上三大技术挑战，中国移动提出了三大技术：一是基于以太网 64B/66B 码块为原子交换单元进行时隙化和容器化，从而在保持以太网信号结构情况下，构建 TDM 层网络；二是采用 OAM 码块替换空闲码块构建开销的机制，从而在保持以太网信号速率不变的前提下实现 TDM 的开销管理功能；三是在以太网物理层为数据流引入误码校验、误码标识和通道误码扩散抑制机制，满足 MTTFPA 设计要求。这三大技术成为 SPN 的 TDM 层网络最基础的机制，后续 ITU-T 将 SPN 的 TDM 层网络定义为城域传送网（MTN），MTN 成为第三代传输技术国际标准。

在提出 SPN 概念和核心技术后，依托国家科技重大专项课题“5G 前传及回传接口研发与验证”和 IMT-2020/5G 承载工作组，国内通信产业利用先发优势，率先联合完成整体技术体系的制定和实验验证，形成了一系列的核心技术，包括基于 64B/66B 原子码块时隙化和容器化实现 TDM 交换、基于空闲码块替换的 OAM 插入机制、OAM 单码块构建、基于 0x4B+0xC 为特征标识的 OAM 码块、

以 $N\times16$ kbit/s 为准周期的帧结构、64B/66B 转置 BIP 算法、基于 E 码块的误码抑制机制等。

2017 年 6 月，中国三大电信运营商、中国信息通信研究院、中国通信设备制造企业首次向 ITU-T SG15 提出 5G 承载技术立项申请，并在同年 10 月中间会议期间举办的研讨会上做了 5G 承载需求和 SPN 关键技术专题报告，引发了全球传输产业界的热烈讨论。国内外专家经过了一年多的研究和评估，在 2018 年 10 月的 ITU-T SG15 全会上，成功立项 MTN 接口标准（G.8312），SPN/MTN 被 ITU-T 定位为新一代传送网技术体系。截至 2022 年 11 月，SPN/MTN 在 ITU-T SG15 已成功完成 7 项标准立项，覆盖 MTN 接口、架构、管理、设备、保护、演进、同步，其中 6 项标准已正式发布，首次实现了中国的整体原创性技术在 ITU-T SG15 的国际标准化。

国际标准立项和制定过程从来都不是一帆风顺的，其中既有围绕关键技术机制开展的惊心动魄的斗争，也有双方的精诚协作。我仍然记得在 2018 年 10 月 ITU-T SG15 全会期间，第一周，国内外的专家展开了激烈的辩论，无法达成一致，立项前景非常渺茫。第二周从周二开始，ITU-T SG15 主席 Stephen J. Trowbridge 联合 WP3 主席 Malcolm Betts、Q11 课题组正副两位报告人 Steve Gorshe、Tom Huber 和 IEEE 802.3 的编辑 Pete Anslow，利用中午的时间邀请我去办公室进行讨论。第一天中午，讨论主要针对 SPN 与 IEEE802.3 以太网标准的兼容性，他们轮番询问了 8 个问题，我一一进行了解答；第二天中午，我与 ITU-T SG15 管理团队继续围绕 SPN 的设计理念、架构和关键技术展开讨论，集体讨论一直持续到下午会议召开前，最终成功解答了他们关切的所有核心技术问题，ITU-T SG15 管理团队同意立项；第三天中午，我们与 ITU-T SG15 管理团队一起撰写了 A.1 立项文稿，并确立了 SPN/MTN 系列国际标准的框架。当我将好消息带给 SG15 中国代表团时，大家群情振奋，那种喜悦和成就感让人终生难忘！

我仍然记得标准推进过程中的艰难，2020 年年中的连续六周，Stephen J. Trowbridge、Malcolm Betts、Steve Gorshe 和 Tom Huber 组成的 SG15 SPN/MTN 技术评估团队每周与我进行一次线上交流，技术评估团队抛出了基于 SPN 理念的 5 种竞争方案。如何在众多的竞争方案中让技术评估团队理解和认可中国方案的技术优势，成为中国标准化专家团队的首要任务。每次与技术评估团队开完线上会议之后，整个中国 SPN/MTN 技术设计团队就马不停蹄、群策群力地开始对会议的议题深入分析，从理论、仿真、测试各个维度开展工作。正是在这种高频度的思维碰撞中，双方对 SPN/MTN 整个技术架构、机制机理、方案优劣势等都有了更清晰、更深入的理解。中国代表团总结形成了 20 条核心技术建议并提交工作组会议，大家逐一分析比较，唇枪舌剑，最终依靠详细的方案分析和严谨的仿真测试数据，让技术评估团队接受了我们的大部分诉求，而我们也接受了技术评估团队提出的合理的技术改进建议。

自此，中国原创性技术 SPN 正式获得 ITU-T SPN/MTN 技术评估团队认可，而且 ITU-T SG15 还首次在其国际标准中引用了 CCSA 标准。5 年多来，SPN 标准化团队一直齐心协力，充分发挥了团结和坚韧不拔的精神，核心人员除了几位主编，还包括张德朝、李芳、钟其文、徐丽、刘爱华、陈捷、杨剑、韩震，等等。此外，还有大量后台技术人员有力支撑了标准化前台工作，在此一并表示感谢。

原创性技术成功离不开产业的支持。2017 年 6 月 15 日晚，在出发去瑞士参加 ITU-T SG15 全会的前夜，我与胡冰、陶璟和宫晋一直聊到深夜，确定了华为对 SPN 技术大力支持的态度；胡克文、盖刚、高戟、陈金助、左萌、杨旭、向艳稳、李春荣、刘凯、祁云磊、张峰、陈井凤先后与我们多次交流，确定了华为的自研芯片方案，为 SPN 的产业化奠定了良好的基础。中兴通讯赵福川带领团队提前布局，将 MTN 功能规划集成到自研的分组功能网络处理器中，为快速推出 SPN 全系列产品提供了核心支撑。烽火科技范志文副总裁亲自调集 60% 的研发资源集中攻关，为完成国家科技重大专项 SPN 产品原型和后续商用版本的实现做出了重大贡献。同时，SPN 整体项目以及本书的编著得到了张同须和杨志强等领导的悉心指导，SPN 的国际标准推进工作得到了毛谦主席、朱洪组长、杨晓南总经理和杨晓雅顾问的关心和帮助，在此对他们表示诚挚的感谢。

本书是第一本专门介绍 SPN/MTN 及其相关知识的图书，凝聚了中国 SPN 产业的研究成果和经验总结，分为三个部分。

第一部分（第 1 章）：回顾移动承载网的发展历程，分析 5G 时代承载网的需求，并介绍 SPN 技术的设计理念和 MTN 层网络设计原则等。

第二部分（第 2 章～第 8 章）：详细介绍 SPN/MTN 在移动承载应用场景下如何工作以及应用的关键技术。

第三部分（第 9 章～第 11 章）：介绍 MTN 的设备、应用、发展与展望。

第四部分（附录 A～附录 E）：既有轻松生动的漫画，又有标准体系的解读，还附有华为设备介绍和推荐阅读资料。

《SPN/MTN：使能 5G 切片网络》主要涵盖了 SPN 在 MTN 层的技术内容，SPN 技术和标准还在不断发展中，限于编者编著图书的时间和经验有限，书中难免存在不足之处，敬请读者批评指正。

李　晗

2023 年 3 月于北京

目录

第 1 章　SPN/MTN 的理念和发展概述

1.1　移动承载网的发展历程......2
1.2　5G 时代承载网的需求......8
　1.2.1　5G 业务场景及网络架构的变化......8
　1.2.2　城域承载网的需求......15
1.3　SPN 技术的设计理念......20
1.4　以太网技术及其在承载网领域的应用和发展......25
　1.4.1　以太网的诞生、应用和发展......25
　1.4.2　以太网接口概述......28
　1.4.3　以太网在承载网领域的应用和发展......34
1.5　MTN 层网络设计原则......38
1.6　SPN/MTN 技术的发展历程......44

第 2 章　MTN 的技术架构和组网

2.1　MTN 的技术架构......50
2.2　MTN 与以太网物理层协议栈的兼容性......52
2.3　MTN 的典型组网......54

第 3 章　MTN 的接口与转发机制

3.1　MTN 接口的设计目标......56

3.2 MTN 段层接口设计......57
3.2.1 MTN 段层帧格式......57
3.2.2 MTN 段层错误标记......59
3.2.3 MTN 段层速率适配机制......67
3.3 MTN 通道层接口设计......72
3.3.1 MTN 通道层信号的映射与解映射......72
3.3.2 MTN 通道层 OAM 码块插入和提取......74
3.4 MTN 通道层转发机制......75

第 4 章 MTN 的开销与 OAM

4.1 MTN 开销的设计目标......81
4.2 MTN 段层开销与 OAM......82
4.2.1 MTN 段层帧的基本格式......82
4.2.2 MTN 段层复帧对齐......85
4.2.3 MTN 段层组......86
4.2.4 MTN 段层时隙配置表及其切换......87
4.2.5 MTN 段层远端 PHY 故障指示......91
4.2.6 MTN 段层帧开销校验......92
4.2.7 MTN 段层管理通信通道......92
4.2.8 MTN 段层同步消息通道......93
4.3 MTN 通道层开销与 OAM......96
4.3.1 MTN 通道层 OAM 码块通用格式......96
4.3.2 MTN 通道层基本 OAM......104
4.3.3 MTN 通道层连通性校验......114
4.3.4 MTN 通道层时延测量......116
4.3.5 MTN 通道层自动保护倒换......120
4.3.6 MTN 通道层客户信号类型......121
4.3.7 MTN 通道层三字节 OAM......121

第 5 章 MTN 的业务映射

5.1 MTN 客户信号分类......123
5.2 以太网类客户信号映射......124

5.3 MTN 通道层空闲码块资源......124
5.4 非以太网类客户信号映射......128

第 6 章 MTN 的保护技术

6.1 5G 承载网的保护要求......130
6.2 MTN 段层保护......131
6.3 MTN 通道层保护......133
6.3.1 MTN 通道层保护架构以及保护类型......133
6.3.2 MTN 通道层保护倒换消息......134

第 7 章 MTN 的同步技术

7.1 MTN 同步技术设计思路......141
7.2 移动承载网同步需求......142
7.3 MTN 同步架构......143
7.4 MTN 同步技术......145
7.4.1 物理层频率同步技术......145
7.4.2 1588 时间同步技术......148

第 8 章 MTN 的管理与控制

8.1 管控系统设计理念......154
8.2 管控系统概述......155
8.3 管控系统接口......157
8.4 管控系统智能算路......158
8.5 切片管控......160

第 9 章 MTN 的设备

9.1 MTN 设备的功能模型......167
9.2 MTN 设备的业务处理流程......170
9.3 MTN 设备的告警指示......172

第 10 章 MTN 的应用

10.1 MTN 的差异化能力......182
10.2 5G 移动承载......188
10.2.1 5G 承载网切片......189
10.2.2 5G 垂直行业......190
10.3 城域综合承载......198
10.3.1 城域综合承载的业务诉求......198
10.3.2 MTN 在城域综合承载中的应用......199

第 11 章 MTN 的发展与展望

11.1 SPN/MTN 2.0 的技术发展......202
11.2 MTN 的应用展望......214

附录 A 漫谈 SPN 技术......221
A.1 漫谈 SPN 切片技术......221
A.2 漫谈 SPN 随流检测技术......225
A.3 漫谈 SPN 高可靠性技术......228
A.4 漫谈 SPN 电商化服务技术......230
附录 B SPN/MTN 的标准体系......233
附录 C 5G 网络协议......238
附录 D SPN 典型组网方案......245
附录 E 推荐阅读......248
缩略语表......251
参考文献......261

第 1 章 SPN/MTN 的理念和发展概述

1G 和 2G 时代，通信的核心业务是语音业务和短信，SDH（Synchronous Digital Hierarchy，同步数字系列）、MSTP（Multi-Service Transport Platform，多业务传送平台）等基于 TDM（Time Division Multiplexing，时分复用）的电路交换技术可以提供固定管道，因此成为移动承载的主流技术。

3G 和 4G 时代，互联网和视频等数据业务成为通信的核心业务，基于 TDM 固定管道的网络扩容模式难以支撑业务的发展，IP RAN（IP Radio Access Network，IP 化的无线电接入网）与 PTN（Packet Transport Network，分组传送网）等分组交换技术成为移动承载的主流技术。IP RAN 以面向非连接、尽力而为为主要设计理念，基于传统 IP/MPLS（Multi-Protocol Label Switching，多协议标签交换）路由平台，构建了 IP 化的移动承载技术。PTN 则以面向连接、电信级保障为主要设计理念，针对 MPLS 做了创新改造，形成 MPLS-TP（Multi-Protocol Label Switching-Transport Profile，多协议标签交换 – 传送子集）技术，并以此为核心构建 PTN 技术。随着技术的进步，IP RAN 和 PTN 相互借鉴，实现了产业链共享。

随着 5G 时代的来临，面对千行百业“To B（To Business，面向企业）+ To C（To Consumer，面向消费者）”的应用需求，中国移动提出“无损 + 高效灵活”的承载网设计理念，融合电路交换技术和分组交换技术，构建了新一代承载网技术——SPN（Slicing Packet Network，切片分组网络）。

SPN 主要包含以下四大技术创新。

第一，在 L1，提出全新的“层网络”技术——MTN（Metro Transport Network，城域传送网）。该技术包括创新的传输接口、帧结构和交换机制，具备网络硬切片、超低时延、确定性时延和超高精度时间同步能力。MTN 系列标准已被 ITU-T（International Telecommunication Union-Telecommunication Standardization Sector，国际电信联盟电信标准化部门）采纳，成为新一代传送网标准体系。

第二，在 L3，基于 SR（Segment Routing，段路由）技术进行了创新，提出新的基础标签类型——路径段（Path Segment）标签，它解决了面向连接的电信级大规模 L3 组网难的问题。该技术已被 IETF（Internet Engineering Task Force，因特网工程任务组）采纳，并形成了 Path Segment 系列标准。

第三，在 L0，面向接入层，提出单纤双向 50G PAM4（Four-level Pulse Amplitude Modulation，四级脉冲幅度调制）的以太网光接口技术，满足了宽带化和超高精度时间同步的要求；面向核心汇聚层，提出以太网彩光结合优化 OADM（Optical Add/Drop Multiplexer，光分插复用器）组网的方式，实现了低成本、高效率组网。

第四，在管控层引入集中控制为主、分布式控制为辅的 SDN（Software Defined Network，软件定义网络）新型架构，通过创新的交替染色 In-Band OAM（Operation, Administration and Maintenance，运行、管理与维护）技术，结合遥测（Telemetry）技术，实现逐流检测分析，构建了管、控、析三位一体的闭环 SDN 管控系统。

本章首先将回顾承载网技术的发展历程，分析 5G 承载网需求，并介绍 SPN/MTN 的设计理念和设计原则。同时，考虑到 SPN/MTN 中兼容重用以太网物理层，本章将对以太网技术及其在承载网领域的应用和发展做简要介绍。最后，本章还将梳理 SPN/MTN 的发展历程。

1.1 移动承载网的发展历程

1. 无线通信网络的发展历程

近三十年来，无线通信网络经历了 1G~5G 五个代际的演进。

1G 采用的是模拟移动通信技术，业务比较单一，主要是语音业务。移动电话的出现使人们打电话的体验有了质的飞跃，第一次摆脱了电话线的束缚。由于 1G 网络容量非常有限且使用价格高昂，因此并未普及。

2G 是移动通信发展历程中的一个里程碑，它标志着移动通信从模拟信号时代正式进入数字信号时代。2G 网络的典型制式是 GSM（Global System for Mobile communications，全球移动通信系统）。相比 1G，2G 网络容量有了显著提升，使用价格也大大降低，因此，从 2G 开始，移动电话褪去了“奢侈品”的光环，真正实现了“飞入寻常百姓家”。在核心业务方面，短信息是 2G 时代的一项亮点业务，它给人们提供了一种简单、便捷的文字沟通渠道。人们发现短信息交流有时比电话交流更加轻松、亲切，发短信逐渐成为人们的生活习惯。GPRS（General Packet Radio Service，通用分组无线业务）和 EDGE（Enhanced Data rates for GSM Evolution，增强型数据速率 GSM 演进）可以看作低速数据业务的萌芽。

3G 被普遍认为是移动通信发展历程中的一个重大转折。正是在 3G 时代，移动通信的核心业务正式从语音通话和短信过渡到数据业务。特别是智能终端和移动互联网的兴起，使越来越多的应用和服务提供商加入移动通信的生态系统中，给人们带来更加丰富的新型服务。自此，人们使用移动电话的目的不再是单纯地互相通信，而更多的是通过移动互联网获取资讯，通过各种即时通信工具进行全方位的交流和互动，甚至是展示和分享自己的生活状态。可以说，3G 深刻地改变了人们的社交和信息获取习惯，极大地丰富了人们的日常生活。

4G 可以说是移动通信发展历程中的重要里程碑，即“4G 改变生活”。为了应对移动数据流量的爆炸性增长，4G 将无线网络的数据传送能力提升了一至两个数量级，进一步扩大了网络的容量。人们惊喜地发现，手机流量从 3G 时代的每月几百兆字节一跃提升到了 4G 时代的每月几十吉字节甚至更多。与此同时，数据业务继续向 IP 化移动宽带的方向快速演进，随之而来的是移动视频、自媒体、网络游戏、手机支付等新兴应用大量涌现。智能手机已经取代个人计算机，成为人们线上生活的中心，人们更加深切地感受到无线网络带来的便捷和乐趣。

5G 是移动通信发展历程中的又一里程碑，愿景是“5G 改变社会”，它将以前所未有的强劲姿态改变人类乃至整个社会生活的形态。在 5G 时代，无线网络的革命性变化将更为显著，它不再局限于传统通信网络所实现的人人通信，而是面向万物互联，包括人人通信、人物通信、物物通信等多种多样的业务形式。小到自动驾驶、智慧家居，大到智能制造、智慧城市，都将因 5G 无线网络的助力而得到蓬勃发展。总之，5G 无线网络将成为全社会数字化转型的重要基础设施。

2. 承载网的发展历程

承载网是指为各类业务提供信息承载服务的基础网络，包含骨干承载网、城域承载网和接入承载网。城域承载网是指城域范围内的承载网，主要依托运营商机房、光缆网组建，采用分层网络架构组织。我国的城域网一般对应地市组网，覆盖范围大，节点数量多，通常由接入层、汇聚层、核心层这三层组成，组网架构如图 1-1 所示。接入层多采用环形组网，负责综合业务接入区内的各种客户（包括无线基站、企业用户、家庭客户等）的业务接入。汇聚层主要采用环形组网，也可采用口字形、星形组网，负责多个综合业务接入区内所有业务的汇聚和上传。核心层通常采用环形或口字形组网，负责核心机房之间业务的承载和调度。

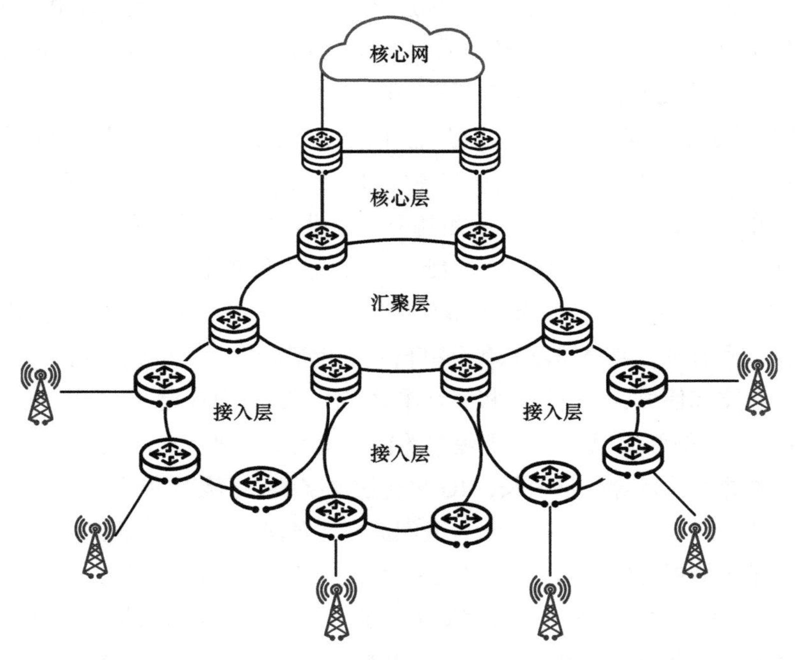

图 1-1　典型面向移动通信的城域承载网组网架构

早期城域承载网主要承载固定网络和专线业务，随着移动通信的蓬勃发展，移动业务逐渐成为城域承载网最重要的业务之一。移动回传网络负责将基站和核心网连接起来。核心网一般位于地市或区域核心，而基站数量众多、分布广泛，这使得移动回传网络规模庞大，产业价值空间大，进而成为城域承载领域各种技术的竞争焦点。从 1G 到 5G 移动回传的发展历程来看，大体上呈现“一代承载，两代无线”的态势，即一代承载技术服务两代无线通信技术，例如 SDH 承载 1G 和 2G 网络，IP RAN 和 PTN 承载 3G 和 4G 网络。

（1）1G/2G 时代以电路交换技术为核心的承载网

业务需求是推动移动承载网技术向前发展的最关键驱动力之一。1G 和 2G 时代，移动通信以语音业务为主。彼时的语音业务采用 PCM（Pulse Code Modulation，脉冲编码调制）技术，将一路或者多路信号调制为一路具有恒定速率的信号。典型的基站接口为 E1 接口，移动承载网主要提供从无线基站到核心网设备的点到点连接。这种网络需求与当时已广泛部署的固定电话网 PSTN（Public Switched Telephone Network，公用电话交换网）是一致的，而当时 PSTN 的全球标准是基于 TDM 技术内核的 SDH 技术，因此，起初的 1G/2G 移动承载网自然就沿用了 SDH 技术。

SDH 是一种将复接、线路传输以及交换功能融为一体，并支持统一网络管理操作的综合信息承载网技术[1]。SDH 传输系统在国际上有统一的帧结构数字传输标准速率和标准的光路接口，使网络管理系统互通，因此有很好的横向兼容性。它能与现有的 PDH（Plesiochronous Digital Hierarchy，准同步数字系列）完全兼容，并容纳各种新的业务信号，形成了全球统一的数字传输体制标准，提高了网络的可靠性。SDH 接入系统不同等级的码流在帧结构净荷区内的排列非常有规律，而净荷与网络是同步的。它利用软件将高速信号一次直接分插出低速支路信号，实现一次复用，与 PDH 准同步复用方式对全部高速信号进行逐级分解然后再生复用的过程不同，它大大简化了 DXC（Digital Cross-Connect，数字交叉连接）设备，减少了背靠背的接口复用设备的数量，改善了网络的业务传送透明性。由于采用了当时较先进的 ADM（Add/Drop Multiplexer，分插复用器）和 DXC 设备，网络的自愈功能和重组功能非常强大，网络具有较强的生存率。SDH 帧结构中给信号安排了 5% 的开销比特，它的网络管理功能特别强大，并能统一形成网络管理系统，从而促进提升网络的自动化、智能化、信道的利用率、生存能力，以及降低网络的维管费。SDH 支持多种网络拓扑结构，它所组成的网络非常灵活，能增强网监、运行管理和自动配置功能，优化网络性能，同时也使网络运行灵活、安全、可靠，使网络的功能非常齐全、多样化。SDH 在设计之初就以语音业务为主要服务对象，并且满足了运营商网络管理、业务监控、网络维护、不同厂商互通等多种诉求。

随着 2G 业务的发展，逐渐出现了以 GPRS、EDGE 等为代表的分组域技术，基站的接入接口除了 TDM 接口这种类型外，还出现了以太网业务的接入需求。虽然出现了多业务需求，但当时基站业务仍以语音业务为主，基站回传带宽仅为 Mbit/s 级别。因此，移动承载网的客户侧接口仍采用 TDM E1 接口，只是新增了一种通过反向捆绑来拓展带宽的方式。网络侧仍然采用 STM-1/STM-4/STM-16 接口。

（2）3G/4G 时代以分组交换技术为核心的承载网

3G 和 4G 时代，随着无线业务中数据业务的比例逐渐增大，语音业务分组化的趋势越来越明显，移动业务带宽的增长势头迅猛，SDH 技术呈现出明显的不适应性，主要体现在以下两个方面。

第一，数据业务和分组化的语音业务速率是实时变化的，不再是恒定的。SDH 技术采用 TDM 技术内核，即使在数据业务有效速率为零时，该数据业务也会占用 SDH 网络的时隙资源。SDH 技术刚性管道的特征，导致 SDH 在面对速率实时变化的业务时承载效率差。而当业务速率超过刚性管道提供的带宽时，SDH 又无法实时调整管道带宽，因此无法及时满足业务带宽增长的需求。

第二，无线网络出现了基站与基站之间直接通信（例如 X2 接口）的业务，从而使移动承载网的横向互联需求凸显出来。这种横向互联需求虽然存在，但是规模还无法达到基站与核心网的通信规模；而 SDH 数字复接技术要求速率从低到高逐级复接，这导致 SDH 在实现横向互联时会浪费网络带宽资源，进一步降低了 SDH 网络的整体承载效率。

受到上述两个方面的影响，SDH 带宽利用率低的缺点被放大，网络 TCO（Total Cost of Operation，总运营成本）增加，SDH 网络新建和扩容逐渐减少，业界在 SDH 产业的投入也逐渐减少。相应地，SDH 标准和产业也停止了迭代和更新，SDH 设备接口带宽及设备容量难以持续提升。与此同时，3G 和 4G 时代 IP 化的语音、图文数据和多媒体等以太网业务快速成为主流业务，基于 IP 和以太网的移动承载网技术开始突飞猛进地发展，并且以太网产业规模不断扩大，相关技术的经济性优势不断凸显。相比之下，SDH 技术对新业务的适应性较差，难以满足新业务的承载需求，移动承载网 IP 化的趋势越来越明显。而移动承载网在 IP 化演进过程中出现了两种演进理念，产生了 IP RAN 和 PTN 两种不同的技术方向。

第一种理念认为，新型的移动网络 IP 化数据业务承载可以沿用当时在固定网络承载方面已经广泛应用的路由器技术，其基于面向非连接、尽力而为的技术理念。对于传统的固定网络运营商，采用同样的路由器技术将有可能重用固定网络承载网，实现移动网络和固定网络经由一张网络统一承载。在这种理念下，将已在固定网络领域发展起来的路由器技术引入移动互联网领域，用于解决 IP 化业务的移动回传问题，因此，以路由领域 IP/MPLS 协议及关键技术为基础的 IP RAN 技术出现了。

第二种理念则认为，需要一种新的面向连接、具备电信级保障的技术来构建 IP 化移动承载网。以数据业务为主的回传业务要求移动承载网具备分组技术的统计复用能力，同时，回传业务除了数据业务之外，还包括对传输质量要求较高的语音等高等级业务。基站作为一种重要的公众服务基础设施，应保证其业务连接的可靠性，因此需要为移动承载设计一种面向连接的 IP 化承载网技术。根据这种理念，针对移动承载高质量业务需求，一种融合传统电信级传输和 IP 高效统计复用理念的面向连接的 PTN 技术应运而生。

PTN 采用 MPLS 转发，去除 MPLS 复杂信令和依赖 IP 路由的复杂功能，增强 OAM 和保护功能，形成了 MPLS-TP 协议族。相比路由器技术，PTN 具有更强大的传送管理维护能力和可靠性设计。PTN 针对分组业务流量的突发性，按照统计复用传送的原则进行设计，以分组业务为核心，并为多种业务提供支持，具有更低的 TCO。同时，PTN 继承了光传输的传统优势，包括高可用性和可靠性、高效的带宽管理机制和流量工程、便捷的 OAM 和网络管理、可扩展性、较高的安全性等，能够更好地满足移动通信业务分组化的承载需求。

图 1-2 示出了 PTN 技术特征。它主要包括分组技术内核（如业界最主流的分组技术 MPLS-TP、MPLS 等）和 SDH-Like 传输体验。分组技术内核使 PTN 具有适应各种粗、细颗粒业务的能力，支持业务带宽的统计复用和二、三层业务交换，提供更加适合 IP 业务的柔性传输管道。为了提供 SDH-Like 网络的易运维性和高可靠性，PTN 引入了多项创新技术，包括采用双向 LSP（Label Switched Path，标签交换路径）解决来回路径不一致的问题、去掉 MPLS 转发面不必要的复杂处理、增强面向连接的保障。同时，PTN 支持丰富的保护能力，能够在网络发生故障的情况下实现 50 ms 内的电信级业务保护倒换，不再依赖传统路由器以 BFD（Bidirectional Forwarding Detection，双向转发检测）为核心的有状态无保障的故障检测协议，支持基于硬件的固定周期无状态的 OAM 机制，具有针对传输通道的快速故障管理、错误检测和通道监控能力。PTN 技术适应了无线业务 IP 化的趋势，有效融合了分组技术内核和 SDH-Like 传输体验的优势，在移动承载网领域获得了广泛应用。

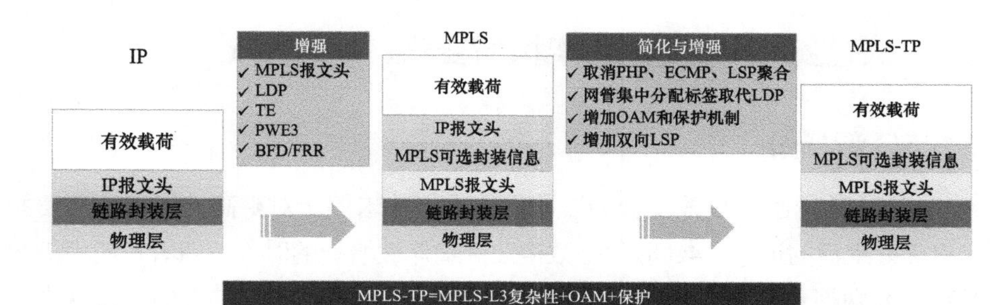

注：LDP 为 Label Distribution Protocol，标签分发协议；ECMP 为 Equal-Cost Multi-Path，等价多路径（路由协议）；PWE3 为 Pseudo-Wire Emulation Edge to Edge，端到端伪线仿真；FRR 为 Fast ReRoute，快速重路由；PHP 为 Penultimate Hop Popping，倒数第二跳弹出。

图 1–2 PTN 技术特征

在 IP RAN 和 PTN 的发展过程中，这两种技术相互借鉴，逐步形成了产业链共享。比如，IP RAN 借鉴了 PTN 快速 OAM 检测的技术，解决了上千节点组网的网络运维问题；还借鉴了 PTN 可视化界面的技术，解决了路由器命令行方式运维效率低下的问题。同时，PTN 借鉴了 IP RAN 的 L3 组网技术，改善了 4G 横向流量转发的连接性能。IP RAN 和 PTN 两种技术在芯片、设备等方面实现了平台共享。以博通公司的 Katana 和 Enduro 系列芯片为例，它们支持 MPLS 和 MPLS-TP 关键协议，在 IP RAN 和 PTN 中都获得了广泛应用。

3G 时代，基站接口开始 IP 化，逐步采用以太网 FE（Fast Ethernet，快速以太网）接口。城域移动承载网络客户侧接口以FE接口为主，网络侧接口为GE（Gigabit Ethernet，千兆以太网）和 10GE 接口，接入层主要采用 GE 组环，设备容量约为 10 Gbit/s，汇聚层和核心层采用 10GE 组环，设备容量为 30~40 Gbit/s。为了充分利用分组网络的统计复用特性，接入环、汇聚环和核心环带宽可设置一定的收敛比。

到了 4G 时代，随着业务流量的增长，基站接口开始采用更大带宽的 GE 接口，城域移动承载网络的客户侧接口、网络侧接口速率和设备容量也随之增长。客户侧接口以 GE 接口为主，接入环主要向 10GE 接口演进，汇聚环和核心环引入了 40GE、100GE 接口，甚至 200GE 接口；设备容量大规模增加，接入层设备容量达到 48 Gbit/s，汇聚层和核心层设备容量已达到 6.4 Tbit/s。同时，基站的大量建设部署也带动了城域移动承载网络规模的急剧增长，大型城市的接入层设备数量可达到数万台。

1.2 5G 时代承载网的需求

1.2.1 5G 业务场景及网络架构的变化

1. 5G 新场景

"4G 改变生活，5G 改变社会"印证了人们从未停止对更高性能移动通信能力和更美好生活的追求。4G 时代是数据业务爆炸性增长的时代，随着智能手机的普及和互联网消费的发展，从衣、食、住、行到医、教、娱乐，人们的日常生活获得了极大的便利。5G 的愿景是开启一个万物互联的新时代，它将实现人与人、人与物、物与物的全面互联，渗透各行各业，让整个社会焕发前所未有的活力。

如图 1-3 所示，ITU-R（International Telecommunication Union-Radiocommunication Sector，国际电信联盟无线电通信部门）定义了 5G 的三大典型业务场景，详细描述如下。

- eMBB（enhanced Mobile Broadband，增强型移动带宽）是在现有移动宽带业务场景的基础上，对用户体验的进一步提升，追求的是人与人之间极致的通信体验。eMBB 主要面向超高清视频、VR（Virtual Reality，虚拟现实）、AR（Augmented Reality，增强现实）、高速移动上网等大流量移动宽带应用。
- mMTC（massive Machine-Type Communication，大连接物联网，也称海量机器类通信）致力于物与物的信息交互。mMTC 主要面向以传感和数据采集为目标的物联网应用，具有小数据包、海量连接、多基站间协作等特点，可实现连接数从亿级向千亿级的跳跃式增长。

- URLLC（Ultra-Reliable and Low-Latency Communication，超可靠低时延通信）满足人与物之间的通信需求。URLLC 主要面向车联网、工业控制等垂直行业，具备超低时延和高可靠的特点。

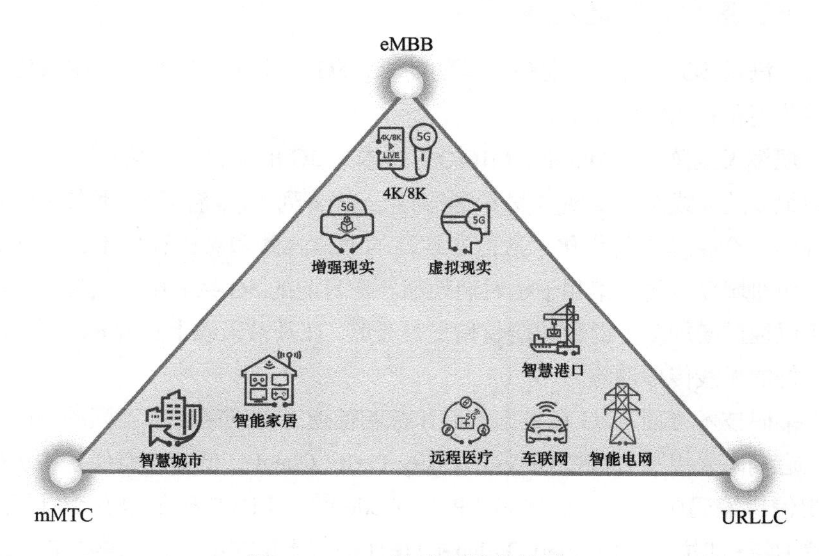

图 1–3　5G 三大典型业务场景

在上述定义的引领下，越来越多适应各行各业特点的 5G 应用业务应运而生。为了向这些业务提供高效、灵活的传输服务，新一代承载网必须具备以下两大关键技术特征。

第一是网络切片。因为承载网覆盖广、规模大，且建设投资周期长，为匹配不同业务建立多张架构独立的承载网是很难实现的，所以新一代承载网必须支持网络切片能力。通过对物理网络进行资源切片划分，运营商能够在一个物理网络之上构建多个专用的、虚拟的、隔离的、按需定制的逻辑网络，各逻辑网络具备独立的网络资源。网络切片能够更好地满足各行业场景下的不同业务对网络 SLA（Service Level Agreement，服务等级协定）不同的服务质量要求，更好、更快速地提供新型业务的部署能力。

第二是灵活连接能力。在 5G 时代，核心网云化是大势所趋，MEC（Multi-access Edge Computing，多接入边缘计算）和边缘云将更多地下沉到网络的边缘，因此城域承载网上的业务将由传统点到点连接演变为按需、灵活、Mesh 的全连接。业务模型演进驱动网络的业务承载能力发生变化，传统的城域 L2 组网模式无法匹配业务云化的要求，具备全网灵活 L3 业务调度能力的城域网是开展多业务承载的关键。

与此同时，5G 无线网络、核心网架构的变化，以及 5G 网络管控能力的高要求，对 5G 承载网架构也产生了较大影响。

2. 5G 新空口关键技术

为了满足 5G 三大典型业务场景的需求，5G 在无线空口物理层中采用了大规模天线阵列和新的编码技术。

大规模天线阵列（Massive MIMO）技术是 5G 的关键技术之一，通过海量天线阵列组成的天线系统实现多发多收。海量天线阵列可以将多径无线信道与发射、接收视为一个整体进行优化，从而实现高的通信容量和频谱利用率，达到近于最优的空域时域联合的分集和干扰对消处理。在目前的 5G 系统中，大规模天线阵列技术可以通过增加多个射频的接收和发射通道，在基站天线上实现 64 个收发通道，达到更好的无线传播性能。

在编码技术方面，5G 在数据信道和控制信道上分别采用了不同的编码技术。数据信道编码采用了 LDPC（Low Density Parity Check，低密度奇偶校验）码，而在控制信道编码中采用了极化码（Polar Code）[2]。LDPC 码最早在 20 世纪 60 年代由罗伯特·加拉格尔（Robert Gallager）在他的博士论文中提出，1995 年，戴维·麦凯（David Mackay）和拉德福德·尼尔（Radford Neal）等人提出了可行的译码算法，从而进一步发现了 LDPC 码所具有的良好性能。极化码是由埃达尔·阿利坎（Erdal Arikan）于 2007 年基于信道极化理论提出的一种线性信道编码方法，是迄今为止发现的唯一一类能够达到香农极限的编码方法，并且具有较低的编译码复杂度。极化码的编码策略利用了信道极化的特性，在无噪信道上传输用户的有用信息，而全噪信道只传输约定的信息或者不传输信息。

对承载网技术，5G 的新空口提出了更大带宽和更高精度时间同步的需求。与标准频宽为 20 MHz 的 4G 基站不同，5G 基站频宽可超过 100 MHz 甚至达到 1 GHz。以 5G 低频基站为例，频宽可以达到 200 MHz。另外，在应用 Massive MIMO 技术后，天线通道数可提升至 128 甚至更多。5G 更宽频谱资源和无线空口新技术的引入，使得单站点带宽大大提升，低频单站峰值速率超过 5 Gbit/s，高频单站峰值速率超过 20 Gbit/s。因此，基站回传接口采用了 10GE 或者 25GE 的大容量接口，回传网络需要满足超大带宽传输需求。此外，基站间协作 CoMP（Coordinated MultiPoint，协作多点）发送 / 接收以及 CA（Carrier Aggregation，载波聚合）等技术的应用，要求基站间满足百纳秒级的超高精度时间同步指标。

根据 3GPP TS 38.104，针对低频基站，频带内连续 CA 要求基站间时间同步精度达到 260 ns，针对高频基站，频带内连续 CA 要求基站间时间同步精度达到 130 ns。MIMO（Multiple-Input Multiple-Output，多输入多输出）技术和发射分集，要求时间同步精度达到 65 ns。相应地，传输网络需具备更高精度的时间传送能力。

3. 5G RAN 架构的变化

5G 时代，RAN（Radio Access Network，无线电接入网）架构有新的变化。5G 基站部署密度增大，基站选址压力增大，传统的分体式宏站部署模式即 RRU（Remote Radio Unit，射频拉远单元）-BBU（Building Baseband Unit，室内基带处理单元），会逐步向 C-RAN（Cloud-RAN，云化无线电接入网）部署模式演进，即 RRU-Cloud BB。同时，随着无线频谱资源利用率的提升及 Massive MIMO 技术的发展，传统 RAN 架构下的 CPRI（Common Public Radio Interface，通用公共无线电接口）难以承载巨大的带宽，需要进行架构重构，重构总体思路如图 1-4 所示。

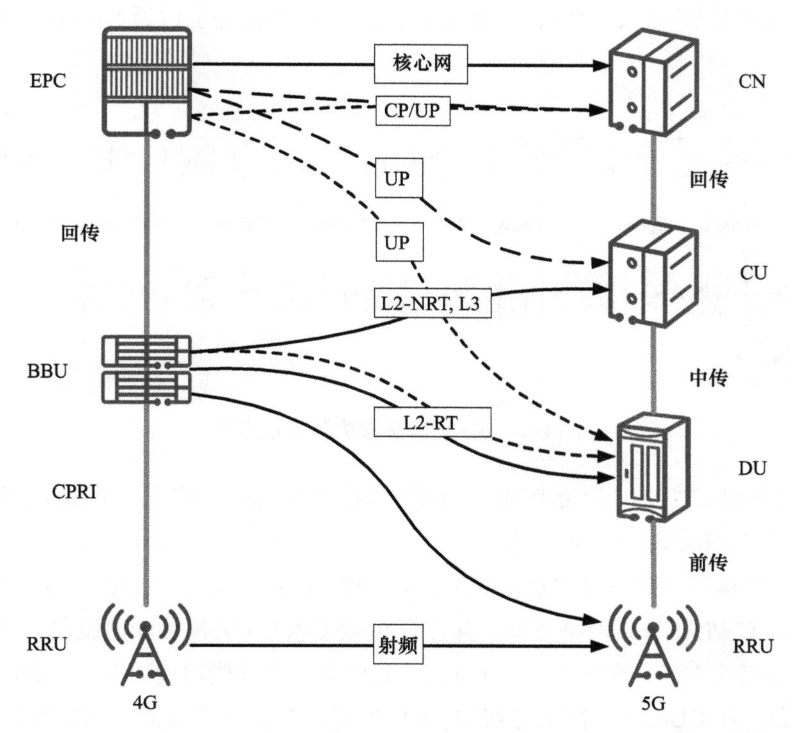

注：EPC 为 Evolved Packet Core，演进型分组核心（网）；CN 为 Core Network，核心网；CP 为 Control Plane，控制面；UP 为 User Plane，用户面；L2-NRT 为 Layer 2 Non Real Time，二层非实时；L2-RT 为 Layer 2 Real Time，二层实时。

图 1–4　5G RAN 重构

重构之后，5G 的 BBU 功能被划分为 CU（Central Unit，集中单元）和 DU（Distributed Unit，分布单元）两个功能实体，5G C-RAN 包含前传（RRU-DU）和中传（DU-CU）两级架构，如图 1-4 所示。CU 与 DU 功能以处理内容的实时性为依据进行切分，CU 设备主要处理非实时的无线高层协议栈功能，DU 设备则主要处理物理层功能和实时性需求的 L2 功能。RRU 主要负责射频处理，然后将处理后的信号送至 DU。为了节省 RRU 与 DU 之间的传输资源，部分物理层功能也可上移至 RRU 实现。CU 和 DU 之间有多种可能的功能切分点，图 1-5 给出了 8 种选项。Option 1 切分点代表 RRC （Radio Resource Control，无线电资源控制）处于 CU，而 PDCP（Packet Data Convergence Protocol，分组数据汇聚协议）、RLC（Radio Link Control，无线链路控制）协议、MAC（Medium Access Control，介质访问控制）、PHY（Physical Layer，物理层）和射频处理等均放在 RRU-CU 上，Option 8 切分点代表射频处理放在 RRU-DU 上，其他所有的上层处理均放在 CU 上。不同的功能切分点对应不同的业务传输需求（如带宽、时延等因素）、接入网设备实现要求（如设备的复杂度、池化增益等）以及协作能力和运维难度等。

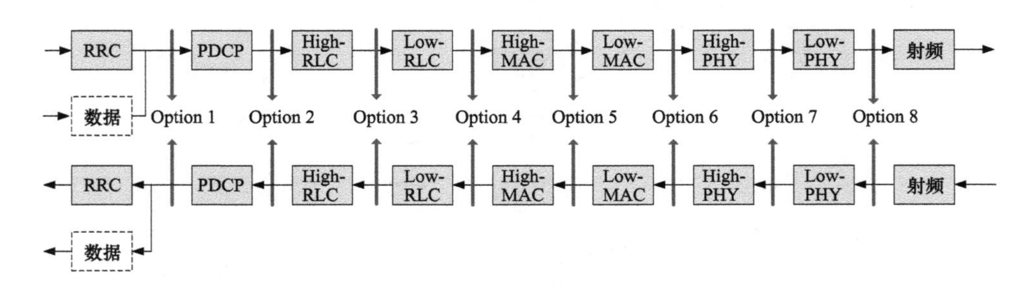

图 1–5　5G 空口协议功能切分选项

为了支持 CU、DU 以及 RRU 之间的传输，传输网络重构为三个部分，即前传、中传和回传，具体如图 1-6 所示。

这一架构可依据场景需求灵活部署 CU 和 DU 功能实体，主要支持 CU/DU 一体化或者 CU/DU 分离两种方案。集中化部署 C-RAN 架构可同时支持 CU/DU 一体化及分离的方案，即在统一的 C-RAN 架构下，协议栈功能可以在 CU/DU 进行灵活部署。在 CU/DU 分离的方案中，CU 可以部署在较高位置，既兼容完全的集中化部署，又在最大化保证协作能力的同时，适当降低对传输网络的要求。在 CU-DU-RRU 的前传 C-RAN 架构下，5G 承载网既可前传、中传，又可回传，从而实现多业务支持。网络部署中，大部分场景为 CU 与 DU 合设部署在同一个集中点，因此，对 5G 来说，仍然是前传和回传场景最为重要，中传场景相对较少，而且由于中传需求与回传类似，可以采用同一种传输技术。

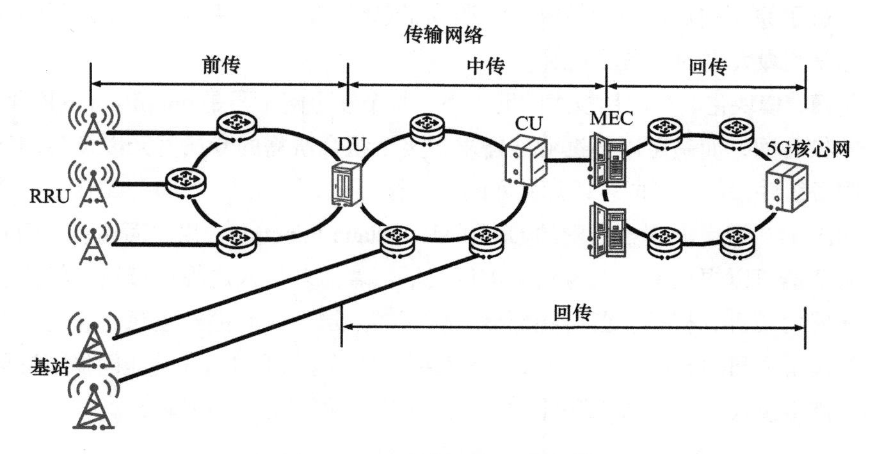

图 1-6　5G 传输网络三级架构

5G 以 C-RAN 架构为主，对回传网络架构也产生了重要影响。回传网络接入层部署位置提升，接入层设备数量相比 4G 大大减少，但单设备需要接入 CU 池，对容量要求更高。例如在 4G 时代，接入层设备容量以 16~48 Gbit/s 为主，而在 5G 时代，接入层设备容量以 160~320 Gbit/s 为主，核心层设备容量以 25.6 Tbit/s 为主。

4. 5G 核心网架构的变化

5G 承载的业务种类繁多，业务特征各不相同，对网络的要求也各不相同，同时对网络架构提出了更高的要求。因此，5G 核心网架构在设计时充分考虑了 5G 的需求、场景和指标要求，采纳并结合了 IT 和互联网领域前沿的思想及技术，在 4G 核心网的基础上进行了革命性的重新设计。通过引入 SBA（Service-Based Architecture，基于服务的架构），整个系统通信能力在大幅提升的同时，也具备了 IT 系统的灵活性。通过引入单一的数据面网元等方式，实现了极简的架构设计，将网络架构压缩为两级，尽可能提升数据转发性能，提高网络控制的灵活性。相较于 4G 网络，5G 核心网呈现出“四化”特征，具体说明如下。

第一，原子化。通过控制与转发分离，实现了数据转发能力和会话控制能力的独立和拆分。最终，网元数量从 4G 时代的 4 个扩展到 5G 时代的 12 个，每个网元的职能更加原子化、更加专一。

第二，服务化。核心网各网元的功能被拆成一个个相对独立、业务逻辑完整的服务单元，网元与网元之间的信令交互转变成服务能力的调用。基于服务化的设计推动了网元能力的整合，有利于网元以服务为单元进行功能增强与迭代。

第三，总线化。借助服务化的设计理念和服务化的接口协议，各网元之间的连接打破了原有的点对点连接模式，形成了总线式的互访架构，使得网元的能力和信息得到最大化的共享及复用。

第四，模块化。在切片技术的助力下，整个核心网不再是 one-fit-all 的固化的、单一的核心网，而是可以根据业务需求，灵活组合所需的专属网元以及各网元必需的服务组件，从而形成多切片共融的一个核心网。

如图 1-7 所示，5G 核心网的 UPF（User Plane Function，用户面功能）网元和应用服务器可以根据具体业务需求进行灵活部署。多接入边缘计算技术将传统的云计算能力下沉，相关设备可能部署至城域接入层，从而提升边缘计算能力。边缘计算设备之间的流量需就近转发，这就要求城域承载网的 L3 功能同步下沉至汇聚层，甚至接入层。城域承载网 L3 域大幅扩张，将对组网造成较大影响。

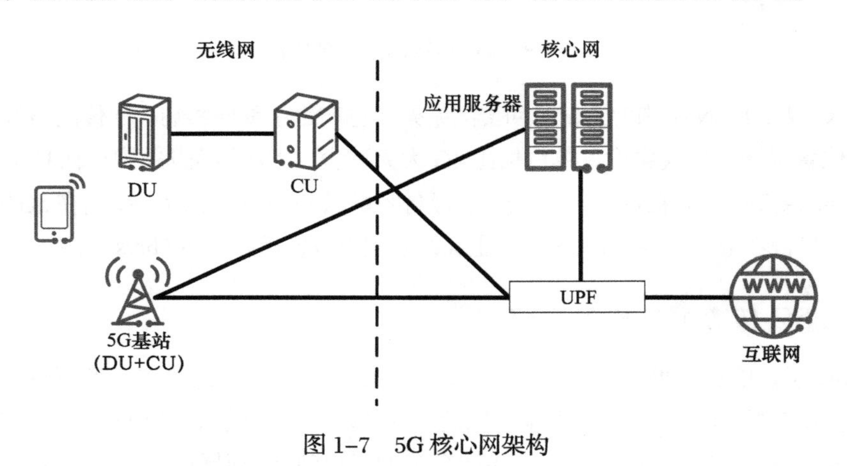

图 1–7　5G 核心网架构

5G 核心网架构和网元功能以及部署位置的变化，要求承载网支持更为灵活的连接能力，实现网络不同层次的网元之间的路由。为了实现上万节点大规模网络的灵活路由，需要将集中式路由和分布式路由相结合，引入新的路由技术。

5. 5G 网络管控的新要求

5G核心网将基于现有的4G技术框架进一步演进，引入移动SDN/NFV（Network Functions Virtualization，网络功能虚拟化）和网络切片等新型技术。SDN/NFV 实现对资源的虚拟化抽象，网络切片实现对资源的隔离和分配，从而满足差异化的虚拟网络要求。

在 5G 时代，除了基本的带宽、时延、连接的需求外，如何通过网络管控简化业务布放，也是承载网需要关注的问题，具体可以分为以下几个方面。

第一，按需连接。5G 时代的无线网、核心网连接将会变得更加复杂，且云化之后的无线网、核心网网元要求实现分钟级的快速部署，这就要求与其配套的承载网也要以敏捷的方式提供分钟级的自动化连接服务。

第二，网络切片自动化管理。网络切片的自动生成需要承载网根据其差异化的 SLA 需求，自动计算承载路径，分配网络资源；同时，网络切片的生成、调整、删除全生命周期的自动化管理，也需要承载网的管控系统提供支撑。

第三，专线业务跨域快速布放。当前，专线业务部署效率较低，原因是依赖人工规划和人工配置，尤其是在跨自治域和跨厂商的场景下，还涉及不同参与方的管理协调。因此，如何通过网络管控提高跨域业务的布放效率也是业界关注的焦点之一。

综合上述几点需求，5G 承载网应同步考虑引入控制器及 Orchestrator（业务编排器），通过定义标准接口及信息模型来实现各层解耦和端到端切片管控。同时，还要考虑管控系统管理大三层网络时如何提升性能。

总的来说，5G 新空口中低频广域覆盖和高频热点覆盖的特征，新核心网中基于服务的架构、控制面用户面分离和网络切片的特征，驱动着 5G 系统新的承载网和新的承载网技术的发展。

1.2.2　城域承载网的需求

5G 商用，承载先行。5G 业务能否达到预期目标，承载网起着至关重要的作用。相比于 4G 承载网，5G 承载网将面向多业务、多场景构建融合网络，数据速率进一步增长，同时吞吐率、时延、连接数量、能耗等方面的性能也将显著提升。5G 对承载网的性能指标、灵活性、可扩展性提出了更高的要求，主要体现在以下几个方面。

1. 大带宽需求

5G 引入了更宽的频谱资源和无线空口新技术，使得单站点带宽大幅提升。因此，承载网和接口需要满足超大带宽传输的需求。

对于 5G 回传，低频用于广覆盖，高频主要用于盲点扫除以及热点覆盖。假设频谱资源的低频频宽为 100 MHz，高频频宽为 800 MHz，小区带宽按照“频宽 × 频谱效率 ×（1 + 封装开销）× TDD 下行占比”来估算，则单小区低频峰值带宽估算为 100 MHz × 40 bit/Hz × 1.1 × 0.75 = 3.3 Gbit/s，单小区低频均值带宽估算为 100 MHz × 10 bit/Hz × 1.1 × 0.75 × 1.2 = 0.99 Gbit/s；单小区高频峰值带宽估算为 800 MHz × 20 bit/Hz × 1.1 × 0.75 ＝ 13.2 Gbit/s；单小区高频均值带宽估算为 800 MHz × 5 bit/Hz × 1.1 × 0.75 ＝ 3.3 Gbit/s。根据 NGMN（Next Generation Mobile Network，下一代移动网络）联盟的建议，一个三扇区的基站，其峰值带宽、均值带宽可分别由如下公式计算得出：

基站峰值带宽 = 1× 小区峰值带宽 + 2× 小区忙时均值带宽

基站均值带宽 = 3× 小区忙时均值带宽

因此，当基站三扇区均考虑低频时，峰值带宽约为 5.28 Gbit/s，均值带宽约为 2.97 Gbit/s；当基站三扇区均考虑高频时，峰值带宽约为 19.8 Gbit/s，均值带宽约为 9.9 Gbit/s。综上所述，5G 低频单站回传带宽将超过 5 Gbit/s，高频单站回传带宽接近 20 Gbit/s，远远大于 4G LTE（Long Term Evolution，长期演进技术）基站百兆比特每秒级的峰值带宽。

对于 5G 基站，按照站型不同，其回传采用 10GE 接口甚至 25GE 接口才能满足带宽需求。相比 4G 基站回传采用 GE 接口，5G 基站的接口速率提高了 10 倍以上，与此同时，5G 回传网络的速率也相应提高，接入环—汇聚环—核心环的速率由 4G 回传网络的 10GE—N × 10GE—100GE 提高至 50GE—100GE—N × 200GE。

对于 5G 前传，RRU-DU 的接口如果继续沿用 CPRI，接口带宽与频谱带宽、天线通道数之间是线性关系，随着频谱带宽及天线通道数的增加，CPRI 接口带宽会线性增加。以 5G 低频基站 100 MHz 频宽、128 天线通道为例，其 CPRI 接口带宽将超过 500 Gbit/s，而且速率固定，与基站实际负荷无关。为了适应 5G 基站的新需求，IEEE 1914 工作组以及 CPRI 联盟均从传输层的角度定义了新的前传接口 eCPRI（enhanced Common Public Radio Interface，增强型通用公共无线电接口），特点是采用以太网进行数据的封装与传输。在此基础上，O-RAN（Open Radio Access Network，开放式无线电接入网）联盟进一步从无线层面完整定义了 RRU 和 DU 之间需要通信的各类消息、流程等，从而得到完整的前端传输的接口。O-RAN 联盟定义的接口在传输层主要采用 eCPRI 传输方式，在物理层进行基于 Option 7 的功能切分，在同等条件下，带宽要求比 CPRI 降低 90%。此外，还可以实现带宽与基站载荷自适应。

2. 低时延需求

随着 5G URLLC 业务的不断涌现，5G 用户面和控制面的传输时延都需要大幅度降低。

5G 前传的时延主要有两个约束：一个是 3GPP（3rd Generation Partnership Project，第三代合作伙伴计划）针对 5G 空口所定义的时延，包括从 UE（User

End，用户终端）的 PDCP 层到基站 PDCP 层的单向时延；另一个是 HARQ（Hybrid Automatic Repeat Request，混合自动重传请求）循环时间的制约。前者针对 5G 的不同场景有不同要求，其中 eMBB 场景的时延为 4 ms，URLLC 场景的时延则降低到 0.5 ms。后者是指从 UE 到基站的 Low-MAC 再返回 UE 的时间。根据以上约束，预计 RRU-DU 之间前传的传输时延要求在 100 μs 量级。

5G 回传的时延主要受到 eMBB 和 URLLC 业务端到端时延的约束。eMBB 业务中，AR/VR 业务具有较高的时延要求，约为 10 ms 量级。URLLC 超低时延业务包括车联网（如辅助驾驶等）、工业互联网（如工业控制 / 机械臂等）、智能电网、远程医疗、远程金融等，这些业务的时延要求最严苛的达到 1 ms 量级。为了满足这种苛刻的时延需求，一方面，需要从网络架构上优化，通过将 5G 核心网网元下沉，同时引入 MEC，让内容源尽量靠近用户；另一方面，需要降低回传设备节点转发时延，通过多种降低时延的手段，确保满足 5G 业务的时延要求。

3. 网络切片需求

5G 网络的愿景是承载更丰富的业务。然而，5G 业务在带宽、时延、可靠性、能耗以及客户服务、运营计费等方面的要求存在巨大差异。例如：4K/8K 移动视频业务要求超高速率，可触摸交互式应用要求超低时延，M2M（Machine-to-Machine，机器对机器）/IoT（Internet of Things，物联网）应用要求高密度连接，自动驾驶要求高可靠、超低时延，移动宽带业务要求超高速移动性。为了适应不同业务的不同需求，5G 时代的网络架构不再是 4G 时代的固定模式架构，而是采用虚拟化的方法对网络资源进行切片化重构。重构后的网元功能将按照实际业务需求进行串接，形成针对某个用户、某类业务甚至某种业务数据流的特定网络体系，为用户提供更适合的网络资源和功能。

相应地，承载网需要支持对物理网络进行网络资源的逻辑抽象，形成所需的虚拟网络资源，最后组织成满足特定需求的网络切片。网络切片按照能力可以分为硬切片和软切片。其中，硬切片一般采用 TDM 或 WDM（Wave-Division Multiplexing，波分复用）技术，确保网络具备硬隔离、高安全和可靠传输的能力，从业务来看，硬切片需要具备以下特征。

- 通过确定的时隙或波道，硬切片内客户业务的传输性能（例如带宽、时延、抖动等）得到稳定保障，且不会受到其他切片客户流量负载变化的影响。
- 具备防错连能力，确保切片内的业务不会被发送到其他节点或端口。
- 切片内的业务不会泄漏到网络管理或控制通道中，客户无须感知网络的控制面。

软切片一般采用分组化的 L2VPN（Layer 2 Virtual Private Network，二层虚拟专用网）、L3VPN（Layer 3 Virtual Private Network，三层虚拟专用网）或 EVPN（Ethernet Virtual Private Network，以太网虚拟专用网）技术，为业务提供差异化的隔离和保障，软切片需要具备以下特征。

- 通过使用标签、VLAN（Virtual Local Area Network，虚拟局域网）等分组报文的区分机制以及 QoS（Quality of Service，服务质量）保障机制，对高等级切片业务的传输性能（例如带宽、时延、抖动等）提供较为稳定的保障；在高突发、高负载的情况下，低优先级切片可能会受到影响。
- VPN（Virtual Private Network，虚拟专用网）的架构包括数据面和控制面，数据面提供数据的转发，控制面实现隧道的建立和路由信息的分发过程，通过控制面和数据面的配合，VPN 能够提供自动化的业务配置和调整。

由此可知，5G 网络既有垂直行业和高价值政企客户低时延确定性转发及物理隔离的需求，也有针对大带宽、高突发的互联网流量承载的需求，通过软 / 硬切片融合提供服务，能够满足 5G 各种业务的需求。

4. 灵活调度需求

5G 时代，基站密度更高，随之而来的是基站之间深入协同的需求，基站之间的横向流量将远超 4G 时代。在 4G 时代，三层功能一般高置，即主要部署在汇聚骨干节点或核心层以上。到了 5G 时代，如果仍然维持三层高置，则大量的东西向流量回绕，将严重影响移动回传网络的带宽利用率。另外，三层高置也不能满足 5G 时代基站之间横向流量的时延需求。因此，移动承载网的三层功能下沉，从而实现灵活调度，这是必然的趋势。同时，5G 移动网络采用了扁平化架构，核心网功能云化、DC（Data Center，数据中心）分布式下沉，导致除了基站到核心网的南北向流量之外，DC 之间东西向流量需求增强，承载网需要支持各个核心网云以及 DC 之间的灵活调度。

针对上述需求，5G 承载网需要新的、适用于大规模网络、灵活可靠的 L3 路由机制。MPLS 与 SDN 结合，曾被认为是一种可行的解决方案，但是针对大规模网络，集中化的控制器需要对每业务、每节点进行管理控制，特别是在路由更新时，控制器与转发节点之间会有海量的信息交互。当网络节点数量达到上千个时，控制器就会不堪重负，而运营商回传网络的节点规模通常达到数万甚至上百万个，这就要求必须考虑新的 L3 路由机制。于是，SR 技术被引入承载网领域。该技术采用源地址路由机制，在 SDN 架构下，控制器仅需要与源节点进行交互就能完成端到端业务的管控。但是，原生的 SR 机制难以满足移动回传网络在性能监控、端到端保护倒换等方面的电信级要求。为了解决这个问题，开发出了能够标识路径的新型标签类型——Path Segment（路径段）标签技术。与 Node Segment（节点段）标签和 Adjacency Segment（邻接段）标签不同，报文在整个路径中都携带 Path Segment，使得性能监控、保护倒换等问题迎刃而解。基于 Path Segment 的 SR-TP（Segment Routing Transport Profile，段路由传输模板）新型隧道与 SDN 架构结合，能够满足 5G 传输的要求。

随着国家《推进互联网协议第六版（IPv6）规模部署行动计划》的快速推进，IPv6 成为未来网络的建构基石，5G 承载网需要支持 Native IPv6，以满足未来网络的发展和演进。近年来 SRv6 快速发展，它基于 IPv6 转发面，不再需要 MPLS 标签，使得承载网的转发面可以简化归一到 IPv6，并且结合了 SR 源地址路由的优势，被认为是新一代 IP 网络的核心协议。同时，G-SRv6（Generalized Segment Routing over IPv6，通用 SRv6）提供了压缩报文头开销的能力，在支持 SRv6 所有特性的同时，能够将报文头开销压缩至原来的 1/4 或更小，具备与 SR-TP 类似的承载效率。将 SDN 架构与 G-SRv6 转发技术结合，能够为未来的 5G 传输提供可管可控，同时又灵活可编程的 L3 解决方案。

5. 高精度时间同步需求

4G TD-LTE（Time Division Long Term Evolution，时分长期演进）系统基站空口对时间同步的精度要求为 ±1.5 μs[3]，如果相邻基站之间空口不同步，会产生时隙间干扰和上下行时隙干扰，因此时间同步的精度要求与空口帧结构强相关。5G 系统为了应对不同应用场景，采用了不同的基础子载波间隔。4G 的子载波间隔为 15 kHz，5G 的子载波间隔为 60 kHz 甚至 120 kHz。60 kHz 或 120 kHz 的子载波间隔意味着更短的帧结构和循环前缀长度。为了防止时隙干扰，5G 对时间同步的精度要求进一步提升。此外，基站间协作 CoMP 以及载波聚合 CA 等技术的应用，要求基站间满足百纳秒级的超高精度时间同步指标。在 5G 提供的诸多业务中，基站定位对时间同步的要求比较严苛，3 m 左右的定位精度意味着提供定位服务的基站间的同步误差要在 ±10 ns 以内。

综合考虑同步需求、未来技术演进，以及实现难度和成本的平衡，端到端时间同步指标定为 ±130 ns，其中时间服务器分配 ±20 ns，承载网分配 ±100 ns（对应每节点 ±5 ns，支持同步链路 20 跳），基站分配 ±10 ns。超高精度时间同步需要采用新的时间源技术和时间传送技术。超高精度时间基准源需要达到优于 ±20 ns 的时间同步精度，可采用新型卫星接收技术，通过共模共视或双频段接收等降低卫星接收噪声，提升卫星授时的精度，采用高稳定频率源技术，提高稳定性和丢失卫星的时间保持能力。时间同步传送的同步误差来源主要包括时间戳精度、物理层频率误差、物理层不对称性、系统内部时延和链路不对称性等，提升时间同步精度需要从这些方面着手，以减小误差。

综上所述，5G 业务对承载网性能提出了更高的要求：百吉比特每秒级的更大带宽、百微秒级的超低时延、百纳秒级的超高精度时间同步。另外，5G 不再是单一和刚性的网络架构，而是能适应多种应用场景、满足各种垂直行业多样化需求的网络系统，支持端到端的网络切片，从而提供差异化服务及安全隔离。同时，5G 承载网还应主动调整网络架构，以适应 L3 转发到边缘和 SDN 管控等的需求。传统的基于分组交换或刚性管道的传输技术已难以满足 5G 承载网的需求，亟待承载网技术的变革。

1.3 SPN 技术的设计理念

自 2015 年初 ITU-R WP5D 大会确定了 5G 关键能力指标后，针对 5G 高速率、低时延、高可靠、高精度时间同步等性能需求，以及灵活性强、支持网络切片的要求，国内外运营商纷纷开展研究，寻求 5G 承载网解决方案。经研究分析发现，升级原有的承载网体系无法很好地契合 5G 需求，具体说明如下。

- PTN：采用分组交换，节点传输时延无法保证，难以满足 URLLC 业务的端到端低时延要求；无法支持硬管道隔离，无法实现端到端的网络切片。
- OTN（Optical Transport Network，光传送网络）：适用于大带宽、大容量传输组网，但是业务灵活性较差，难以满足多种应用场景以及各种垂直行业多样化的需求。
- IP RAN：通过 IP 路由协议实现交换，节点处理时延大，无法满足端到端低时延要求；无法支持硬管道隔离，无法实现端到端的网络切片；无法实现高精度的时间同步，只能新建更多的下沉时间源。

因此，要完全满足 5G 的特征需求，必须打破现有技术体系的桎梏，研究新一代承载网技术体系以及研制新协议匹配新一代 ASIC（Application Specific Integrated Circuit，专用集成电路）。

SPN 的设计理念主要源自 5G 业务由生活向生产领域渗透的新需求。从 3G/4G 时代开始，承载网技术逐步向分组化方向发展，以适应数据业务的快速增长。随着 5G 时代的到来，万物互联的智能社会蓝图已经徐徐展开，各行各业都迎来了数字化、智能化转型的契机和挑战。此时，承载网所承担的使命就不仅仅是满足业务带宽快速增长的需求，而是要提供一种全方位、高质量的业务覆盖和接入服务。因此，对 5G 承载网来说，它既要做到高质量的无损承载，又要做到高效承载。

在产业方面，以太网凭借在数据中心、行业网、局域网和城域网的广泛应用，其协议栈、处理芯片和光模块日渐成熟完善，形成了规模巨大、技术先进、高性价比的开放生态。在以太网技术的基础上进行新一代承载网技术创新，能够更好地复用产业链资源，降低设备研制成本，缩短新技术落地周期。

无损质量的要求使得 5G 承载网技术需要重新考虑引入 TDM 机制，因为 TDM 机制能提供独享的时隙（带宽）资源，可以对业务数据进行有效硬隔离，进而提供确定无损的性能保证。而基于分组交换的 VPN 等技术则难以解决不同业务之间的带宽抢占问题，难以保证不同业务的 SLA。同时，基于分组交换技术的软切片之间的竞争也会造成业务在时延、时延抖动、丢包等性能上的变化和不确定性。

针对高效承载的需求，5G 承载网一方面在 TDM 机制的设计上要摒除复杂的帧结构和层层复用机制，尽量简洁高效；另一方面，在上层仍然支持分组业务的传输，这样对于 eMBB 等业务的承载，仍可以提供分组交换的高效统计复用特性。

因此，结合 5G 承载的需求，SPN 的设计理念可以总结如下。

第一，核心技术方面，实现 TDM 与分组业务传输的高效融合。TDM 按周期性出现的固定时隙来传输信息，在通信过程中，业务会始终占有特定时隙构成的通道，从而能够提供无损传输、确定性时延的质量保障，但存在线路利用率低的问题。而以太网采用了分组交换的方式，以报文为数据传输和交换的单位，能够实现统计复用，组网灵活，传送效率高。SPN 希望能将两者有机融合，通过在以太网 PCS（Physical Coding Sublayer，物理编码子层）引入 64B/66B 码块的时分复用机制，将 TDM 能力融入以太网物理层协议栈，形成独立的 TDM 层网络，使得整个系统既支持 TDM 的确定性，又支持分组交换的高效能，实现业务高效无损承载。

第二，业务能力方面，既提供基于 TDM 的硬切片，也提供基于差异化 QoS 的软切片。针对无损传输、确定性时延的业务，通过 TDM 的通道，为其提供硬隔离、高保障的硬切片服务；针对大带宽灵活连接的业务，通过二层、三层的路由交换及 QoS 保障机制，为其提供软切片服务。

第三，产业生态方面，在引入新的能力时，确保兼容以太网生态链。SPN 在引入 TDM 能力时，采用创新的 MTN 层网络技术，其处于以太网的 PCS，引入 MTN 层时，确保其独立性和透明性，在 PCS 以上完全兼容原有 L2/L3 分组交换和

IP 路由，在 PCS 以下，完全兼容以太网的物理层，使得 SPN 能够兼容以太网的芯片和光模块，共享以太网生态系统。

第四，网络演进方面，前向兼容已规模部署的 4G 移动承载网技术。进行 SPN 设计时，应充分考虑未来网络的过渡和演进。将 4G 分组移动承载网技术体系作为其分组网络业务提供的一种独立模式，支持已有业务与现有 4G 移动承载网设备的互联互通。为新业务提供软硬切片服务，充分利用已有的网络设备硬件，实现平滑的演进升级。

基于上述设计理念，中国移动在 2017 年提出 SPN 分层架构，如图 1-8 所示。SPN 采用基于 ITU-T 的层网络模型，采用高效以太网内核，支持对 IP、以太网、CBR（Constant Bit Rate，恒定比特率）业务的综合承载。SPN 分层架构包括 SPL（Slicing Packet Layer，切片分组层）、SCL（Slicing Channel Layer，切片通道层）、STL（Slicing Transport Layer，切片传送层）、时间 / 时钟同步面以及管理 / 控制面模块，具体说明如下。

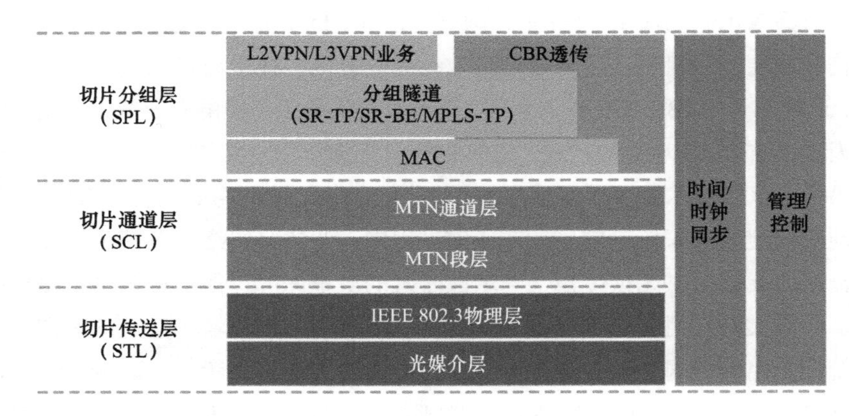

图 1-8　SPN 分层架构

- SPL：实现对 IP、以太网、CBR 业务的寻址转发和承载管道封装，提供 L2VPN、L3VPN、CBR 透传等多种业务类型。SPL 基于 IP/MPLS/802.1Q/物理接口等多种寻址机制进行业务映射，支持对业务进行识别、分流、QoS 保障等处理。
- SCL：采用基于 TDM 时隙的 MTN 通道层和 MTN 段层技术，为网络业务和切片提供端到端通道。SCL 通过对以太网物理端口的时隙化切分，提供端到端基于以太网的虚拟网络连接能力，为多业务承载提供基于 L1 的确定性低时延、硬隔离切片通道。
- STL：提供 IEEE 802.3 以太网物理层编解码和光媒介处理，实现高效的大带宽传送能力。

◆ 时间 / 时钟同步面：在核心节点支持部署高精度时钟源，具备基于 IEEE 1588v2 的高精度时间同步传送能力，满足 5G 基本业务的同步需求。另外，还需要支撑 5G 协同业务场景的高精度时间同步。

◆ 管理 / 控制面：具备面向 SDN 架构的管理、控制能力，提供业务和网络资源的灵活配置服务，并具备自动化和智能化的网络运维能力。

SPN 各层的数据格式如图 1-9 所示。

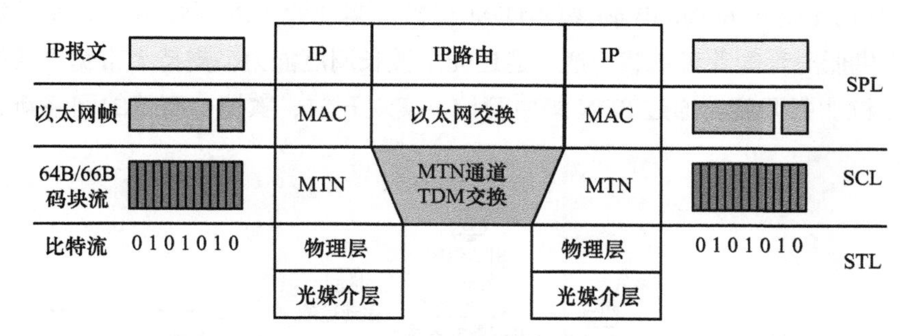

图 1-9 SPN 各层的数据格式

SPN 中的 SPL 支持 L2 与 L3 的分组交换。L3 的交换对象是 IP 报文，依靠查询目的 IP 地址和源 IP 地址完成 IP 报文的交换转发。L2 的交换转发技术与 L3 类似，只是交换转发对象为以太网帧。在 MAC 层，对一个或者若干个 IP 报文添加以太网帧封装，交换转发时，依靠查询以太网帧的目的 MAC 地址和源 MAC 地址完成以太网帧的交换转发。

SPN 中的 SCL 在 L1 工作，在这里，以太网帧被编码为一串 66B 码块序列（66B Block Sequence）流，SCL 的 L1 交换技术就是面向这一串 66B 码块序列流，首先，其交换转发依赖于 66B 码块序列流从一个逻辑端口到另一个逻辑端口的配置，不需要像 IP 报文或以太网帧那样进行复杂耗时的查表转发。其次，由于 SPN 的 L1 交换转发采用严格 TDM 轮询调度，所以不同业务流之间严格隔离，互不干扰。最后，由于交换转发对象为 66B 码块流，转发设备只需针对每条流存储若干个 66B 码块即可，相较于 IP 报文或以太网帧的转发设备，缓存数据量大大减少，从而显著降低了设备的转发时延，避免了转发抖动。

SPN 中的 STL 在 L1 和 L0 工作，这里的数据格式是“0”“1”比特信号以及基于这些“0”“1”比特信号调制而产生的光信号。

5G 时代，采用 SPN 技术方案构建的承载网架构如图 1-10 所示。SPN 作为面向综合业务的承载网技术方案，能够实现对无线 / 回传、企业专线 / 专网、家庭宽带接入等高质量要求业务的综合承载，具备在一张物理网络上进行资源切片并隔离的能力，为多种业务提供差异化的承载服务（例如带宽、时延、抖动等方面）。相较前一代承载网技术，SPN 技术性能大幅提升，单比特成本大幅下降，实现带宽提升 10 倍、时延性提升 10 倍、时间同步精度提升 10 倍、单比特承载成本降低一个数量级。SPN 采用高效以太网内核，通过 IP、以太网、光的高效融合，实现 L0~L3 的多层次组网，构建多种类型的管道切片支持能力。通过 L2、L3 的以太网交换、MPLS-TP 和 SR-TP 等技术，实现各种分组业务的灵活连接调度。通过 L1 基于 64B/66B 码块的 TDM 交换，实现业务的硬管道隔离和带宽保障，提供低时延的业务承载管道。通过光层波长调度能力，支持大带宽平滑扩容和大颗粒业务调度。通过 SDN 集中管控，实现开放、敏捷、高效的网络新运营体系。

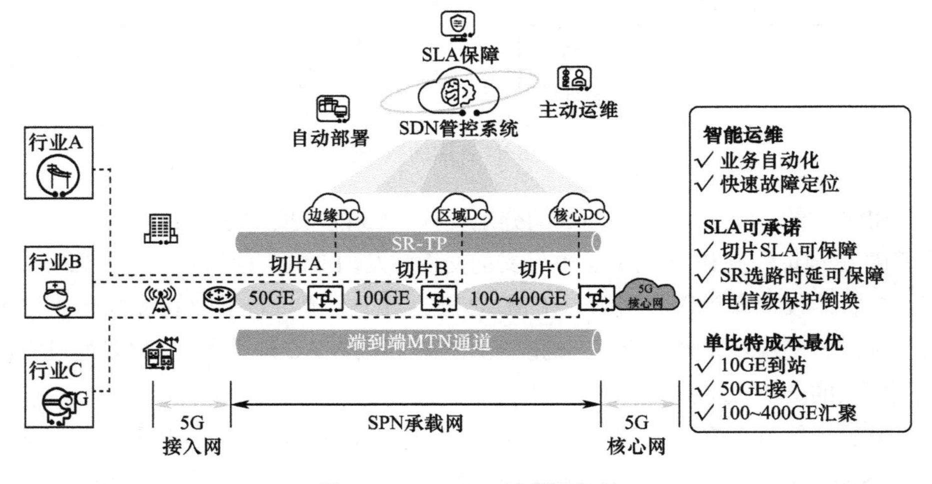

图 1–10　5G SPN 承载网架构

SPN 具有以下 4 种基本技术特征。

第一，SDN 集中管控。基于 SDN 理念，实现开放、敏捷、高效的网络运营和运维体系。支持业务部署和运维的自动化能力，以及感知网络状态并进行实时优化的网络自优化能力；同时，基于 SDN 的管控融合架构，提供简化网络协议、开放网络、跨网络域或技术域业务协同等能力。

第二，电信级故障检测和性能管理。具备电信级的分层 OAM 故障检测和性能管理能力，支持通过 OAM 机制对网络中各逻辑层次、各类网络连接、各类业务进行连通性、丢包率、时延和抖动等的检测及管理。

第三，高可靠的网络级保护。具备网络级的分层保护能力，支持基于设备转发面预置保护倒换机制，在转发面检测到故障后进行电信级快速保护倒换。同时，支持基于 SDN 控制面实时刷新网络状态，在感知网络状态变化后，自动为业务重新计算最优路径。

第四，软硬网络切片。承载网切片是实现 E2E（End to End，端到端）网络切片的重要基础，它是 SDN 技术与转发设备能力相结合的产物。网络切片将网络设施和应用网络解耦，呈现细粒度可打包的差异化承载能力，匹配垂直行业对不同服务质量的诉求，支撑多业务运营和云网协同。SDN 控制器负责对物理网络资源进行抽象和调度，针对切片网络的带宽、时延等业务需求，基于 MTN Client 和 MTN Channel 等管道切片技术，将业务调度到合适的资源上，从而保证业务的承载诉求。

总结起来，SPN 具备以下四大技术创新，具体参见本书第 1~2 页。

如果想进一步了解 SPN 硬切片、OAM、可靠性和统一管控等关键技术及其价值，可参见附录 A.1 节。

1.4 以太网技术及其在承载网领域的应用和发展

1.4.1 以太网的诞生、应用和发展

20 世纪 70 年代，随着计算机技术的发展，人们越来越不满足于单机的应用，希望有一种技术可以将独立的计算机连接起来，这种技术就是局域网技术。计算机网络先驱罗伯特·梅特卡夫（Robert Metcalfe）在 1973 年发明了以太网技术，用于构建局域网，并于 1980 年 9 月 30 日发布了第一个通用的以太网标准。由于兼具高效、简明、标准开放、成本低廉等特点，以太网技术迅速取代了当时的令牌环网和 ARCNET（Attached Resource Computer NETwork，附加资源计算机网络）技术，成为局域网的主流技术。最初的以太网采用同轴电缆来连接各个设备，并且通过半双工的、CSMA/CD（Carrier Sense Multiple Access with Collision Detection，带冲突检测的载波监听多路访问）技术规定了多个设备之间如何共享一个通道。随着以太网速率的提升，速率在 10 Mbit/s 以上的以太网采用全双工技术，而不再是共享介质的系统。同时，以太网的传输介质也逐渐丰富，铜线、电缆、光纤等材料都应用到了传输介质中。以太网发展到现在，成为满足万物智能连接的重要支柱，是目前标准化程度最高、互通性最好、应用范围最广的网络技术。图 1-11 示出了以太网发展历程中的关键事件，简述如下。

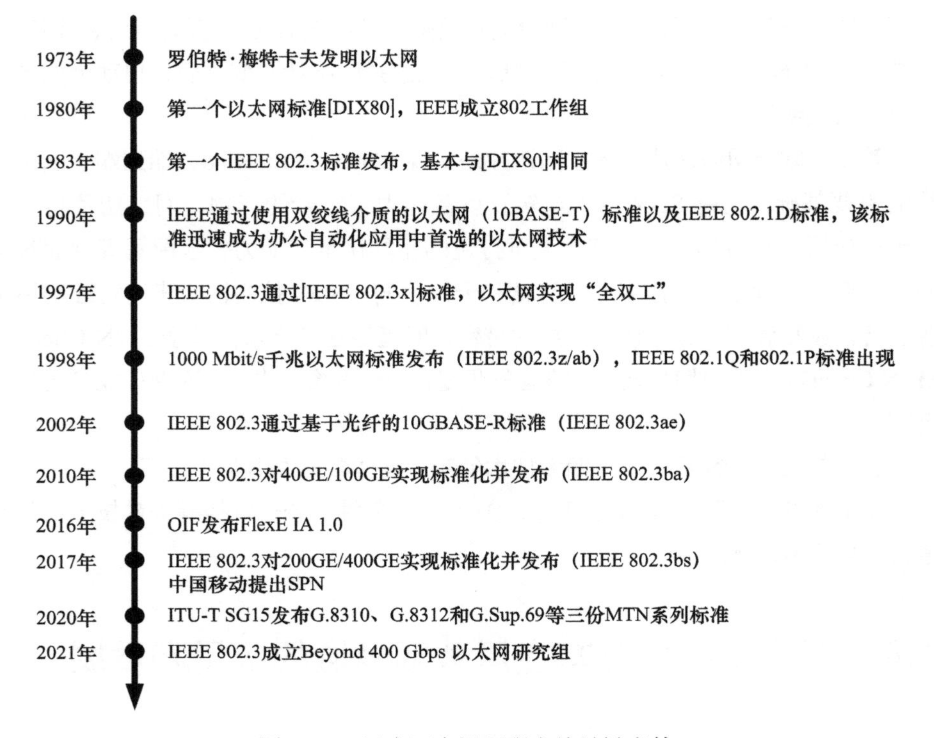

图 1–11　以太网发展历程中的关键事件

1973 年，罗伯特·梅特卡夫在备忘录里面记录了他发明的网络系统，并将该技术用于连接一批计算机工作站。

1980 年，DEC 公司、英特尔公司和施乐公司组成的 DIX 联盟发布了第一个 10 Mbit/s 以太网标准。同年，IEEE 召开代号为 802 的“局域网标准会议”，IEEE 成立 802 工作组。

1983 年，IEEE 802.3 委员会基于 DIX 联盟发布的 10 Mbit/s 以太网标准，首次发布 IEEE 802.3 以太网技术标准。

20 世纪 80 年代末期，随着双绞线传输介质的引入，以太网系统建设、管理和维护更加容易。IEEE 802.3 顺应此趋势，于 1990 年发布了基于双绞线的以太网标准，极大地扩展了以太网的使用范围。同年，针对大量交换机在部署时产生冗余链路等的一系列问题，IEEE 802.1 工作组发布了 802.1D STP（Spanning Tree Protocol，生成树协议），基本解决了各厂商设备在组网时容易产生环路等的问题。

1997 年，IEEE 802.3 发布了全双工以太网标准，使得两个设备可以基于全双工链路进行连接，实现数据收发同时进行，进一步增大了以太网数据吞吐量。

1998 年，以太网速率实现翻倍，千兆以太网标准发布，在双绞线介质之外，引入了光纤作为传输介质。更高的速率使得以太网能够连接更高性能的服务器，匹配计算能力更强的计算机。随着 802.1D 的制定，基于以太网的大规模用户组网条件已经具备。IEEE 802.1 发布了 802.1Q VLAN 协议作为 802.1D 的后续补充，支持使用虚拟网络标识区分大规模的用户小区和城市区域，解决了电信用户组网和城域网接入的 IP 限制问题。

2002 年，IEEE 802.3 发布了基于光纤的 802.3ae-2002 以太网标准，最高支持 10 Gbit/s 的速率。

2010 年，IEEE 802.3 发布了基于光纤和同轴电缆的 802.3 ba-2010 以太网标准，支持 40 Gbit/s 和 100 Gbit/s 的速率。

2016 年，OIF（Optical Internetworking Forum，光互联论坛）发布了面向 DCI（Data Center Interconnection，数据中心互联）场景的 FlexE（Flexible Enthernet，灵活以太网）接口技术，通过对以太网物理端口进行时隙化处理，解决了数据中心互联链路聚合的问题。

2017 年，IEEE 802.3 发布了基于光纤和同轴电缆的 802.3 bs-2017 以太网标准，支持 200 Gbit/s 和 400 Gbit/s 的速率。

2017 年，中国移动提出 SPN，发布了在以太网 PCS 构建 TDM 层网络的架构设计和关键技术。

2020 年，ITU-T SG15（Study Group 15，第 15 研究组）基于中国移动提出的 SPN，发布了 MTN 系列标准，作为 ITU 推荐的 5G 承载网技术。

2021 年，IEEE 802.3 成立了 Beyond 400 Gbps 以太网研究组，标志着以太网向下一代高速率演进。

展望未来，以太网会向更高速率发展，主要体现在信号调制、单通道速率和信号收发器封装形式等方面。信号调制技术演进的方向是从 NRZ（Non-Return-to-Zero，不归零）码到 PAM4，再到相干调制方式。相应地，单通道速率会从 25 Gbit/s 向 50 Gbit/s，再向 100 Gbit/s 逐步提升。在信号收发器封装形式方面，主要发展方向是继续降低 RJ45（Registered Jack 45，RJ45 接口）、SFP（Small Form-factor Pluggable，小型可插拔）接口、SFP-DD（Small Form-factor Pluggable Double Density，双密度小型可插拔）接口和 QSFP（Quad Small Form-factor Pluggable，四通道小型可插拔）接口等封装接口的功率。信号收发器也在探索新的封装形式，从而实现多通道高速率以太网接口，例如 Embedded Optics（嵌入式光学）接口和 OSFP（Octal Small Form-factor Pluggable，八通道小型可插拔）接口。

除了追求更高的速率，以太网还将逐步完善不同传输介质、不同速率的传输接口标准，从而扩大以太网的应用范围。当前，以太网已经覆盖企业园区、运营商、家庭、用户终端、大型数据中心等领域。面向未来，通过新型的以太网接口与技术，以太网的应用会扩展到车载网络、工业生产制造网络、航空网络、交通网络和医疗网络等领域，进而构建更广泛的以太网生态系统。

1.4.2 以太网接口概述

以太网技术包含两大类，一类是以太网桥接（Ethernet Bridge），另一类是以太网接口。以太网桥接是通过以太网帧开销中的源 MAC 地址、目的 MAC 地址、以太网类型（Ethertype）、VLAN 等域段，实现计算机组网以及数据在以太网交换机中的转发。以太网桥接主要对应协议栈中的 MAC 层、MAC 层以上及网络层以下部分，主要在 IEEE 802.1 中实现标准化。例如 1998 年，IEEE 802.1Q 项目中实现了 VLAN 的标准化，2005 年，IEEE 802.1ad 项目中实现了 QinQ 的标准化。以太网接口是通过一系列编码、调制技术，实现以太网帧在两台以太网设备之间发送和接收。以太网接口主要对应 OSI（Open System Interconnection，开放系统互连）模型的物理层，主要在 IEEE 802.3 中实现标准化。以太网在协议栈上将以太网桥接和以太网接口进行解耦，可以实现以太网桥接技术和以太网接口技术各自独立并行发展，互不影响。以太网桥接技术注重快速链接、简单配置和资源共享，一般采用存储转发机制转发以太网帧（Ethernet Frame）。而 IEEE 802.3 只考虑接口，未指定网络技术标准，从而在以太网接口上并没有考虑灵活组网的特性。

早期的以太网接口以双绞线和铜缆为主，传输距离短，数据传输的可靠性交由以太网桥接技术中的报文重传机制或者网络层的机制来保障。2000 年以后，以太网接口的传输介质开始采用光纤，其后，以太网接口的可靠性设计要求大幅度提升 [MTTFPA（Mean Time to False Packet Acceptance，错误报文平均接收时间）要求大于 100 亿年]，同时采用了大量的数据可靠性传输保障技术 [包括 66B 编码、FEC（Forward Error Correction，前向纠错）和 Error marking 等]。由于以太网接口技术能够实现任意两个设备之间的可靠通信互连，其关键技术有着广泛的适用性，例如移动承载、数据中心、工业制造、车载网络和航空网络等。移动承载网领域以及城域网领域应用的以太网接口一般以高速以太网光接口为主，如 50GBASE-R PHY、100GBASE-R PHY、200GBASE-R PHY 和 400GBASE-R PHY。

OSI 模型是 ISO（International Organization for Standardization，国际标准化组织）在 ISO/IEC 7498-1 标准中定义的一种概念模型。OSI 模型为各种计算机在世界范围内互连提供了一种网络标准框架，为全世界所熟知。以太网技术对应 OSI 模型中的数据链路层和物理层。图 1-12 以 100GBASE-R PHY 为例，给出了 OSI 模型与以太网物理层协议栈之间的关系。100GBASE-R PHY 包含 MAC 层、RS（Reconciliation

Sublayer，协调子层）、PCS、FEC 层、PMA（Physical Medium Attachment，物理媒介附属）层、PMD（Physical Medium Dependent，物理媒介依赖）层、AN（Auto-Negotiation，自协商）层和 Medium（媒介）层。MAC 层负责 Ethernet MAC frame（以太网帧）的组装、检错、流量控制和重传，与具体物理层媒介无关。以 100GBASE-R PHY 为例，在 100GBASE-R PHY 的数据发送方向上，MAC 层形成的数据帧由 RS 转换成一连串的 8 bit 的字符（character）序列，通过 CGMII（Centum Gigabit Media Independent Interface，100 吉比特媒体无关接口）发送给物理层；除此之外，RS 还要额外为每一个 CGMII 的字符生成 1 bit 的控制信号，用以指示该字符携带的控制信息或者数据信息。物理层的 PCS 将 CGMII 的数据通过 64B/66B 变换转换成一连串 66B 码块的数据。串行的 66B 码块数据在 PCS 中需要经过扰码和多数据通道对齐的操作，然后经过 PMA 的适配，最终数据在 PMD 上被转换成 NRZ 码型，被调制成光信号后通过光纤传输。

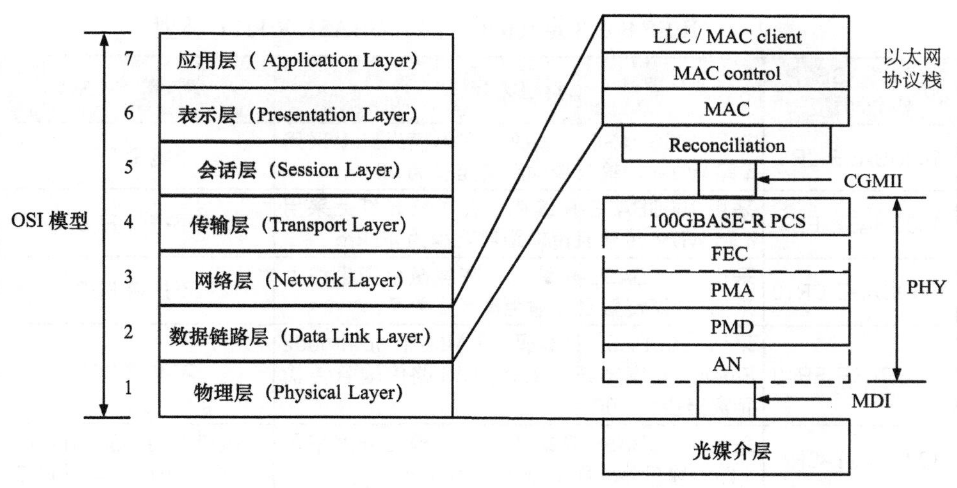

注：LLC 为 Logical Link Control，逻辑链路控制。

图 1-12　以太网物理层协议栈（以 100GBASE-R PHY 为例）与 OSI 模型的关系

数据接收过程与发送过程正好相反。数据信号从光纤上接收后，经过光信号解调，形成 NRZ 码，经过 PMD/PMA 处理，恢复成原来的 66B 码块数据，最后发送给 CGMII 接收，并还原出以太网帧。需要说明如下几点。第一，FEC 不是所有以太网接口的必选功能。第二，对于 100GBASE-R PHY 中部分短距离传输的接口，采用铜线传输的接口，或者未来采用单通道 100 Gbit/s 速率的接口类型会使用 FEC，此时需要先将 4 个 66B 码块转换成一个 257B 码块，并根据固定算法（如 Reed-Solomon）添加固定长度的冗余信息比特，从而提高以太网接口链路信号传输的可靠性。第三，在实现高速以太网光接口的过程中，往往直接将 Ethernet MAC frame 转换成 66B 码块序列，而 RS 和 CGMII 只是为了延续以太网接口标准制定的习惯，仅仅逻辑上存在。

IEEE 802.3 按照以太网接口的信号传输速率、传输距离、传输介质以及数据并行传输的路数，将以太网 PHY 分为多种类型。这些信息也都体现在以太网 PHY 不同类型的命名上[4]。例如，100GBASE-LR4 PHY 的速率为 100 Gbit/s，采用扰码后的 64B/66B 编码技术，总共包含 4 条链路，采用 1310 nm 波长且传输距离至少为 10 km；100GBASE-ER4 PHY 的速率为 100 Gbit/s，采用扰码后的 64B/66B 编码技术，总共包含 4 条链路，采用 1510 nm 波长且传输距离至少为 40 km。以 100GBASE-R PHY 为例，IEEE 802.3 定义了 11 种类型的 PHY，具体如表 1-1 所示。在 100GBASE-R PHY 中，移动承载网和城域网主要使用 100GBASE-LR4 和 100GBASE-ER4 两种类型。

表 1-1　IEEE 802.3 定义的所有 100GBASE-R PHY 类型

100GBASE-R PHY 类型	类型简介	是否携带 FEC
100GBASE-LR4	采用 100GBASE-R 编码，在单模光纤上采用 4 路 WDM 传输且传输距离至少为 10 km	不携带 FEC
100GBASE-ER4	采用 100GBASE-R 编码，在单模光纤上采用 4 路 WDM 传输且传输距离至少为 40 km	不携带 FEC
100GBASE-CR10	采用 100GBASE-R 编码，在屏蔽平衡铜缆上采用 10 路传输且传输距离至少为 7 m	不携带 FEC
100GBASE-SR10	采用 100GBASE-R 编码，在 MMF（Multimode Fiber，多模光纤）上采用 10 路传输且传输距离至少为 100 m	不携带 FEC
100GBASE-SR4	采用 100GBASE-R 编码，在多模光纤上采用 4 路传输且传输距离至少为 100 m	携带 Reed-Solomon（528，514）类型 FEC
100GBASE-CR4	采用 100GBASE-R 编码，在屏蔽平衡铜缆上采用 4 路传输且传输距离至少为 5 m	携带 Reed-Solomon（528，514）类型 FEC
100GBASE-KR4	采用 100GBASE-R 编码，在电路背板上采用 4 路传输	携带 Reed-Solomon（528，514）类型 FEC
100GBASE-DR	采用 100GBASE-R 编码，在单模光纤上采用 1 路传输且传输距离至少为 500 m	携带 Reed-Solomon（544，514）类型 FEC
100GBASE-SR2	采用 100GBASE-R 编码，在多模光纤上采用 2 路传输且传输距离至少为 100 m	携带 Reed-Solomon（544，514）类型 FEC
100GBASE-CR2	采用 100GBASE-R 编码，在屏蔽平衡铜缆上采用 2 路传输且传输距离至少为 3 m	携带 Reed-Solomon（544，514）类型 FEC
100GBASE-KR2	采用 100GBASE-R 编码，在电路背板上采用 2 路传输	携带 Reed-Solomon（544，514）类型 FEC

在不同传输速率、不同传输介质或不同传输距离的情况下，以太网物理层协议栈的架构会有差异。图 1-13 给出了 50GBASE-R PHY、100GBASE-R PHY 和 200G/400GBASE-R PHY 这几种速率的以太网接口协议栈以及功能模块。50GBASE-R PHY、200GBASE-R PHY 和 400GBASE-R PHY 中，FEC 为必选功能。100GBASE-R PHY 中，FEC 为可选功能，只在中短距离或者采用铜线传输时会使用。需要说明的是，当 100GBASE-R PHY 或者 50GBASE-R PHY 携带 FEC 功能时，一旦误码超过 FEC 的纠错能力，在 PHY FEC 功能的数据接收方向上，会从所有 66B 码块中挑选出部分 66B 码块进行错误标记（将同步头强制设置为无效同步头）；而对于 200GBASE-R PHY 和 400GBASE-R PHY，在 PHY FEC 功能的数据接收方向上，会对所有 66B 码块进行错误标记。

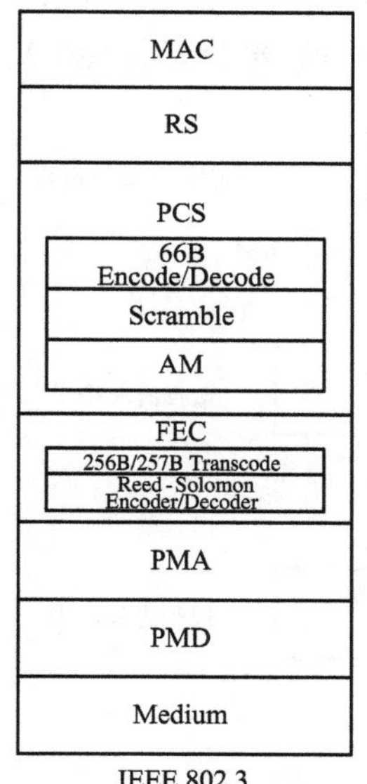

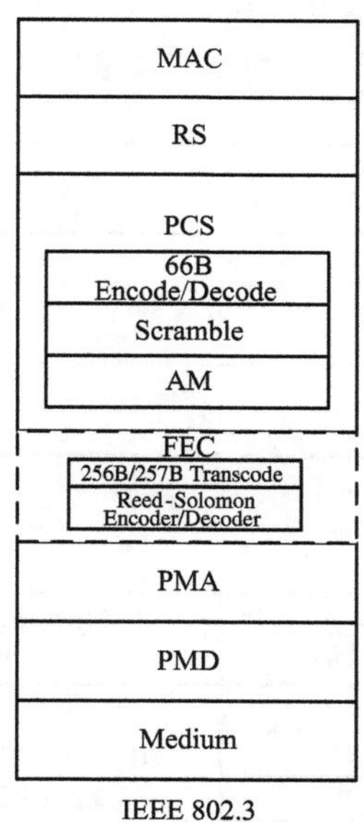

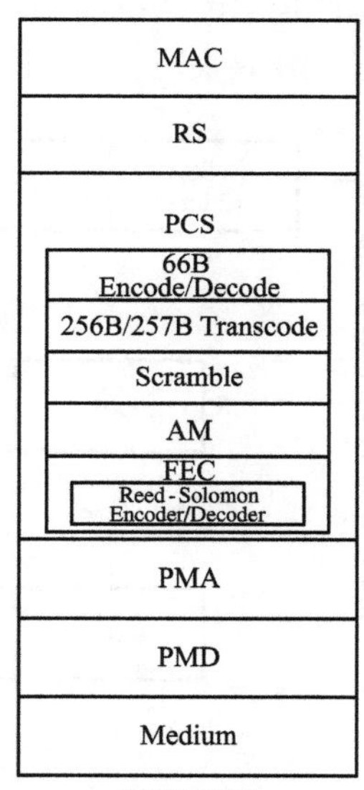

注：AM 为 Alignment Marker，对齐字符。

图 1-13　以太网 50GBASE-R PHY、100GBASE-R PHY 与 200G/400GBASE-R PHY 协议栈对比

无论是 50GBASE-R PHY、100GBASE-R PHY，还是 200G/400GBASE-R PHY，PCS 的 66B 码块是以太网贯穿整个高速以太网光接口系列的核心，被高速以太网所共享。而随着以太网产业规模和以太网接口应用范围的逐渐扩大，以 66B 码块为核心的以太网接口引领了光通信技术发展，以太网接口中用到的光通信技术被众多网络技术借鉴参考。因此，66B 码块以太网内核成为网络技术创新、网络技

术演进下一步的重点。以太网自 2002 年引入 10 Gbit/s 的接口以来，就一直使用 66B 编码方法，那么到底什么是 66B 码块？根据 IEEE 802.3，50GBASE-R PHY、100GBASE-R PHY 和 200G/400GBASE-R PHY 中使用的 66B 码块通用格式以及控制码块类型域段如图 1-14 所示，66B 码块的通用格式包含同步头与净荷两部分，其中同步头占用前 2 bit，净荷占用后 64 bit。同步头起到区分码块类型以及标识码块起始位置的作用。当同步头为 0b01 时，66B 码块为数据码块；当同步头为 0b10 时，66B 码块为控制码块。同步头提供了 2 bit 汉明距离，增强了以太网接口编码的可靠性。对于控制码块，其净荷部分又可进一步划分为控制码块类型域段与非控制码块类型域段。控制码块类型域段总共占用 8 bit，用于指示 11 种不同类型的控制码块。一共有五类控制码块，即起始码块、结束码块、O 码块、错误码块和空闲码块。以太网接口的接收侧 PCS，可以根据 66B 码块的同步头和控制码块类型域段，完成对 66B 码块同步头的识别和提取（数据码块及控制码块的净荷部分无法识别）。

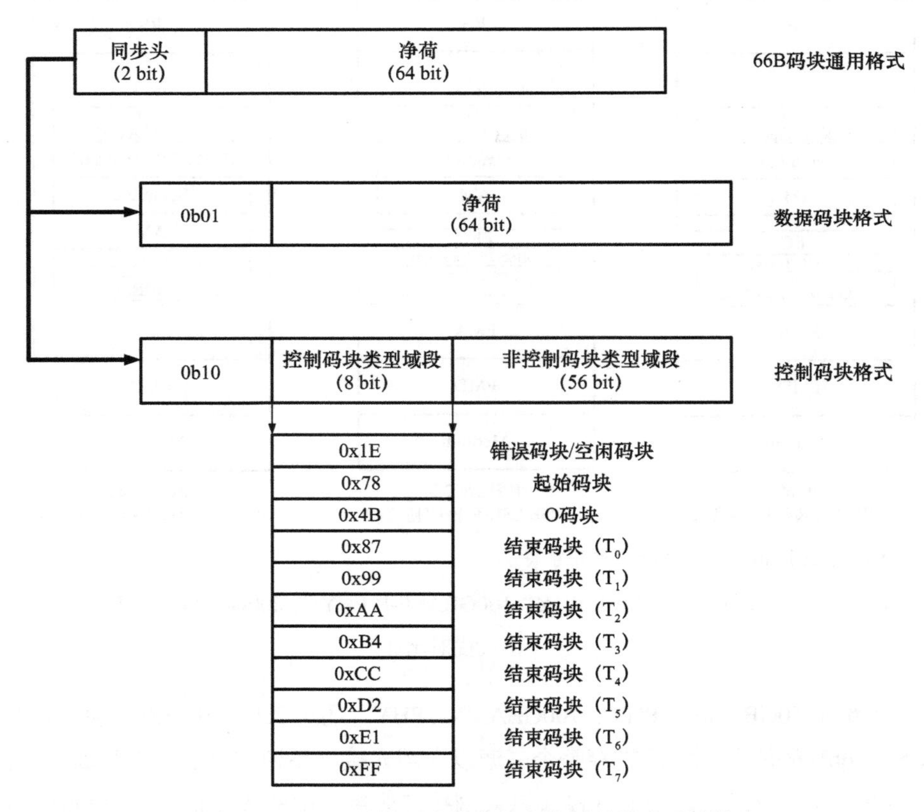

图 1-14　66B 码块通用格式以及控制码块类型域段

66B 码块格式与 CGMII 数据的对应关系如图 1-15 所示。

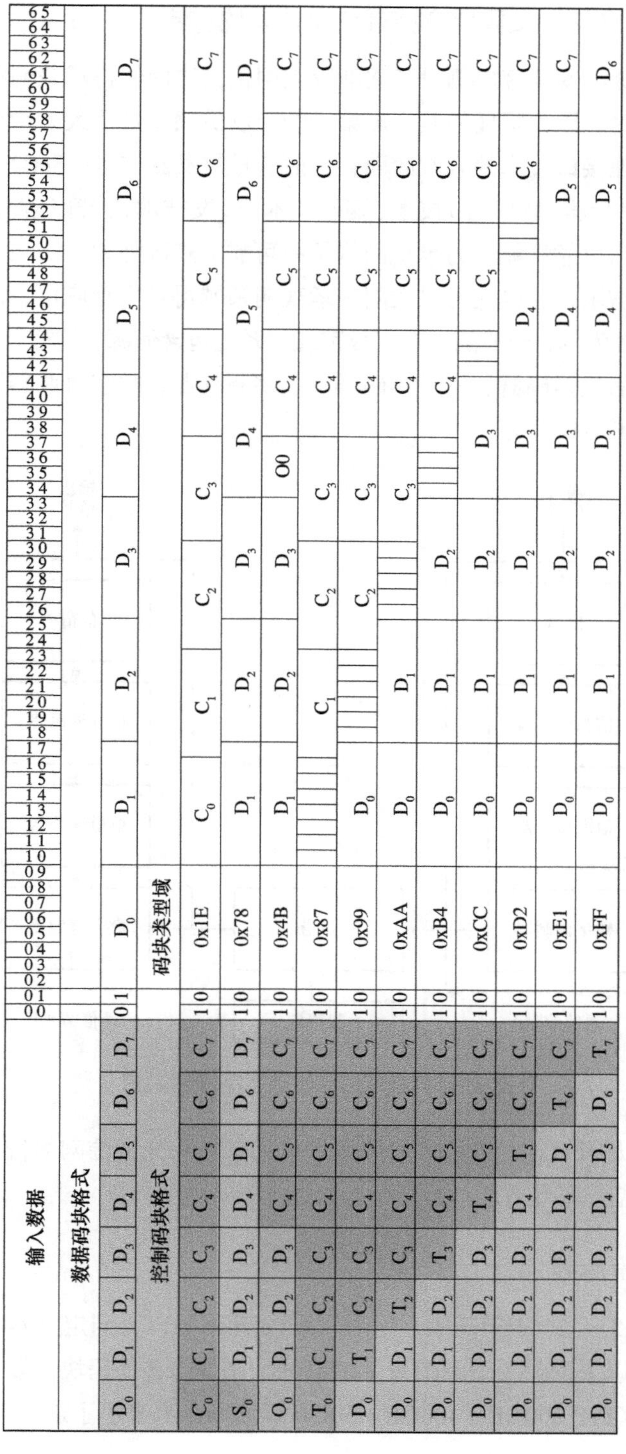

输入数据								00 01	02 03 04 05 06 07 08 09	10 11 12 13 14 15 16 17 18 19 20 21 22 23 24 25 26 27 28 29 30 31 32 33 34 35 36 37 38 39 40 41 42 43 44 45 46 47 48 49 50 51 52 53 54 55 56 57 58 59 60 61 62 63 64 65							
数据码块格式																	
D_0	D_1	D_2	D_3	D_4	D_5	D_6	D_7	01	D_0	D_1	D_2	D_3	D_4	D_5	D_6	D_7	
控制码块格式									码块类型域								
C_0	C_1	C_2	C_3	C_4	C_5	C_6	C_7	10	0x1E	C_0	C_1	C_2	C_3	C_4	C_5	C_6	C_7
S_0	D_1	D_2	D_3	D_4	D_5	D_6	D_7	10	0x78	D_1	D_2	D_3	D_4	D_5	D_6	D_7	
O_0	D_1	D_2	D_3	C_4	C_5	C_6	C_7	10	0x4B	D_1	D_2	D_3	O0	C_4	C_5	C_6	C_7
T_0	C_1	C_2	C_3	C_4	C_5	C_6	C_7	10	0x87		C_1	C_2	C_3	C_4	C_5	C_6	C_7
D_0	T_1	C_2	C_3	C_4	C_5	C_6	C_7	10	0x99	D_0		C_2	C_3	C_4	C_5	C_6	C_7
D_0	D_1	T_2	C_3	C_4	C_5	C_6	C_7	10	0xAA	D_0	D_1		C_3	C_4	C_5	C_6	C_7
D_0	D_1	D_2	T_3	C_4	C_5	C_6	C_7	10	0xB4	D_0	D_1	D_2		C_4	C_5	C_6	C_7
D_0	D_1	D_2	D_3	T_4	C_5	C_6	C_7	10	0xCC	D_0	D_1	D_2	D_3		C_5	C_6	C_7
D_0	D_1	D_2	D_3	D_4	T_5	C_6	C_7	10	0xD2	D_0	D_1	D_2	D_3	D_4		C_6	C_7
D_0	D_1	D_2	D_3	D_4	D_5	T_6	C_7	10	0xE1	D_0	D_1	D_2	D_3	D_4	D_5		C_7
D_0	D_1	D_2	D_3	D_4	D_5	D_6	T_7	10	0xFF	D_0	D_1	D_2	D_3	D_4	D_5	D_6	

图 1-15 66B 码块格式与 CGMII 数据的对应关系

1.4.3 以太网在承载网领域的应用和发展

以太网的崛起使得客户侧设备逐渐以太网化，进而使得承载网的业务也逐渐以太网化。同时，以太网凭借其全球第一的市场份额以及巨大的产业链优势，影响了承载网物理接口技术的方方面面，包括信号收发器技术、SerDes（Serializer/Deserializer，串行器/解串器）技术、编码技术、转发技术、传输介质技术等。再者，以太网接口的高可靠性能够为承载网构筑高可靠的基础能力，满足承载网多业务差异化承载的需求，这也使得以太网在承载网领域得到广泛应用。以典型的点对点数字通信系统为例，一般的点对点数字通信系统包含信源、信宿、信源编码器、信源译码器、信道编码器、信道译码器、数字调制器、数字解调器以及信道（传输介质），如图 1-16 所示。

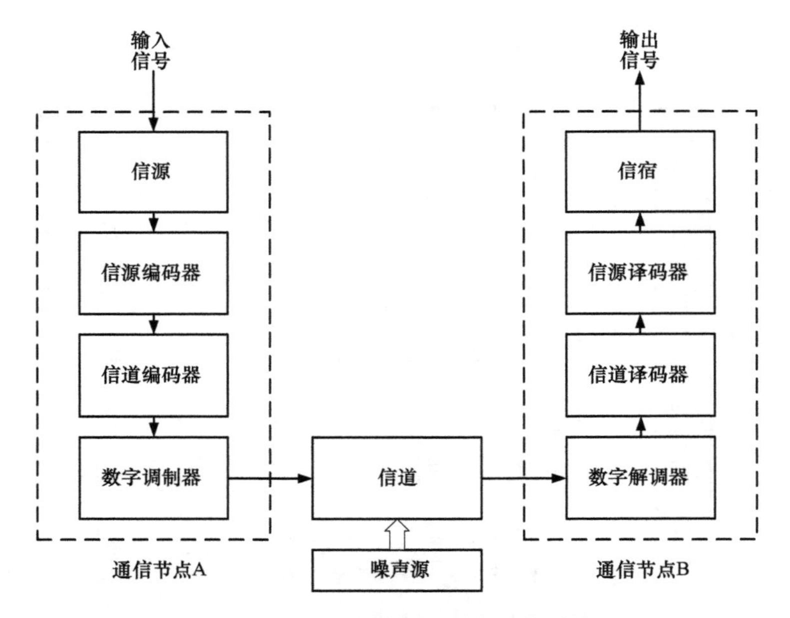

图 1-16 典型的点对点数字通信系统

当前，以太网的点对点数字通信技术引领了整个光通信网络行业，其中涉及的关键技术包括以下几方面。

1. 信道编码技术

IEEE 802.3 从 2000 年开始，为 10 Gbit/s 速率的以太网定义 64B/66B 的信道编码方法，将以太网帧（信源信息）编码为一串 66 bit 的码块，以太网后续定义的 40GE、100GE、200GE、400GE、50GE 等速率，都采用了这一信道编码技术。

OTN、CPRI、FC（Fibre Channel，光纤通道）和 IB（InfiniBand，无限带宽）等网络技术都利用或者借鉴了 64B/66B 的信道编码技术，从而使信道编、解码功能模块的生产可以复用以太网产业链，降低器件成本及获取难度。详细的 64B/66B 编码规则参见 1.4.2 节。

2. 纠错编码技术

信号在信道中传输会受到噪声的干扰，即使是在光纤或铜缆等有线介质中，随着传输距离与信号速率的增加，接收端接收到的信号也会产生严重的畸变，进而导致接收到的信息比特错误。一般采用 BER（Bit Error Rate，误码率）表示通信系统的信息传输可靠性。为了提高系统的可靠性，通信中需要用到纠错编码技术。发送端在发送信息前主动添加一些冗余比特，接收端在发生比特错误时可以根据冗余比特发现错误并纠正，这就是纠错编码技术的基本做法。IEEE 802.3 基于分组码技术，定义了 RS-FEC（544，514）的 FEC 信道纠错编码技术，用于改善高速通信时的误码率。以太网标准的开放性和以太网技术良好的互操作性，让信道纠错编码技术成为传送网大容量设备背板连接的首选技术。例如，高性能计算机网络中的 IB 技术，在该技术的 HDR（High Data Rate，高数据速率）中把 RS-FEC（544，514）作为必选的纠错编码技术。RS-FEC（544，514）编解码原理框图如图 1-17 所示。

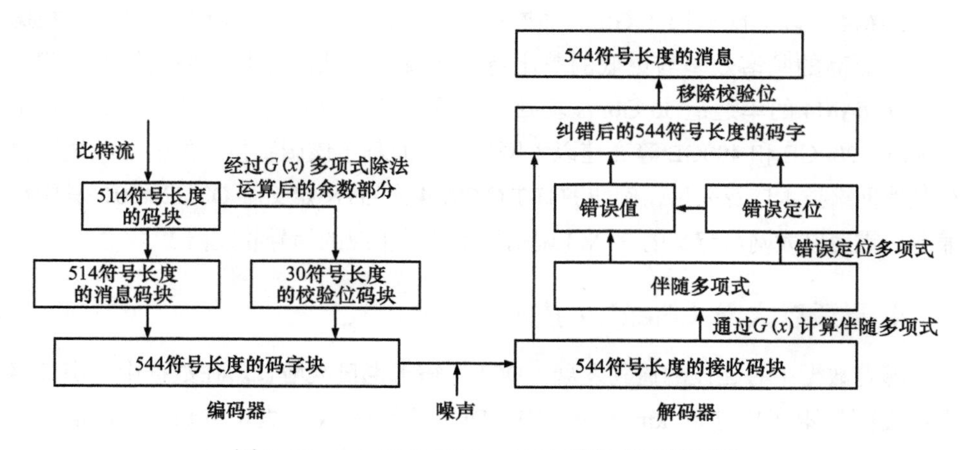

图 1-17　RS-FEC（544，514）编解码原理框图

3. 调制技术

调制就是信号变换，也就是在发送端将传输的信号（模拟或者数字信号）转换成适合信道传输的高频信号。解调是调制的逆过程，也就是在接收端将已调

制信号还原成原始信号。为了满足 200 Gbit/s、400 Gbit/s 等的高速以太网需求，IEEE 802.3 率先定义了基于 PAM4 的数字信号调制技术。PAM4 中使用 4 个电平来表示 2 bit 的 4 种逻辑组合（11、10、01 和 00）。PAM4 与传统的 NRZ 码型对比如图 1-18 所示，PAM4 在单位时间内传输的逻辑信息是 NRZ 的两倍。PAM4 的技术难点在于激光器对功率的精准控制和 DSP（Digital Signal Processing，数字信号处理）芯片设计。激光器功率如果控制不好，就会造成很高的误码率，发送端只能重新发送信号，影响信号传输效率。DSP 需要在有限的芯片尺寸以及功率的前提下，实现电信号的时钟恢复、放大、均衡等功能。

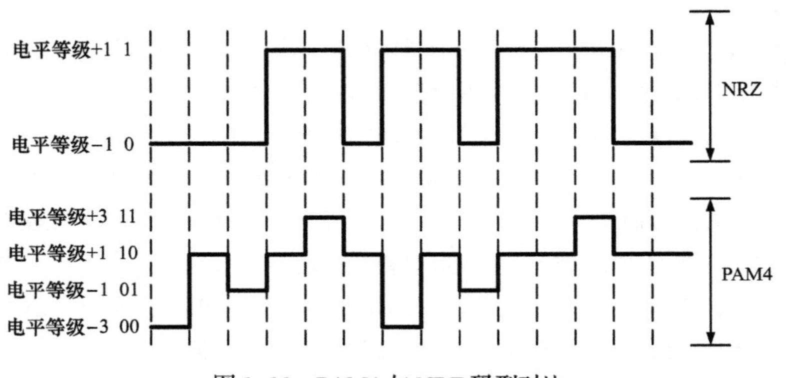

图 1–18　PAM4 与 NRZ 码型对比

PAM4 与以太网光层 25GE 单通道技术结合，可实现单通道 50 Gbit/s 的数据速率、更高的频谱效率与更低的单比特传输成本，从而提升网络的传输速率。在基于 PAM4 的单通道 50 Gbit/s 基础上，通过多通道复用，可以进一步发展出 100GE、200GE 和 400GE 等高速以太网接口。而基于该调制技术的信号收发器也被其他网络技术广泛采用，例如 ITU-T G.709.4 为 OTN 定义了 OTU25/50，其中也兼容、重用以太网所定义的 PAM4 调制技术及其相应的信号收发器。

4. 灵活以太网（FlexE）技术

随着数据中心建设的蓬勃发展，DCI 的需求也日益增长。在数据中心出口路由器之间的距离超过 80 km 的场景中，DCI 引入 OTN 以满足点到点的通信连接需求，具体场景如图 1-19 所示，两台数据中心出口路由器之间通过 OTN 承载，路由器和 OTN 设备之间通过以太网接口互联。

以太网接口速率的增长速度与 OTN 接口速率的增长速度不匹配，导致数据中心互联的流量缺乏有效的承载方式。如图 1-20 所示，从 1995 年到 2020 年，以太网接口速率以平均每 7 年约 10 倍的速度增长；根据 ITU OTN 标准，OTN 的 OTU

（Optical Transport Unit，光传输单元）接口速率从 2009 年到 2020 年只增长了不到 2 倍。与此同时，路由器和交换机的 NPU（Network Processing Unit，网络处理单元）处理能力的提升大大超过了 OTN 单波长传输容量的增长。谷歌等互联网公司看到了这一速率发展不匹配的问题之后，开发了 FlexE 技术，其设计目标就是解决数据中心点对点连接时接口速率扩展的问题。FlexE 利用以太网 PCS 的 66B 编码技术对以太网接口进行时隙化处理，在传统以太网上进行轻量级 TDM 增强，将以太网接口与 MAC 层报文处理解耦，使得 MAC 层带宽摆脱单个以太网 PHY 通道带宽的限制，支持绑定、通道化和子速率的功能。FlexE 的出现使得以太网接口在可靠性的基础上增强了灵活性。

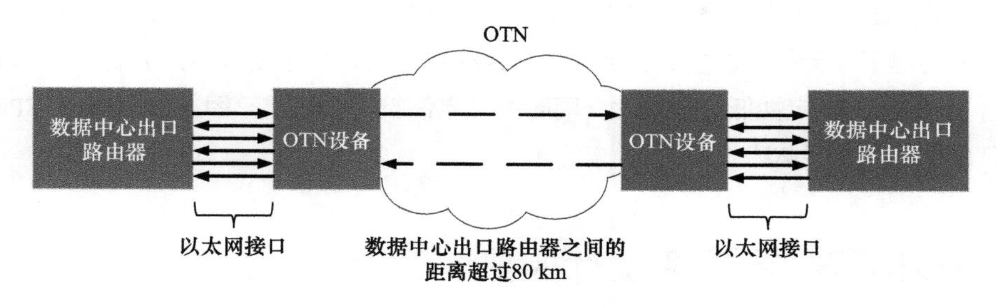

图 1-19　数据中心互联场景

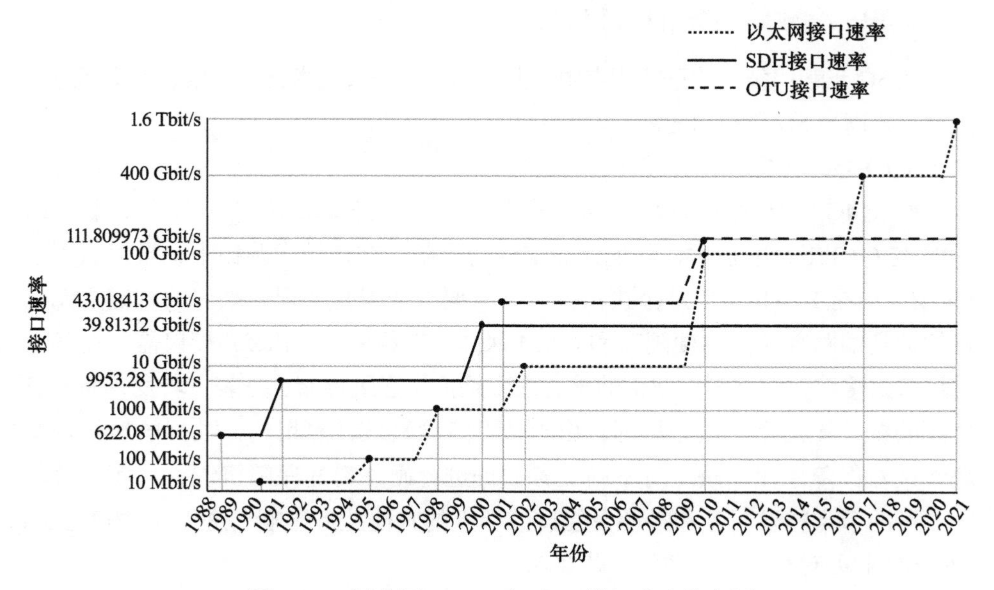

图 1-20　以太网、SDH 和 OTU 接口速率的发展

虽然 FlexE 解决了 DCI 时链路高效聚合的问题，但是并没有在 DCI 领域得到大规模应用。这主要是由两个因素造成的。一方面，200GE、400GE 甚至

800GE、1.6TE 等高速以太网物理接口的发展速度超过预期，使得 MAC 层带宽增长问题得到缓解，互联网厂商和数据中心厂商的注意力从解决链路聚合问题又回到了增加物理接口速率上。另一方面，受限于接口技术的定位，FlexE 缺乏能满足网络要求的相应功能，例如缺乏数据交换、OAM、保护倒换等能力，这使得 FlexE 难以独自在其他场景中大规模应用。图 1-21 展示了 FlexE 技术大致的发展历程。

5. 城域传送网（MTN）技术

中国移动、信通院和华为等厂商面向 5G 移动承载场景进行了创新，提出了在以太网物理层协议栈中构建 TDM 层网络的核心思想和技术理念。从 2018 年到 2020 年，在中国厂商的推动和主导下，ITU 发布了基于 SPN 的 MTN 系列标准。MTN 构建了全新的传输接口、帧结构、TDM 交换技术、高效 OAM 及保护技术，支持硬切片、确定性低时延转发，同时满足电信级网络要求。图 1-22 展示了 SPN/MTN 技术的发展脉络。

1.5 MTN 层网络设计原则

1. 5G 承载网技术的研究路径

在 5G 承载网技术的早期研究中，业界通过若干条技术路径探索，希望通过不同的方式满足 5G 承载网的需求。

（1）技术路径一

沿袭 4G 时代的分组承载网核心技术，引入 FlexE 接口，仍然采用分组 VPN 与 QoS 组合的技术，实现无线信号的承载。在该技术路径下，虽然引入了 FlexE，但是 FlexE 本质是个接口技术，主要的功能是实现多端口的绑定，无法提供端到端路径层面的硬隔离和 OAM 保障。在组网时，FlexE 接口需要在各节点接口处终结，节点转发技术的核心依旧是报文逐跳存储、查表、转发，而转发资源的统计复用是其核心特征。由于转发资源是统计复用的，数据的转发资源缺乏绝对保障手段，缺乏对不同业务数据进行硬隔离的保障机制，从而导致单一业务的节点转发时延和抖动受经过该节点的其他业务影响，进而无法满足 5G URLLC 业务对时延和抖动的严苛要求。

（2）技术路径二

基于 OTN 技术进行优化，通过 L1 的 TDM 机制保障业务独占设备硬件资源和网络资源，从而实现业务与业务之间的硬隔离，满足业务在带宽、时延、抖动

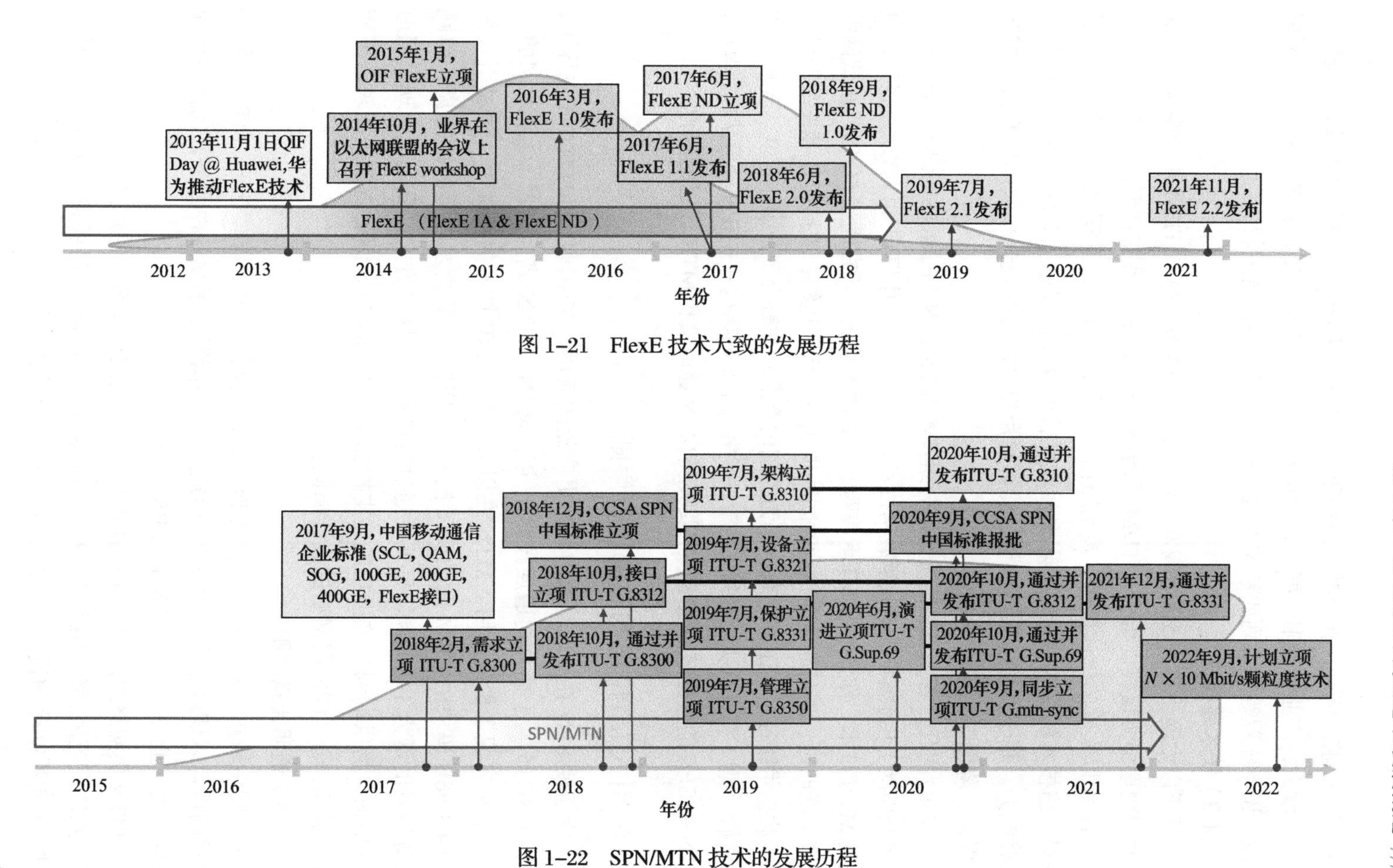

图 1-21　FlexE 技术大致的发展历程

图 1-22　SPN/MTN 技术的发展历程

等方面的要求。但是，在该技术路径下，需要将 OTN 和以太网 /IP 网络产业融合，技术难度大，产业链受限。同时，对运营商在 4G 时代沉淀下来的业务部署、网络管控、设备配置等一系列成熟技术造成较大冲击，落地难度较大。

（3）技术路径三

基于以太网生态为 5G 承载网设计新的技术体系，融合 TDM 和分组优势。在以太网物理层协议栈创新引入 TDM 层网络，实现无损、硬隔离等新特性。同时，继承 IP 和以太网的统计复用、灵活路由等机制，提供分组大带宽承载管道。通过多层网络技术的高效融合，实现灵活软硬管道分片，提供从 L0 到 L3 的多层业务承载能力。基于高效以太网内核，能够复用以太网芯片及光模块的成熟技术和产业规模，降低 5G 组网综合投入。

在 4G 时代，各大运营商选择以分组技术 [PTN/PSN（Packet Switched Network，分组交换网）] 为核心的城域承载网技术。在 5G 时代，中国移动以技术路径三，也就是 MTN 技术，作为建设 5G 承载网的主要技术路线，旨在满足 5G 时代承载网大带宽、低时延、高可靠、高精度时间同步能力、易于运维、支持切片等关键需求。基于此技术路径，中国移动联合华为等国内企业，在融合了分组、承载、光层等技术之后，提出了基于以太网内核的新一代融合承载网架构——SPN 分层架构。其中，MTN 是 SPN 的关键核心技术，主要实现 MTN 通道层和 MTN 段层的功能。

2. 引入 MTN 层网络的设计原则

为了使 SPN 在全球范围内获得更广泛的应用，在中国厂商的推动和主导下，ITU-T SG15 基于切片通道层技术制定了 MTN，MTN 成为全球 5G 承载网的主流技术并实现了规模商用。MTN 在以太网和 FlexE 技术的基础上，通过引入基于 64B/66B 码块的 TDM 时隙交叉技术，实现了超低转发时延和硬隔离，单跳设备转发时延为 1~10 μs 。另外，通过替换空闲码块的方式，高效地实现了通道层 OAM，提供端到端监视功能，支持完整层网络功能，满足电信级要求。下面详细解读一下 MTN 层网络的设计原则。

（1）透明传输原则

透明传输对于支持多业务传送非常重要，是传送网的基本特征。MTN 层网络的透明性可以使网络在不干扰客户信号时序的情况下承载各种业务，包括各种速率的以太网业务、基于 TDM 的 CBR 业务等。

MTN 层网络的设计一方面需考虑重用以太网产业链，特别是光模块和芯片，以达到广泛应用、降低组网综合投入的需要；另一方面，还需要完整支持 IP 协议栈，以顺应网络 IP 化演进的趋势。这就要求 MTN 层向下兼容以太网物理层和光媒介层的协议栈，向上兼容 MAC 层及 IP 层所有的分组协议体系。对以太网客户信号来说，客户侧的信号经过 MTN 层网络处理后，需要加上 MTN 段层和 MTN 通道层的开销，还要在网络侧以同样的物理层信号速率转发出去。这给 MTN 层网络的设计带来了较大的挑战。但最大的挑战在于，MTN 层网络的设计在兼容以太网接口速率的基础上，既能引入 MTN 通道层和 MTN 段层的开销，又能支持满带宽流量的以太网接口数据流在 MTN 通道层的承载传输。

为了满足频率偏差补偿以及一些管理控制的需求，以太网设计了 IPG（Inter Packet Gap，报文间隙）机制，即两个报文之间的平均间隙至少有 12 Byte，由不携带有效信息的 IDLE（空闲）字符填充，这就为以太网的扩展带来了很大的灵活性，也为突破上述挑战提供了可能，为将这些 IPG/IDLE 的带宽资源用作 MTN 通道层和 MTN 段层开销奠定了技术基础。下面基于以太网的基本传输机制，分析 MTN 层网络在以太网基础上增加开销的可行性。

- 以太网 IPG 的平均值至少为 12 Byte。
- 以太网的报文采用 IEEE 802.3 Clause 82 中的 64B/66B 编码规则，报文的 8 Byte 前导码的第 1 字节用作报文开始控制字符 /S/，且以从 /S/ 字符开始的 8 个字节，包括在位置 0 的 /S/ 字符和位置 1~7 的其他字符，编码为一个 64B/66B 码块，记为 S_0。
- 报文末尾的 IPG 的第 1 字节用作报文结束控制字符 /T/，由于以太网报文的长度被 8 整除后的余数可能为 0~7，因此报文结束控制字符 /T/ 在报文末尾的结束码块有 T_0、T_1、T_2、T_3、T_4、T_5、T_6、T_7 共 8 种情形。
- 以太网 IPG 的连续 8 Byte 的 IDLE 字符编码为一个 64B/66B 的空闲码块，因此，对 IDLE 的增、删处理，也需要以 64B/66B 码块为单元进行，每个空闲码块对应 8 个 IDLE Byte。
- 以太网支持 Jumbo 帧（即超长帧），最大报文长度为 9600 Byte。
- 在保证 IPG 的平均值至少为 12 Byte 的基础上，以太网的报文采用 IEEE 802.3 Clause 82 的编码规则，规定连续两个报文之间的 IPG 最小值可以只有 1 Byte，用作 /T/ 字符并经过编码后，一个报文的 T_7 码块（即 /T/ 位于 8 Byte 的最后一个字节情形的结束码块）后随下一个报文的 S_0 码块（即起始码块），即编码后两个报文之间可以不存在空闲码块。

基于上述机制，可以分析出以太网中可用 IDLE 资源的最差情况：满流量连续发送报长为 9600 Byte 的 Jumbo 帧，两个报文之间的 IPG 平均为 12 Byte，每个报文都以 T_0 码块结尾，即报文结尾的结束码块中对应的 8 Byte IDLE 需要保留而无法用于 MTN 通道层和 MTN 段层开销，平均每个报文仅 4 Byte 的 IPG IDLE 带宽资源可用；考虑连续的两个报文及其 IPG，共有 8[即 2×（12 － 8）]Byte，IDLE 能提供一个可供增、删的完整空闲码块。如图 1-23 所示，前一个帧间隙无可供删除的空闲码块，后一个帧间隙有一个可供删除的空闲码块，可以用于 MTN 通道层和 MTN 段层开销等用途，即平均每个报文可有 4 Byte 的开销裕量。

一个帧间隙（IPG），无IDLE码块

/T/	/I/	/I/	/I/	/I/	/I/	/I/	/I/	/S/	/D/	/D/	/D/	/D/	/D/	/D/	/D/	/D/	/D/	/D/	/D/	/D/	/D/	/D/	/D/
T_0码块								S_0码块								D码块							

紧邻的下一个帧间隙（IPG），仅有一个空闲码块

/T/	/I/	/I/	/I/	/I/	/I/	/I/	/I/	/I/	/I/	/I/	/I/	/I/	/I/	/I/	/I/	/S/	/D/	/D/	/D/	/D/	/D/	/D/	/D/
T_0码块								空闲码块								S_0码块							

图 1–23　以太网中可用 IDLE 资源的最差情况

在此情况下，整个开销裕量约为 4 / (9600 ＋ 12 ＋ 8) ＝ 415 ppm（parts per million，百万分率，业界常用于衡量指标）。其中，还要保留 200 ppm 的空闲码块带宽资源，满足以太网 ±100 ppm 频偏要求的开销，同时要为物理层的 AM 信号保留 61 ppm 的开销，因此能用于 MTN 层网络的开销裕量为 415 － 200 － 61 ＝ 154 ppm。也就是说，即使是在最差的情况下，还有 154 ppm 的开销裕量可用于 MTN 段层和 MTN 通道层的开销设计。如果重用 FlexE 的逻辑作为 MTN 的段层，MTN 的段层将占用约 50 ppm 的开销裕量；还剩余 104 ppm 可用于 MTN 通道层的开销设计。以 100GE 为例，104 ppm 的开销意味着每个 100GE 接口有 10.4 Mbit/s 的随路带宽可用于携带 OAM 信息，这是足够的。更加详细的原理介绍参见 5.3 节。

（2）可靠性原则

以太网的 66B 编码设计非常健壮，在物理层运行时可以提供出色的 MTTFPA，该物理层的 BER 能达到 10^{-12} 甚至更优，并且错误分布足够随机。现有以太网的可靠性机制主要包括如下几种。

- 扰码器中的错误倍增机制。
- 66B 编码有效同步头之间的 2 bit 汉明距离，以及不同类型有效控制码块之间的 4 bit 汉明距离，提供了高可信度数据包的开始位置和结束位置。
- MAC 层的 FCS（Frame Check Sequence，帧检验序列），通过 CRC-32 保证了 MAC 层的数据完整性。
- 有些以太网物理层协议栈中还具备物理层 FEC 的能力。

在上述机制的共同作用下，以太网的 MTTFPA 可以达到 100 亿年以上，即在这样的时间范围内不会出现将一个错误包传送到上一层网络的情况。

MTN 层网络的设计需要在以太网的协议栈中新增一个层。为了保证在新增这一层之后以太网的 MTTFPA 仍然能达到 100 亿年以上，新的层网络在设计时需要引入以下两种新机制。

- 在 MTN 段层，引入错误标记机制，避免误码污染扩散。如 1.4.2 节所述，对于部分以太网接口，当出现超出 FEC 纠错能力的误码时，FEC 解码器只对无法纠错的 FEC 码字内的部分 66B 码块进行错误标记，当未被错误标记的 66B 码块被交换至其他通道时，就会产生误码污染扩散（详细描述请参见 3.2.2 节）。
- 在 MTN 通道层引入能容忍 IDLE 增、删的比特交织编码机制，使通道层能够进行简单、高效的误码检测，确保覆盖层网络的误码故障（具体机制请参见 4.3.2 节）。

（3）高效、可扩展的 OAM 机制和帧结构设计

根据透明传输原则，通过估算可知，以太网的信号流中有足够的 IDLE 资源可以用于设计新的层网络及 OAM 机制。为了设计出高效、可扩展的 OAM 机制，需要考虑如下原则。

- 10 Gbit/s 以上的高速以太网接口中的 IDLE 资源是以 64B/66B 码块形式存在的，因此，以 64B/66B 码块为单元承载 OAM 消息是合理的选择。
- 为了最大限度地使以太网物理层不受影响，OAM 码块类型应依据现有 64B/66B 码块的种类进行扩展，其中常用的方式是通过 O 码块扩展支持新的类型，如 FC 等。
- 为了不影响现有以太网的码块处理，并兼容现有的以太网帧处理状态机，OAM 码块可以考虑放置于以太网的 IPG 中。

MTN 要支持多路复用层次结构，需要简洁的、适用于 64B/66B 码块流的帧结构，确保 MTN 层网络能够直接在 50 Gbit/s、100 Gbit/s、200 Gbit/s 或 400 Gbit/s 等速率的以太网中简洁地运行。因此，MTN 的帧结构设计需考虑如下因素。

- OAM 码块均匀分布于整个 66B 码块流内。
- 以 OAM 码块为界，构成简洁的帧结构。
- 支持以 5 Gbit/s 为最小颗粒的通道，适应 $N\times5$ Gbit/s 管道的各种组合和扩展。
- 既要满足开销在 104 ppm 以内，又能够提供丰富的 OAM 工具。

基于上述原则，一种合适的机制是：对于 $N\times5$ Gbit/s 的管道，以 $N\times16$ kbit/s（N 为 5G 通道的数量）码块间隔为准，周期性地均匀插入 OAM 码块。在这种机制下，OAM 码块的最大开销大约为 62 ppm，能为 5G 管道提供 3 Mbit/s 的 OAM 带宽，既满足 104 ppm 的限制，又可为 OAM 提供足够的资源。同时，这种机制仅与 5G 通道的数量有关，与以太网的接口速率无关，从而能够满足未来的扩展和演进需求。另外，OAM 的各种功能集对传输的要求是不同的，总体来说分为以下三大类消息。

第一类是基本的 OAM 消息，主要是连通性检测和层网络的 BIP（Bit Interleaved Parity，比特交织奇偶性）校验消息。这类消息需要严格、快速地以固定的周期发送，以便保证基本网络的正常运行。

第二类是事件触发的消息，主要是 APS（Auto Protection Switching，自动保护倒换）消息。这类消息只在发生故障需要保护倒换时才产生，但对时效性的要求也很高，以确保 MTN 层网络能够及时响应突发事件。

第三类是按需收发的消息，主要是 DM（Delay Measurement，时延测量）消息和 CV（Connectivity Verification，连通性校验）消息等。这类消息优先级较低，但是要确保按需、无损地收发。

针对这三大类消息，OAM 码块主要分为两种类型。一种类型为基本码块（Basic Message，简称 B 码块），用于传递基本 OAM 消息，为了保证该类 OAM 消息的周期性发送，OAM 基本码块也需要周期性插入业务码流中进行发送。另一种类型为非基本码块（Non-Basic Message），非基本码块可以细分为高优先级 APS 码块（用于传递 APS 消息，简称 A 码块）以及低优先级码块（用于传递按需发送的时延测量、CV 等消息，简称 L 码块）。

对于非基本码块的插入有两种技术方案。一种技术方案是按需插入，在有非基本码块需要发送时，寻找最近的插入码块机会随时插入，如果有多种非基本码块需要发送，则按照优先级队列调度插入，这种技术方案可以保证快速灵活地插入非基本码块。另一种技术方案是以 B—A—B—L 的顺序依次预留码块机会，固定各种 OAM 码块的插入序列。例如，B 码块的插入机会以 $N\times 32$ K（K=1024）个 66B 码块的周期出现，每个周期都插入基本 OAM 消息；A 码块和 L 码块的插入机会以 $N\times 64$ K 个 66B 码块的周期出现，每个周期按需触发插入相应 OAM 消息，这种技术方案对各种 OAM 码块的插入顺序有更为严格的规定。

1.6 SPN/MTN 技术的发展历程

SPN/MTN 技术的发展历程如图 1-24 所示，SPN/MTN 的国际标准主要由 ITU-T SG15 制定并发布。ITU-T SG15 是负责传输、接入及家庭网络方面标准化工作的国际权威标准组织，SDH、OTN 都诞生于 ITU-T SG15。

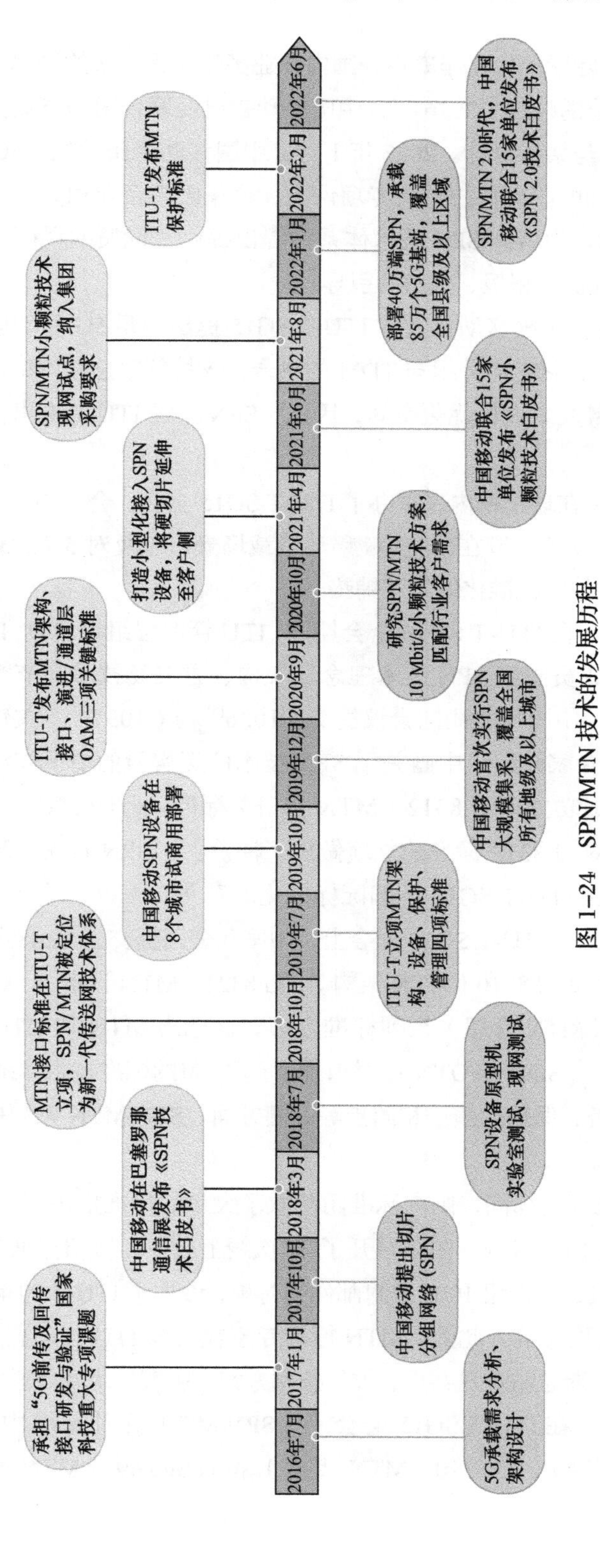

图 1-24　SPN/MTN 技术的发展历程

SPN/MTN 国际标准化工作离不开国内产业多年积累起来的深厚技术研究基础以及国内通信产业的崛起。2016 年，中国移动就已经联合国内产业实体开始研究 5G 承载网的需求与架构设计。2017 年 1 月，中国移动牵头承担“5G 前传及回传接口研发与验证”的国家科技重大专项课题，聚集国内企业和高校的力量，研究 5G 移动承载技术，为后续 SPN 技术体系的提出提供了优质的科研平台，也为整个产业链的发展提供了积极、健康的引导。

2017 年 10 月，中国移动首次向 ITU-T SG15 提出满足 5G 移动通信业务的传送网技术——SPN，它支持分组与 TDM 的融合，支持低时延和网络切片，兼容以太网生态链，具备成本大幅优化空间，因此，SPN 一经 ITU-T 提出，便引发了产业界的热烈讨论。

2018 年 2 月，在瑞士日内瓦举办了 ITU-T SG15 全会，会议中，我国产业联合驱动 G.ctn5g 正式立项，旨在研究 5G 移动承载场景，以及对 5G 承载网需求进行标准化，为 MTN 技术标准化做好了铺垫。

2018 年 10 月，在 ITU-T SG15 全会期间，ITU 管理层组织 ITU、IEEE 的专家，邀请中国代表团成员围绕 SPN 技术理念、架构、方案及技术细节等做了深入详尽的探讨。同时，中国代表团向会议提交 C1036[5] 与 C1037[6] 等关键文稿，并主动向 ITU 管理层专家介绍了中国关于 SPN 技术仿真实验的情况和测试结果，最终在这次全会上成功立项 G.8312（MTN 接口）标准。时任 ITU-T SG15 中国代表团团长的朱洪对 G.8312 标准的立项做出了评价：“SPN 首次实现了中国的整体原始创新技术在 ITU-T SG15 的国际标准化。”[7]

2019 年 7 月，在 ITU-T SG15 全会上，中国代表团提交了 C1489[8] 等关键立项文稿，最终成功推动 G.8310（MTN 架构）、G.8321（MTN 设备）、G.8331（MTN 保护）、G.8350（MTN 管理）系列标准立项。这标志 MTN 与 ITU-T SG15 过去制定的成功的技术（SDH 和 OTN）一样，拥有了完整的标准技术体系，涵盖接口、架构、管理、设备、保护、演进和同步等关键方面。SPN/MTN 系列标准体系的构成如图 1-25 所示。

在 MTN 标准制定期间，国内标准团队做了大量的标准推进工作。以 2020 年 5~7 月为例，在这两个月内，团队召开了 32 次线上会议，协调标准与产品规划的一致性，参与了 ITU 工作组 1000 余封邮件的讨论，参加了 ITU-T 的 4 次网络会议，贡献了 40 余篇讨论文稿。此外，MTN 标准专家代表与 ITU 管理层组织召开了 7 次小范围会议，不断总结推进共识，收敛技术方案，所有技术要点基本达成共识。

2020 年 9 月，在 ITU-T SG15 全会上，SPN/MTN 系列标准中的三项标准 G.8312（MTN 接口）、G.8310（MTN 架构）和 G.Sup.69（MTN 演进 / 通道层

OAM）获得通过。同时，中国代表团在此次全会上提交 MTN 同步标准立项文稿 C2126[9]，推动 MTN 同步标准（G.mtn-sync）正式获得立项。经过国内产业界的认真分析和据理力争，MTN 标准最大限度地保留了 SPN 的技术特征，保障了中国产业界的先发优势和核心利益。ITU-T SG15 Q11 报告人对中国团队将 SPN 原创技术推进成为 MTN 国际标准表示衷心的祝贺和高度的评价。

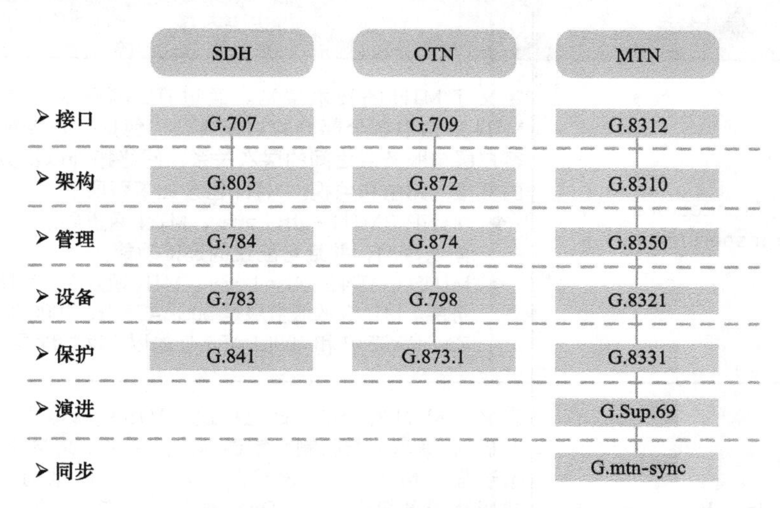

图 1–25 SPN/MTN 系列标准体系的构成

在此期间，国内企业标准与行业标准对推进国际标准的制定也起到了关键作用。以中国移动企业标准为基础，从 2018 年 2 月开始，CCSA（China Communications Standards Association，中国通信标准化协会）制定了《切片分组网络（SPN）总体技术要求》等 SPN 系列标准，推动 SPN 技术方案在国内实现了统一。CCSA 的 SPN 行业标准为 ITU-T MTN 系列标准的制定打牢了基础，在 G.Sup.69 中直接引用了 CCSA 的 SPN 行业标准，这是 ITU-T 国际标准首次引用国内的行业标准。

在国内 5G 承载产业研发期间，以中国移动和华为等为代表的中国企业，在 MTN 技术研究、标准制定、设备研发和部署应用等方面，做出了关键性贡献，走在全球相关技术发展和应用的前沿，引领了 5G 时代城域承载网的发展潮流。截至 2022 年 10 月，在全球部署的应用 MTN 技术的设备已经超过 40 万套。全球主流运营商、网络通信设备厂商、芯片厂商、仪表厂商等都支持 MTN 技术，并开发了相应的产品。未来，应用 MTN 技术的设备和网络规模将进一步扩大。电力、煤矿、交通、港口等行业专网在规划面向未来的网络升级时，将会考虑安全、硬隔离、确定性低时延等 5G 时代的新要求，采用与分组技术高度兼容的 MTN 是一个理想的选择。

目前 MTN 一共包含 G.8310、G.8312、G.Sup.69、G.8321、G.8331、G.8350、G.mtn-sync 7 个核心标准，如表 1-2 所示。推动 MTN 系列标准立项与技术要求制定的关键文稿见表 1-3。

表 1–2　MTN 核心标准

标准名称	主要内容
G.8310（Architecture of the metro transport network）	定义了 MTN 的技术架构。通过 ITU 的建模方法描述了 MTN 架构中各个部分的功能特征，包括客户特征信息、客户层与服务层之间的层次关系、网络拓扑以及数字信号的复接、路由和监视。MTN 包含如下两层。 ◆ MTNP（MTN Path Layer，MTN 通道层）：提供面向连接的，并且可配置的连接功能。 ◆ MTNS（MTN Section Layer，MTN 段层）：MTNP 的服务层。MTNS 的服务层是 50GBASE-R、100GBASE-R、200GBASE-R 和 400GBASE-R 的以太网物理层
G.8312（Interfaces for metro transport networks）	定义了 MTN 的接口。通过描述 MTNS 的帧格式、时隙划分机制、速率适配机制和错误标记机制来定义 MTNS 接口。通过描述 MTNP 的转发机制、MTNP OAM 结构、消息格式以及消息编码格式、OAM 插入和提取等机制，定义了 MTNP 接口。对 MTNS 和 MTNP 开销中的各个功能域段进行描述和定义，从而帮助 MTN 实现完善的运行、管理、维护功能。对于客户信号，尤其是以太网帧类的客户信号，映射机制做了相应的定义和描述
G.Sup.69（Migration of a pre-standard network to a metro transport network）	定义了 MTNP 高效 OAM 的格式以及实现具体 OAM 功能的方法，包括 OAM 的通用结构、OAM 消息格式、OAM 插入和提取方法等
G.8321（Characteristics of MTN equipment functional blocks）	定义了 MTN 的设备功能模块。采用原子功能模型的描述方式，定义了 MTN 设备中所需要的适配功能、终结功能以及连接功能。在每种功能中，G.8321 定义了其输入、输出、处理流程以及相应的后续动作。此外，G.8321 还描述了每种功能所包含的缺陷或者告警指示信息
G.8331（Metro transport network linear protection）	定义了 MTN 通道层端到端 1 + 1 双向线性保护机制与所需要的 APS 协议。MTN 的保护倒换机制基于 ITU-T G.808.1 所定义的通用保护方法。此外，G.8331 还定义了 MTN 保护架构和特征，例如保护倒换的类型、触发条件、触发命令以及网络目标等内容

续表

标准名称	主要内容
G.8350（Management and control for metro transport network）	定义了 MTN 管理和控制需求，以及一个与协议无关的 MTN 网元、MTN 管理信息模型。同时，还定义了 MTNS 采用 LLDP（Link Layer Discovery Protocol，链路层发现协议），封装 MTNS 路径标识符与 MTNS 能力信息，编码成 66B 码块序列后，通过 MTNS 的管理开销通道传输
G.mtn-sync（Synchronization aspects of metro transport network）	定义了 MTN 的时钟同步方面的特性、功能以及如何支持高精度时钟同步技术等

表 1–3　MTN 关键文稿

文稿编号	文稿名称
SG15-C1037	Proposal of new work item for SCL layer network of Slicing Packet Network（SPN 的 SCL 层网络的立项建议）
SG15-C1036	Proposal of new work item on new OAM tools for SCL layer network（SPN 的 SCL 层网络新 OAM 工具的立项建议）
SG15-C1489	Proposal for the initiation of work on MTN Recommendations（MTN 系列标准的立项建议）
SG15-C1903	Proposal of a new work item on Recommendation G.mtn-sync（G.mtn-sync 标准的立项建议）
SG15-C1887	Consideration on MTN path OAM mechanism（MTN 通道层 OAM 机制的考虑）
SG15-C1895	Description of the criteria used to select the proposed MTN OAM block（MTN OAM 码块选择的准则）
SG15-C1899	Suggestion to revise the A.1 justification for G.mtn（修改 G.mtn 的 A.1 声明的建议）

第 2 章

MTN 的技术架构和组网

MTN 采用了以太网内核，与以太网底层协议栈以及现有分组技术无缝融合，因此，能够很好地继承以太网的产业链优势。本章将介绍 MTN 的技术架构，分析 MTN 的技术架构与以太网物理层协议栈的兼容性，并简要描述 MTN 技术的典型组网应用。

2.1 MTN 的技术架构

MTN 技术架构如图 2-1 所示，自下而上分为三层：MTN 光媒介层、MTN 层和 MTN 客户信号。其中，MTN 层又细分为两层：MTN 段层和 MTN 通道层。

MTN 光媒介层复用以太网的光媒介层，利用以太网信号收发器在两个设备的接口之间提供点到点的固定速率连接。目前，MTN 光媒介层包含 IEEE 802.3 所定义的 50GBASE-R、100GBASE-R、200GBASE-R 和 400GBASE-R 四种以太网物理层。根据 IEEE 802.3 对物理层的编号惯例，50GBASE-R 表示以太网信号收发器所使用的一种以太网物理层，它的标称速率为 50 Gbit/s，采用扰码后的 64B/66B 编码技术。同理，100GBASE-R、200GBASE-R 和 400GBASE-R 分别表示以太网信号收发器所使用的以太网物理层，其标称速率分别为 100 Gbit/s、200 Gbit/s 和 400 Gbit/s，采用扰码后的 64B/66B 编码技术。

MTN 段层依靠 MTN 光媒介层向 MTN 通道层提供点到点的连接服务，其基本架构如图 2-2 所示。MTN 段层通过对以太网光媒介层的 66B 码块流做时隙化处理，引入 TDM 帧结构，从而支持如下功能。

◆ 将多个速率相同的 PHY 绑定成一个组，提供更大的物理层带宽。例如，将三个 100GBASE-R PHY 捆绑成一个 MTN 段层组，可承载一个 300 Gbit/s 的 MTN 通道。

- 将单个 PHY 划分成若干个更低速率的“虚拟 PHY”，提供子速率功能。例如，一个 100GBASE-R PHY 上承载 5 个 20 Gbit/s 的 MTN 通道。
- 在单个 PHY 或者捆绑后的多个 PHY 上提供通道化功能。例如，将三个 100GBASE-R PHY 绑定后形成一个工作组，然后由该工作组承载一个 50 Gbit/s 的 MTN 通道和一个 250 Gbit/s 的 MTN 通道。

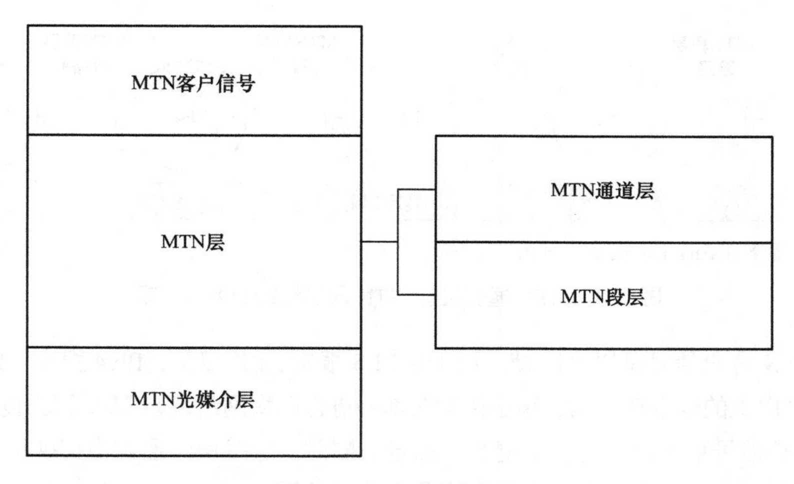

图 2–1　MTN 技术架构

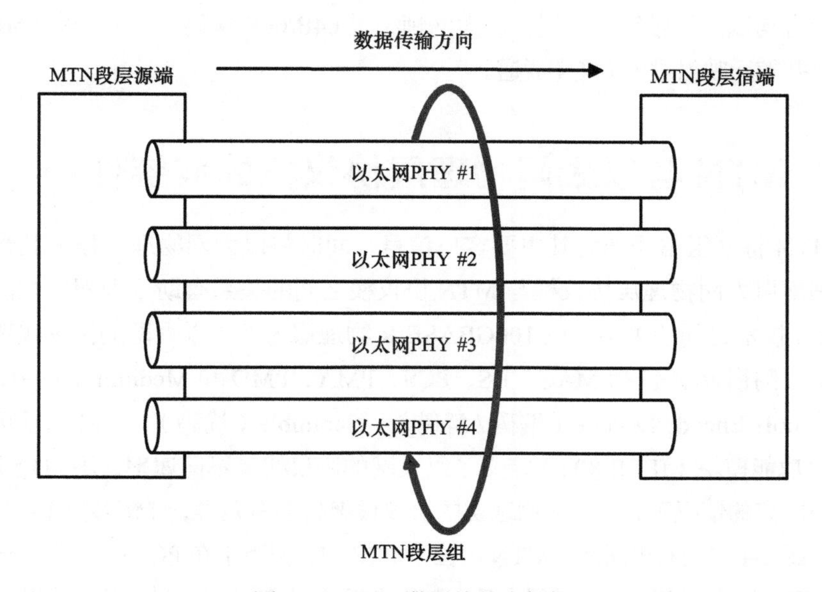

图 2–2　MTN 段层的基本架构

MTN 通道层将 66B 码块流从设备入端口（逻辑或物理接口）通过通道转发的方式转发到设备出端口，依次将多个设备的 MTN 段层逐跳连接，从而为 MTN 客户信号提供端到端的硬切片服务，满足客户信号硬隔离和确定性低时延的要求。MTN 通道层与 MTN 段层链路的逻辑关系如图 2-3 所示。假设 MTN 通道依次经过 NE1、NE2、NE3、NE4 和 NE5，MTN 通道在每一个 MTN 段层链路中占用相同带宽，即相同数量的时隙。同时，MTN 通道层在源端插入 OAM 消息，在宿端提取 OAM 消息，实现对 MTN 通道的 SLA 进行监控。

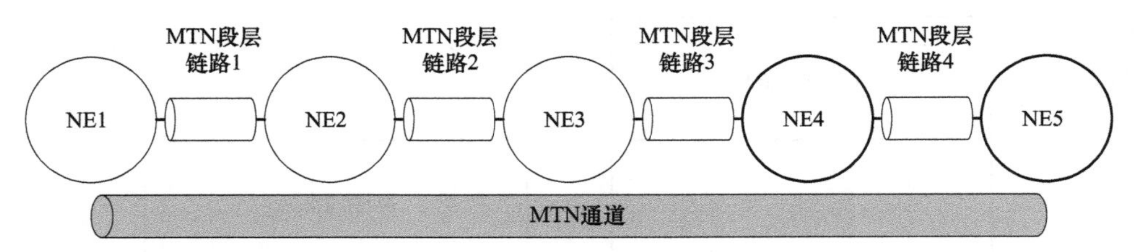

注：NE 为 Network Element，网元。

图 2-3 MTN 通道层与 MTN 段层链路的逻辑关系

MTN 客户信号是以太网帧。由于 MPLS 报文、SR 报文、IPv4 报文、IPv6 报文等 L2 以上的信号在数据链路层传输时都会进行以太网封装，添加以太网帧开销，因此这类信号都可以称为以太网客户信号。同时，这些信号通常由交换机和路由器这类分组交换设备处理，也可以统称为分组信号。在本书中，如无特殊说明，分组信号与以太网帧等同使用。以太网帧经过 64B/66B 编码，成为一串 66B 码块序列，并随后映射进入 MTN 通道。

2.2 MTN 与以太网物理层协议栈的兼容性

MTN 将分组信号作为其主要客户信号，同时将以太网物理层作为其光媒介层。理解以太网物理层协议栈与 MTN 协议栈之间的关系有助于理解以太网技术与 MTN 技术之间的关系。以 100GBASE-R 物理层为例，以太网的协议栈架构如图 2-4 左侧所示，包括 MAC、RS、PCS、PMA、PMD 和 Medium。其中，PCS 还包含 66B Encode/Decode（编码 / 解码）、Scramble（扰码）、AM 以及可选的 FEC 等功能模块（IEEE 802.3 定义了以太网的协议栈，不同速率、不同介质或不同传输距离的情况下，以太网物理层的协议栈架构会有差异，详情参见 1.4.2 节）。

如图 2-4 中的右侧所示，MTN 层位于 PCS 中，相当于在 PCS 中“切了一刀”。引入 MTN 通道层与 MTN 段层之后，PCS 被切分为 PCS 上层与 PCS 下层。MTN

通道层与 MTN 段层都是基于 66B 码块流设计的，其传递给 PCS 下层的信号与以太网物理层协议栈中 PCS 下层承载的信号格式同为 66B 码块，因此 PCS 下层并不感知 MTN 层的引入，也就是说，MTN 层的引入并不改变现有 IEEE 802.3 标准中的 PCS 下层处理流程。PMA 是面向 66B 码块流的处理模块，不区分识别 66B 码块，因此不感知 MTN 层的引入。同理，PMD 和 Medium 都是面向比特流的处理模块，因此也不感知 MTN 层的引入。

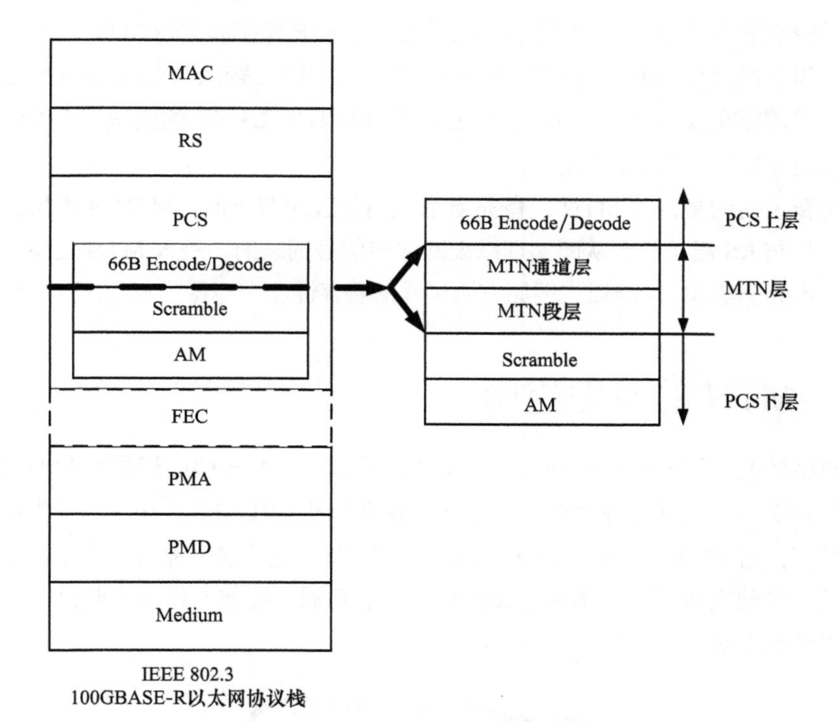

图 2-4　MTN 协议栈与 IEEE 802.3 协议栈的关系

综上所述，MTN 可以完全兼容、重用 IEEE 802.3 100GBASE-R 的物理层技术，重用 100GBASE-R 的以太网光模块，与以太网 100GBASE-R 物理层无缝兼容。一方面，以太网 50GBASE-R PHY、200GBASE-R PHY 和 400GBASE-R PHY 在 PCS 都采用 66B 码块作为其信道编码技术；另一方面，50GBASE-R PHY、200GBASE-R PHY 和 400GBASE-R PHY 的 PMA、PMD 和 Medium 处理模块也都不区分和识别 66B 码块。所以，MTN 技术与 50GBASE-R/200GBASE-R/400GBASE-R 物理层也可以无缝兼容。

MTN 的客户信号在经过 PCS 上层的 66B 编码之后就转换成 66B 码块流。例如 IP 报文和以太网帧，其原始携带的 IP 报文头信息 [例如源 IP 地址、目的 IP 地址、ToS（Type of Service，服务类型）等] 与以太网帧头携带的开销信息（例如源 MAC 地址、目的 MAC 地址、以太网帧类型等）在 MTN 中都会被编码成 66B 码块的净荷区域，而网络中的 MTN 设备不会对 66B 码块的净荷区域进行数据的读取、操作和修改，也就是说 IP 报文与以太网帧将被透传，分组报文的任何信息在 MTN 层面都是不可见的。因此，MTN 可以完美兼容 L2/L3 的分组技术。

由于构筑在以太网内核（66B 码块）基础之上，MTN 具有良好的以太网兼容性。也正是由于这种兼容性，现有的分组交换芯片能够轻松扩展支持 MTN 技术，同时支持分组交换面与 TDM 交换面。一些商用芯片厂家也表示，在 5 Gbit/s 粒度的情况下，只需要在现有分组交换芯片的基础上额外增加 2.3%[10] 的面积，就能够同时支持分组交换面和 TDM 交换面。

需要说明的是，当 MTN 设备充当承载网的边缘节点时，MTN 通道层会重用 PCS 上层与 RS 层功能，从而实现以太网客户信号的映射，进入 MTN 通道。这一点变化不会影响 MTN 与以太网原有协议栈的兼容性。

2.3 MTN 的典型组网

典型的城域承载网的组网方式如图 2-5 所示，CE1 与 CE2 通过承载网相连。PE1 与 PE2 为承载网边缘节点，用于接入客户信号。P1，P2，……，P*n* 为承载网中间节点，与 PE 节点共同构成承载网，为客户信号提供承载服务。为了便于读者理解并与其他文献区分，本书后续出现的“端到端”连接专指从承载网入口节点到出口节点之间的网络连接。

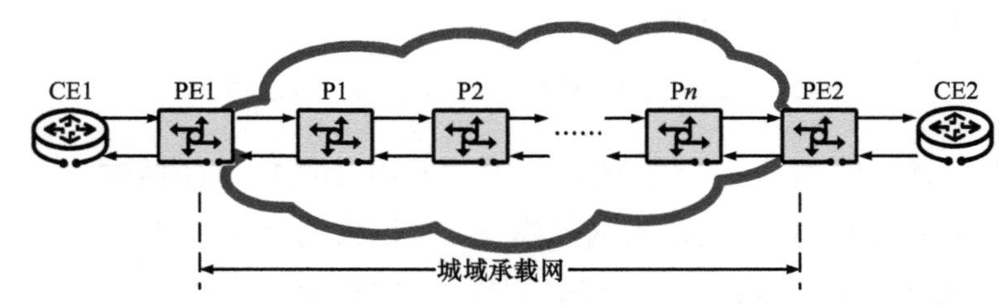

注：CE 为 Customer Edge，用户边缘（设备）；PE 为 Provider Edge，提供商边缘（设备）；P 为 Provider，指的是提供商设备。

图 2-5　典型的城域承载网的组网方式

通常来说，承载网为客户信号提供一个连接管道，可以是逻辑的虚拟连接，也可以是物理的光纤连接。在 SPN 方案中，城域承载网部分主要应用 MTN 技术，构建端到端的刚性硬管道连接。因此，MTN 的典型组网模型可以抽象为图 2-6。

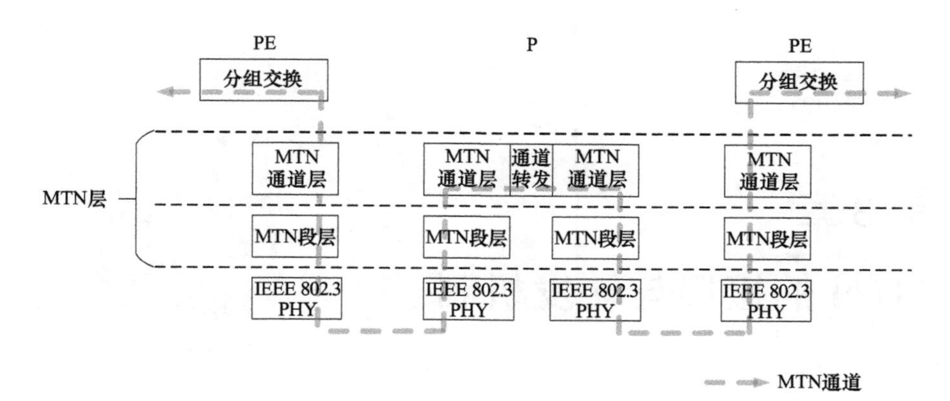

图 2-6　MTN 的典型组网模型

MTN 构建的是网络中源宿节点之间的一条传输通道，用于在网络中提供端到端的以太网切片连接，具有低时延、透明传输、硬隔离等特征。MTN 使用基于以太网 66B 码块的序列交叉连接、段层和通道层帧结构及 OAM 开销等技术。源节点将客户层业务映射到 MTN 通道；网络中间节点基于以太网 66B 码块序列进行通道转发；目的节点再从 MTN 通道中解映射客户层业务。这一系列过程可实现客户数据的接入 / 恢复、OAM 信息的增加 / 删除、数据流的交叉连接以及通道的监控和保护等功能。

第 3 章
MTN 的接口与转发机制

接口是 MTN 技术的核心要素之一。本章将详细介绍 MTN 的接口设计原则、MTN 接口的时隙划分、复用与解复用机制、信号映射机制和开销插入提取机制，以及基于 MTN 接口的转发机制。

3.1　MTN 接口的设计目标

在计算机通信中，接口是指两台设备之间完成通信交互（发送 / 接收信号）所遵循的协议。只要遵循同一个接口协议，来自不同厂家的、不同形态的设备就能够相互通信。例如，从 MTN 设备接收端的角度，它所看到的是一连串的 66B 码块序列，那么它是如何知道 MTN 段层每一帧是从哪里开始的呢？答案在于每一帧的第一个码块有固定的模式，接收端通过搜索这种固定的模式就可以定位帧的起始，进一步完成通信。作为面向 5G 承载网的广域网技术，接口是 MTN 技术的核心要素之一。MTN 包含 MTN 段层和 MTN 通道层，其中 MTN 段层负责提供点到点的通信连接，而 MTN 通道层负责提供源节点和宿节点的通信连接。因此，MTN 的接口分为 MTN 段层接口和 MTN 通道层接口。MTN 接口的设计目标如下。

- ◆ 利用以太网内核。MTN 采用以太网 66B 码块中的 Ordered Set（有序集）码块作为接口开销的标识，帮助 MTN 实现定帧、运营、管理和维护等功能。
- ◆ 避免客户信号所能使用的最大带宽受到影响。接口开销带宽与客户信号带宽之和不会超过物理层所能提供的最大速率。接口开销带宽变大后，会导致客户信号可使用的最大带宽变小。MTN 接口开销利用以太网帧之间存在的空闲带宽，通过替换以太网 IPG 编码后的空闲码块获得带宽，从而避免给客户信号带宽带来影响。

- 避免物理层的速率膨胀。MTN 复用以太网光模块，通过共享以太网产业链获得产业优势。这要求 MTN 所使用的物理层的速率与标准以太网物理层的速率一致，而不是使用某个特定的速率，从而导致物理层的模块和组件不能共享。MTN 接口采用高效设计，控制开销最大带宽占用量，避免物理层的速率膨胀。

3.2　MTN 段层接口设计

MTN 段层接口是一个逻辑上的概念，该接口是一个以太网物理接口，或者由多个同速率的以太网物理接口捆绑而成的一个组，为一个或者多个 MTN 通道提供点到点的连接服务。以太网段层根据其组内以太网物理接口的数量和速率，构造出若干个 MTN 段层实例（instance）帧。依照每个以太网物理接口的不同速率，以太网物理接口中可以承载 1、2 或 4 个 MTN 段层实例帧，每个 MTN 段层实例帧进一步被划分成若干个带宽为 5 Gbit/s 的时隙。

3.2.1　MTN 段层帧格式

MTN 段层帧格式约定了 MTN 段层收、发两端的数据接收和发送的格式，以及时隙的划分方法。如果没有确定且统一的帧格式，则 MTN 段层收、发两端无法正常互通。由第 2 章可知，MTN 段层工作于以太网的 PCS，对以太网物理层的 66B 码块流进行时隙划分。图 3-1 给出了 100G MTN 段层实例的帧格式。

MTN 段层将 163 688（$8 \times 1023 \times 20 + 8$）个 66B 码块组成 MTN 段层实例中的一帧。如果将这一帧划分成 8 行，那么每一行起始的第一个码块为 MTN 段层的开销码块。8 个开销码块共同构成了 MTN 段层实例的开销。每一行的开销码块后跟着连续的 20 460 个码块，按照时隙 1~ 时隙 20 循环 1023 次（100G MTN 段层实例），或者按照时隙 1~ 时隙 10 循环 2046 次（50G MTN 段层实例），每一个码块都表示时隙中的数据。每帧的第一个开销码块采用 0x4B + 0x5 类型的控制码块标识，用于确定每一帧的开始位置。

当 MTN 使用 100GBASE-R PHY、200GBASE-R PHY 或 400GBASE-R PHY 作为其光媒介层时，每一个 PHY 中会包含 1、2 或 4 个 100G MTN 段层实例。当 MTN 使用 50GBASE-R PHY 作为其光媒介层时，每个 PHY 中会包含 1 个 50G MTN 段层实例。200G/400GBASE-R PHY 中的 2/4 个 100G MTN 段层实例，

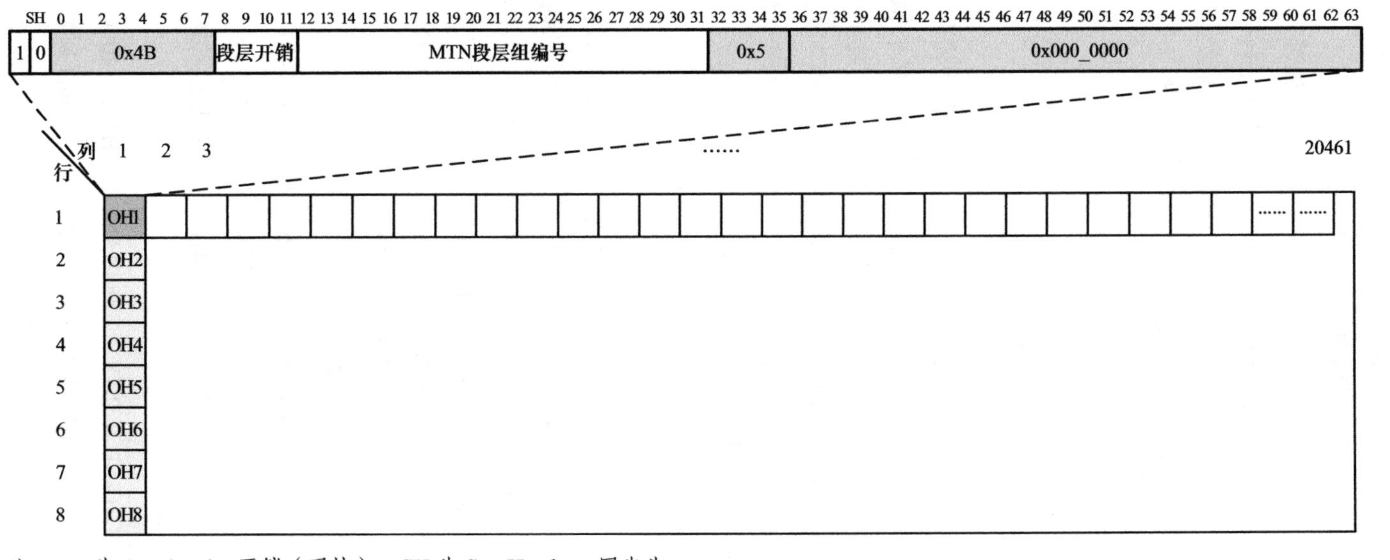

注：OH 为 Overhead，开销（码块）；SH 为 Syn Header，同步头。

图 3-1　100G MTN 段层实例的帧格式

采用码块交织的方式映射进入 200G/400GBASE-R PHY，具体如图 3-2 所示。在 200GBASE-R PHY 中，实例 1 的第一个开销码块之后紧跟着实例 2 的第一个开销码块，接着再跟着 40 920 个码块；然后是实例 1 的第二个开销码块和实例 2 的第二个开销码块……以此类推，可以获得 200GBASE-R PHY 中两个 100G MTN 段层实例的码块交织结果。400GBASE-R PHY 中的码块交织原理与 200GBASE-R PHY 是相同的。

按照 IEEE 802.3 的定义，50G/200G/400GBASE-R PHY 中的对齐字符插入周期与 100GBASE-R PHY 不一致。在 100GBASE-R PHY 中，每隔 16 383 个码块插入一个对齐字符码块；在 50G/200G/400GBASE-R PHY 中，每隔 20 479 个码块插入一个对齐字符码块。为了保证 MTN 段层实例帧在不同类型 PHY 上的一致性，在 50G MTN 段层实例映射进入 50GBASE-R PHY，以及交织后的 2/4 个 100G MTN 段层实例映射进入 200G/400GBASE-R PHY 时，需要插入填充码块。填充码块一共有两种类型——P1 与 P2，其格式如图 3-3 所示。

当 MTN 使用 50GBASE-R PHY 时，MTN 段层每隔 163 830 个码块，按照 P1、P2 的顺序插入 2 个填充码块。当 MTN 使用 200GBASE-R PHY 时，MTN 段层每隔 327 660 个码块，按照 P1、P1、P2、P2 的顺序插入 4 个填充码块。当 MTN 使用 400GBASE-R PHY 时，MTN 段层每隔 655 320 个码块，按照 P1、P1、P1、P1、P2、P2、P2、P2 的顺序插入 8 个填充码块。

3.2.2　MTN 段层错误标记

MTN 复用以太网的底层协议栈，而且不需要对以太网的底层协议栈进行额外的优化和适配。不过，为了防止错误信号被当成正确信号接收以及正常信号出现误码污染，MTN 在段层接口的设计上进行了优化。需要说明的是，这些优化仅在 MTN 层中完成，无须改动以太网的物理层协议栈。

1. 优化部分错误标记机制

在 MTN 光媒介层，当误码数量超过 FEC 的纠错能力时，FEC 解码器将无法恢复出正确的数据流，此时需要对 FEC 码字内的 66B 码块进行错误标记，代表此时数据中有误码，FEC 无法纠正。在普通以太网场景中，对于 200GBASE-R PHY 与 400GBASE-R PHY，当出现超出 FEC 纠错能力的误码时，FEC 解码器对无法纠错的 FEC 码字内的所有 66B 码块进行错误标记。但是，对于 50GBASE-R PHY 与带 FEC 的 100GBASE-R PHY，当出现超出 FEC 纠错能力的误码时，FEC 解码器只对无法纠错的 FEC 码字内的部分 66B 码块进行错误标记。

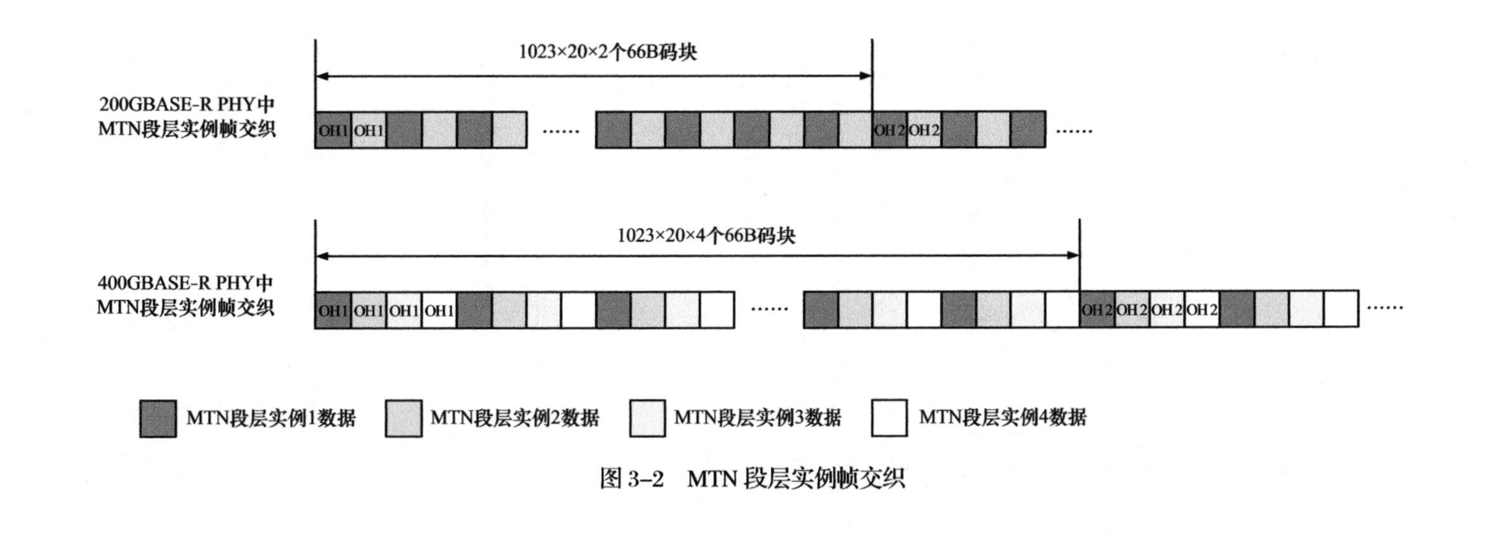

图 3-2　MTN 段层实例帧交织

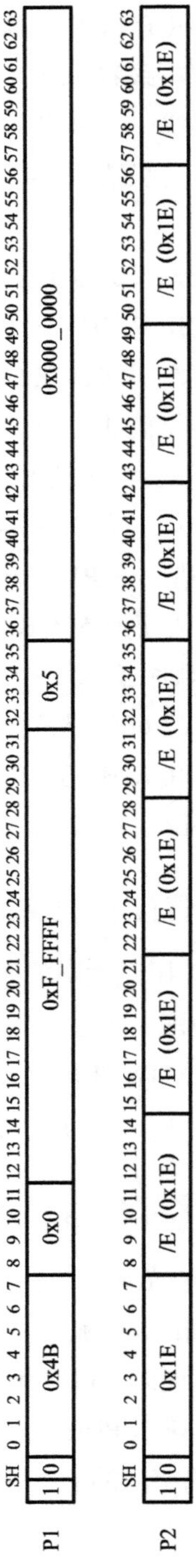

	SH	0–7	8–11	12–31	32–35	36–63
P1	1 0	0x4B	0x0	0xF_FFFF	0x5	0x000_0000

	SH	0–7	8–14	15–21	22–28	29–35	36–42	43–49	50–56	57–63
P2	1 0	0x1E	/E（0x1E）	/E（0x1E）	/E（0x1E）	/E（0x1E）	/E（0x1E）	/E（0x1E）	/E（0x1E）	/E（0x1E）

图 3-3　填充码块 P1 与 P2 的格式

在 MTN 场景中，不同的 66B 码块可能分属于不同时隙，且承载着不同的客户业务。如图 3-4 所示，假设 MTN 使用 50GBASE-R PHY，MTN 通道甲占用时隙 1，通道乙占用时隙 4 和时隙 9，通道丙占用时隙 10。

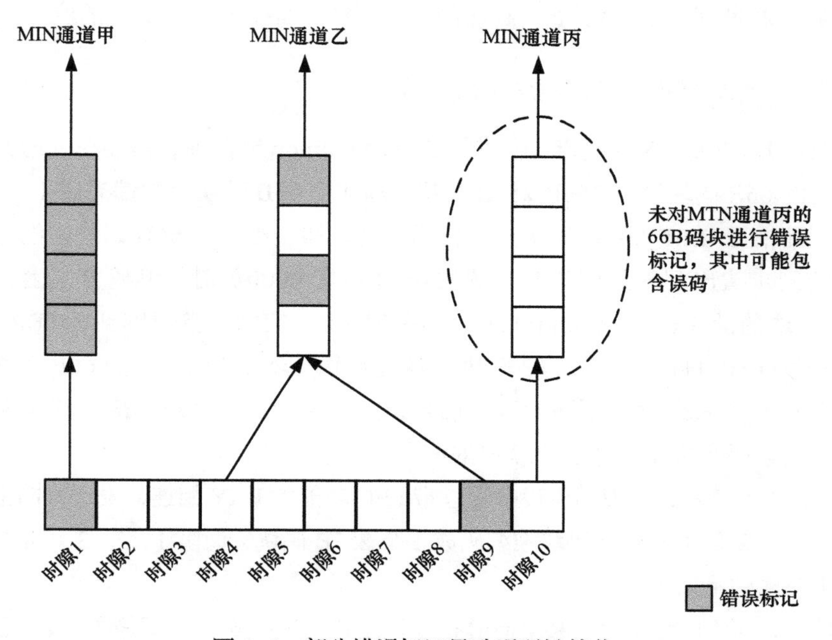

图 3–4　部分错误标记导致误码被接收

当误码数量超出 FEC 纠错能力时，假设只有时隙 1 和时隙 9 的数据被标记为错误，其余位置的数据并未被标记为错误。此时，MTN 通道丙的 66B 码块可能包含错误但是没有被标记，并被当成正确的信号传递下去。这样，相应的客户业务可能会受到影响，导致包含错误信息的以太网帧被当成正确的以太网帧接收。MTTFPA 是 IEEE 802.3 确保包含错误信息的以太网帧被正确接收而定义的一个衡量指标，一般要求 MTTFPA 超过 100 亿年，即发生一次错误报文被接收事件的平均时间要超过 100 亿年。MTN 的主要客户信号是以太网帧，并且也兼容以太网物理层协议栈，需要尽可能规避这种情况。因此，MTN 优化了普通以太网的部分错误标记机制：当采用 50GBASE-R PHY 或者带 FEC 的 100GBASE-R PHY 时，在误码超出 FEC 解码器纠错能力的情况下，MTN 段层对所有 FEC 码字内的 66B 码块进行错误标记。

不过，MTN 中因以太网接口部分标记机制导致误码被正确接收的情况，只有满足如下特定条件时才会发生。

◆ MTN 的光媒介层使用 50GBASE-R PHY 或者带 FEC 的 100GBASE-R

PHY。MTN 的光媒介层使用 200GBASE-R PHY 和 400GBASE-R PHY 时，由于使用全标记机制，不会让误码漏过。

- MTN 通道的速率必须大于 5 Gbit/s，占用两个或者两个以上的时隙。
- MTN 通道所占用的时隙资源中，至少有一个处于未被标记的位置。

2. 避免同步头误码导致误码污染

根据 IEEE 802.3 的规定，在进行 Reed-Solomon 编码前，需要在发送方向上对所有的 66B 码块进行 256B/257B 编码，即 4 个 66B 码块会被编码成 1 个 257B 码块。而根据 IEEE 802.3 所定义的转码规则可知，当 4 个 66B 码块中任意一个码块的同步头出现无效同步头（例如 0b11 或者 0b00）时，编码方向上，会将 257B 码块的前 5 bit 置为 0b01111。解码方向上，宿端一旦识别到 257B 码块的前 5 bit 为 0b01111，会将 257B 码块解码成 4 个包含无效同步头的 66B 码块。假设 4 个 66B 码块分属于不同的客户信号，则相当于 1 个客户的信号在源端编码前发生的误码污染了其他 3 个客户的信号。

如图 3-5 所示，假设两台设备通过带 FEC 功能的 PHY 相连，发送方向上来自时隙 1、2、3 和 4 的 66B 码块被编码成 1 个 257B 码块，时隙 1、2、3 和 4 被不同的 MTN 通道所占用。

此时，假设时隙 3 上的某个 66B 码块同步头（见图 3-5 中灰底框）发生了误码［可能是设备内部的原因（例如电路跳变等）导致的，也可能是因为上游不带 FEC 功能链路的误码被透传到该设备］。一旦源端在进行 257B 编码时检测到有 66B 码块包含无效同步头（0b11 或者 0b00），那么源端会将编码后的 257B 码块的前 5 bit 设置为 0b01111。而宿端在接收到开头为 0b01111 的 257B 码块之后，经过解码，会产生 4 个包含无效同步头（见图 3-5 中灰底框）的 66B 码块。如果无效同步头码块继续在下游设备转发而不做处理，就会继续在所有带 FEC 功能的链路上扩散误码污染，进而影响客户的业务质量。

为了避免上述问题，MTN 引入了如下机制：MTN 段层检查 66B 码块的同步头，如果发现无效的同步头，则将其替换为错误码块。这样就可以避免单一通道的无效同步头码块经过 FEC 256B/257B 编解码时，污染其他占用相邻时隙的通道内的客户信号。

3. 避免控制码块的类型域段误码导致误码污染

当 MTN 采用 50GBASE-R PHY 和带 FEC 的 100GBASE-R PHY 时，以太网物理层在发送方向上先进行扰码，然后再进行 64B/66B 到 256B/257B 的转码；而在接收方向上，则是先进行 257B 解码，再进行解扰码。IEEE 802.3 Clause 49.2.6 与

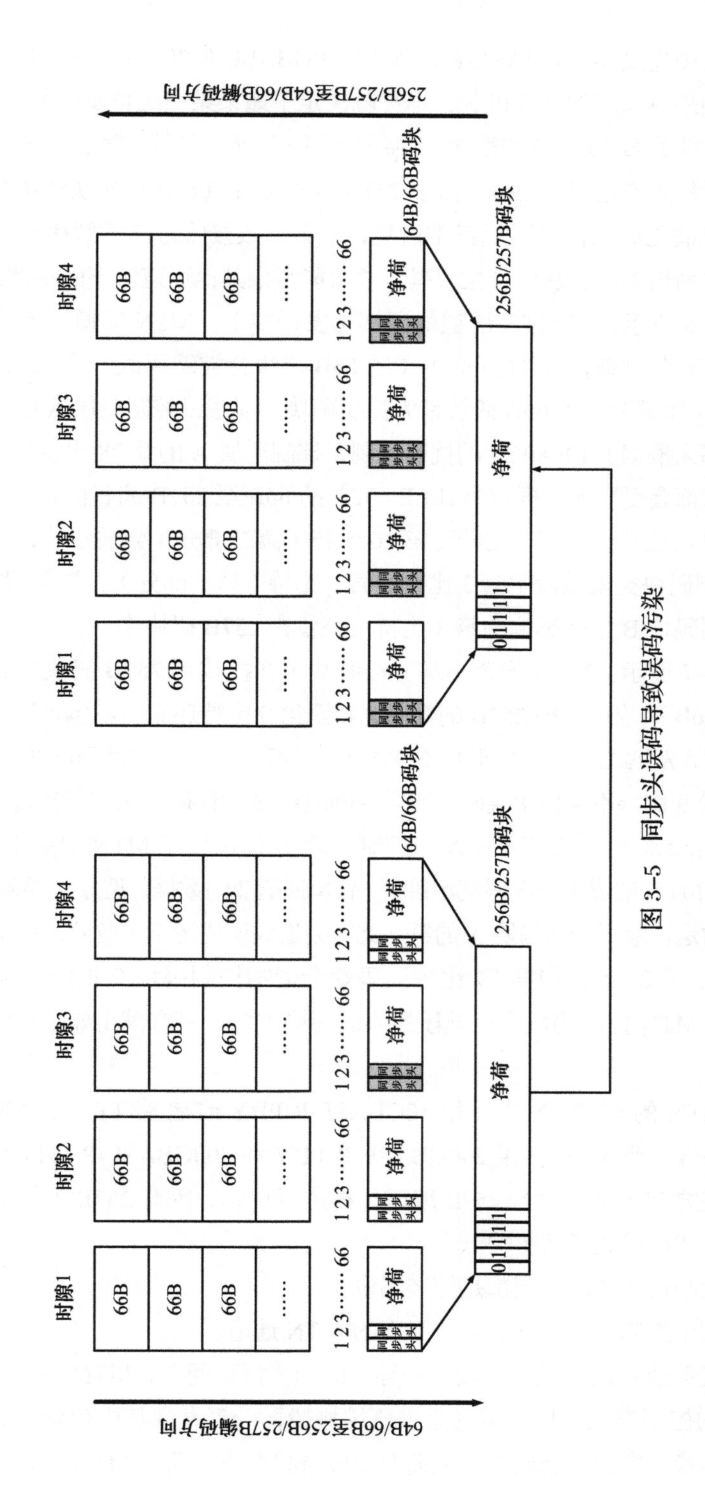

图 3-5　同步头误码导致误码污染

Clause 49.2.10 定义了 50GBASE-R PHY 与 100GBASE-R PHY 的扰码与解扰码机制。由于采用的是自同步的扰码机制，本身就决定了如果某一比特发生 0—1 翻转，就会影响其后续的第 39 比特和第 58 比特的扰码 / 解扰码结果。通常情况下，扰码和解扰码是对称的逆过程。但是，由于 257B 编码会对 66B 控制码块的类型域段进行压缩，一旦被压缩的信息不能正常恢复，就会导致接收方向的解扰码输入与发送方向的扰码输出不同，从而产生误码，并可能污染其他通道。下面举例说明。

如图 3-6 所示，在 MTN 通道的源端（发送端），MTN 通道 1~4 分别占用时隙 1~4。在某个时刻，MTN 通道 1~4 的 66B 码块会被编码成一个 257B 码块，且 MTN 通道 1 和通道 2 的 66B 码块都为控制码块。现假设控制码块 A 的第 9 比特发生误码，那么根据 IEEE 802.3 的扰码机制，控制码块 A 的第 28 比特与控制码块 B 的第 3 比特都会受影响。再按照 IEEE 802.3 的 66B 至 257B 编码机制，控制码块 A 的控制码块类型域段中第 7 比特到第 10 比特（第二部分）会被忽略，只有控制码块 A 的控制码块类型域段中第 3 比特到第 6 比特（第一部分）会被保留在 257B 码块中。控制码块 B 中受影响的第 3 比特被保留在 257B 码块中。

如图 3-7 所示，MTN 通道宿端（接收端）在接收到 257B 码块之后，将其转码成 4 个 66B 码块，根据 257B 的第 6 比特至第 9 比特还原出不包含误码的控制码块 A。但是，解码之后，控制码块 B 依然包含误码。接下来进行解扰码，由于控制码块 A 的第 9 比特不再包含误码，所以控制码块 B 的误码无法在解扰过程中恢复。这样，从宿端来看，控制码块 A 和控制码块 B 分别属于 MTN 通道 1 和 MTN 通道 2，那么 MTN 通道 1 的误码就污染了 MTN 通道 2 的数据，造成了误码污染扩散。需要说明的是，除了控制码块 A 的第 9 比特会造成误码污染扩散外，控制码块 A 的第 10 比特、第 28 比特和第 29 比特误码都会影响控制码块 B 的控制类型域段。

不过，MTN 控制码块类型域段的误码污染扩散，只有满足如下特定条件时才会发生。

- MTN 的光媒介层采用 50GBASE-R PHY 或者带 FEC 的 100GBASE-R PHY。当 MTN 使用 200GBASE-R PHY 和 400GBASE-R PHY 时，由于发送方向上是先进行 257B 编码，再进行扰码，因此 257B 的编码压缩不会对扰码造成任何影响。
- 两个相邻码块必须都是控制码块。
- 两个控制码块必须分属于不同的 MTN 通道。

为了避免控制码块类型域段误码导致的误码污染问题，MTN 段层会重点检查控制码块的控制类型域段，特别是被压缩域段，一旦发现其中包含误码，就采用错误码块替换原有的控制码块，从而避免设备将误码在两个 MTN 通道间扩散。

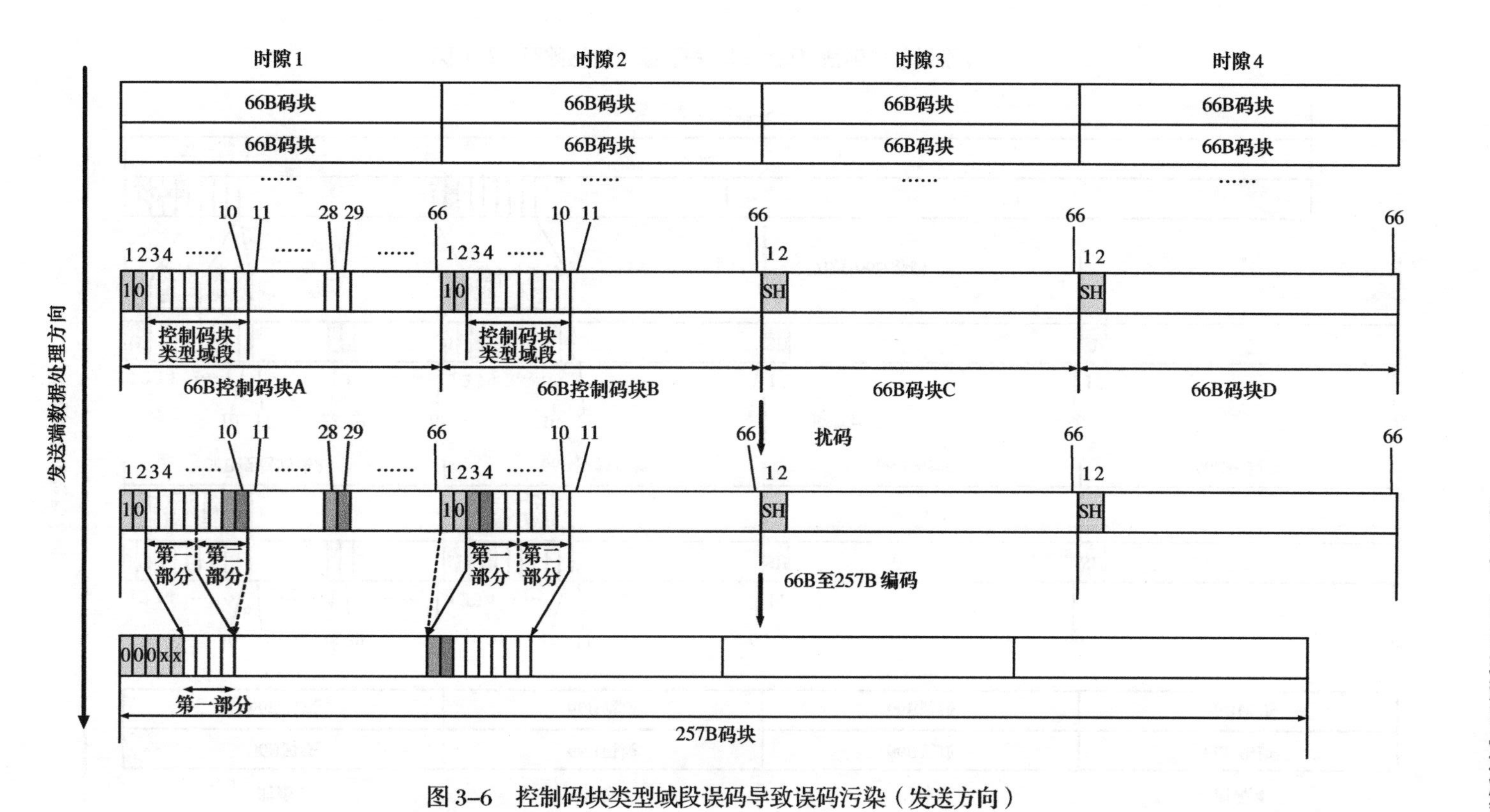

图 3–6　控制码块类型域段误码导致误码污染（发送方向）

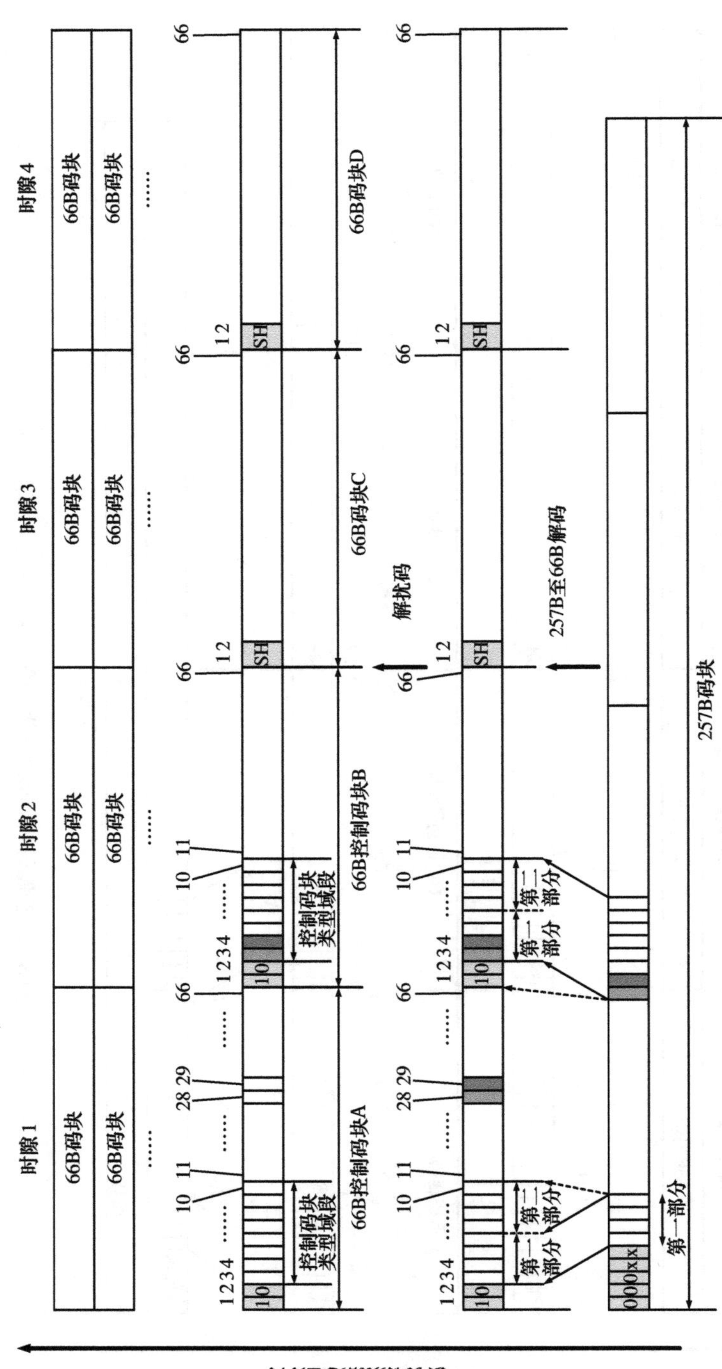

图 3-7　控制码块类型域段误码导致误码污染（接收方向）

3.2.3　MTN 段层速率适配机制

现代网络通信设备通过晶体振荡器（简称晶振）来产生设备所需要的参考时钟。受所处环境的温度、湿度等因素影响，晶振的振荡频率通常会在一个大致的范围内波动。网络通信设备根据晶振的振荡频率来发送信号，并形成信号的发送速率。因此，网络通信设备的信号发送速率也相应地处在一个大致范围内。IEEE 802.3 规定，以太网设备信号发送速率的波动范围是 ±100 ppm。例如，100GBASE-R PHY 标称的速率工作范围是 99.99~100.01 Gbit/s，任意两个以太网接口之间存在最大 200 ppm 的频率偏差。需要说明的是，随着技术的进步，实际上各厂家以太网设备信号发送速率的波动范围为 ±100 ppm。在 2018 年 5 月立项的 IEEE 802.3ck 项目中，IEEE 802.3 已经批准同意未来的以太网（速率为 100 Gbit/s、200 Gbit/s 和 400 Gbit/s 的以太网）接口频率偏差在 ±50 ppm 以内，但在与旧设备互通时，仍要考虑 ±100 ppm 的频率偏差。因此，如无特殊说明，本书都假设以太网接口频率偏差为 ±100 ppm。

如果一个速率为 100.01 Gbit/s 的以太网接口长时间向另一个速率为 99.99 Gbit/s 的以太网接口发送数据，必然会导致大量的数据累积，进而冲击速率较低的以太网接口所在设备的缓存，造成缓存溢出。为了解决此问题，IEEE 802.3 采用增、删链路上空闲字符的方式来适配不同以太网接口之间的速率差异。这里的空闲字符由 8 bit 的信息位和 1 bit 的控制位构成。对于后续实现的高速以太网接口，IEEE 802.3 规定的速率适配方法可以与空闲码块（即 66 bit）的增、删等效。

由于 MTN 复用了以太网底层协议栈以及以太网光模块，所以 MTN 设备的端口与端口之间的速率差异和以太网设备端口与端口之间的速率差异是一致的，都是 ±100 ppm。MTN 通过在段层增、删空闲码块的方式来适配不同设备、不同物理接口之间的速率差异。需要特别说明的是，以太网类客户信号所属的码块序列在 MTN 通道宿端恢复时需进行合法性判断，在极少数情况下，空闲码块的增、删会改变判断结果，进而对以太网类客户信号在 MTN 宿端的接收造成影响。根据对 IEEE 802.3 PCS 66B 码块接收状态机的分析，总共识别出 5 种这样的码块序列：{T, T}、{T, D}、{T, E}、{D, S} 和 {E, S}，其中，T 表示结束码块，D 表示数据码块，E 表示错误码块，S 表示起始码块。一旦空闲码块插入其中或者中间的空闲码块被删除，这些码块序列会导致以太网类客户信号的接收结果出错。经过分析和归纳，这 5 种码块序列共有三类接收结果出错的情形，下面分别举例说明。

1. 情形一：以 {T, T} 为例

如图 3-8 所示，假设有两个以太网帧通过 MTN 通道传输。当中途的 MTN 设备没有进行段层速率适配时，由于宿端接收到的原始码块序列中出现了两个连续的结束码块，说明第一个以太网帧接收有误，根据 IEEE 802.3 的规定，宿端在恢复以太网帧时会把第一个结束码块标记为错误码块，这样恢复出的第一个以太网帧被丢弃，第二个以太网帧被正确接收。当中途的 MTN 设备开启段层速率适配后，如果恰好在两个连续的结束码块中间插入了一个空闲码块，那么根据 IEEE 802.3 的规定，宿端在恢复以太网帧时会把空闲码块后的结束码块和下一个以太网帧的起始码块都标记为错误码块，这样恢复出的第一个以太网帧被接收，第二个以太网帧被丢弃。此时，客户信号的接收结果出错。

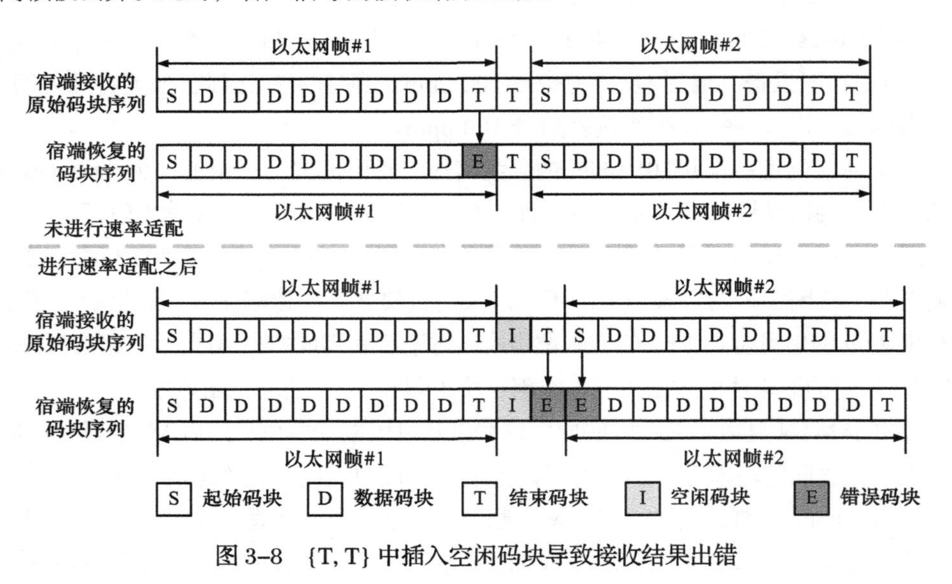

图 3-8 {T, T} 中插入空闲码块导致接收结果出错

相应地，{T, I, T} 中删除空闲码块也会导致接收结果出错。如图 3-9 所示，当中途的 MTN 设备没有进行段层速率适配时，由于在宿端接收到的原始码块序列中出现了空闲码块后面紧跟着一个结束码块的情况，根据 IEEE 802.3 的规定，宿端在恢复以太网帧时会把空闲码块后的结束码块和下一个以太网帧的起始码块都标记为错误码块，这样恢复出的第一个以太网帧被正确接收，第二个以太网帧被丢弃。当中途的 MTN 设备开启段层速率适配后，如果两个结束码块之间的空闲码块被删除，那么根据 IEEE 802.3 的规定，宿端在恢复以太网帧时会把第一个结束码块标记为错误码块，这样恢复出的第一个以太网帧被丢弃，第二个以太网帧被接收。此时，客户信号的接收结果出错。

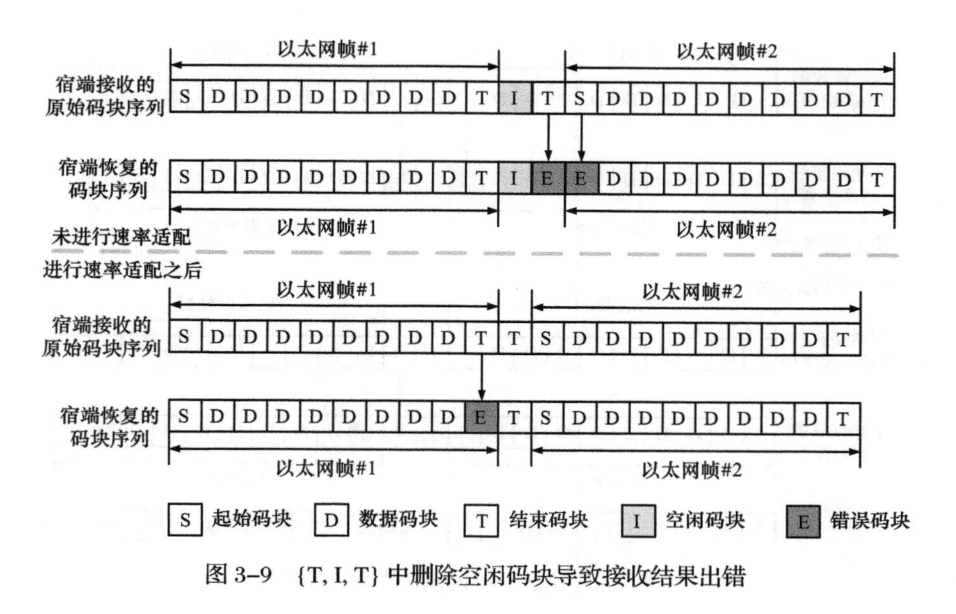

图 3–9　{T, I, T} 中删除空闲码块导致接收结果出错

2. 情形二：以 {T, D} 为例

如图 3-10 所示，假设有两个以太网帧通过 MTN 通道传输。当中途的 MTN 设备没有进行段层速率适配时，由于在宿端接收到的原始码块序列中出现了结束码块之后紧跟着一个数据码块的情况，根据 IEEE 802.3 的规定，宿端在恢复以太网帧时会把结束码块和下一个以太网帧的起始码块都标记为错误码块，这样恢复出的两个以太网帧都被丢弃。当中途的 MTN 设备开启段层速率适配后，如果恰好在结束码块和数据码块中间插入了一个空闲码块，那么根据 IEEE 802.3 的规定，宿端在恢复以太网帧时会把空闲码块后的数据码块和下一个以太网帧的起始码块都标记为错误码块，这样恢复出的第一个以太网帧被接收，第二个以太网帧被丢弃。此时，客户信号的接收结果出错。

相应地，{T, I, D} 中删除空闲码块也会导致接收结果出错。如图 3-11 所示，当中途的 MTN 设备没有进行段层速率适配时，由于在宿端接收到的原始码块序列中出现了空闲码块后面紧跟着一个数据码块的情况，根据 IEEE 802.3 的规定，宿端在恢复以太网帧时会把空闲码块后的数据码块和下一个以太网帧的起始码块都标记为错误码块，这样恢复出的第一个以太网帧被正确接收，第二个以太网帧被丢弃。当中途的 MTN 设备开启段层速率适配后，如果结束码块和数据码块之间的空闲码块被删除，那么根据 IEEE 802.3 的规定，宿端在恢复以太网帧时会把结束码块和下一个以太网帧的起始码块都标记为错误码块，这样恢复出的两个以太网帧都被丢弃。此时，客户信号的接收结果出错。

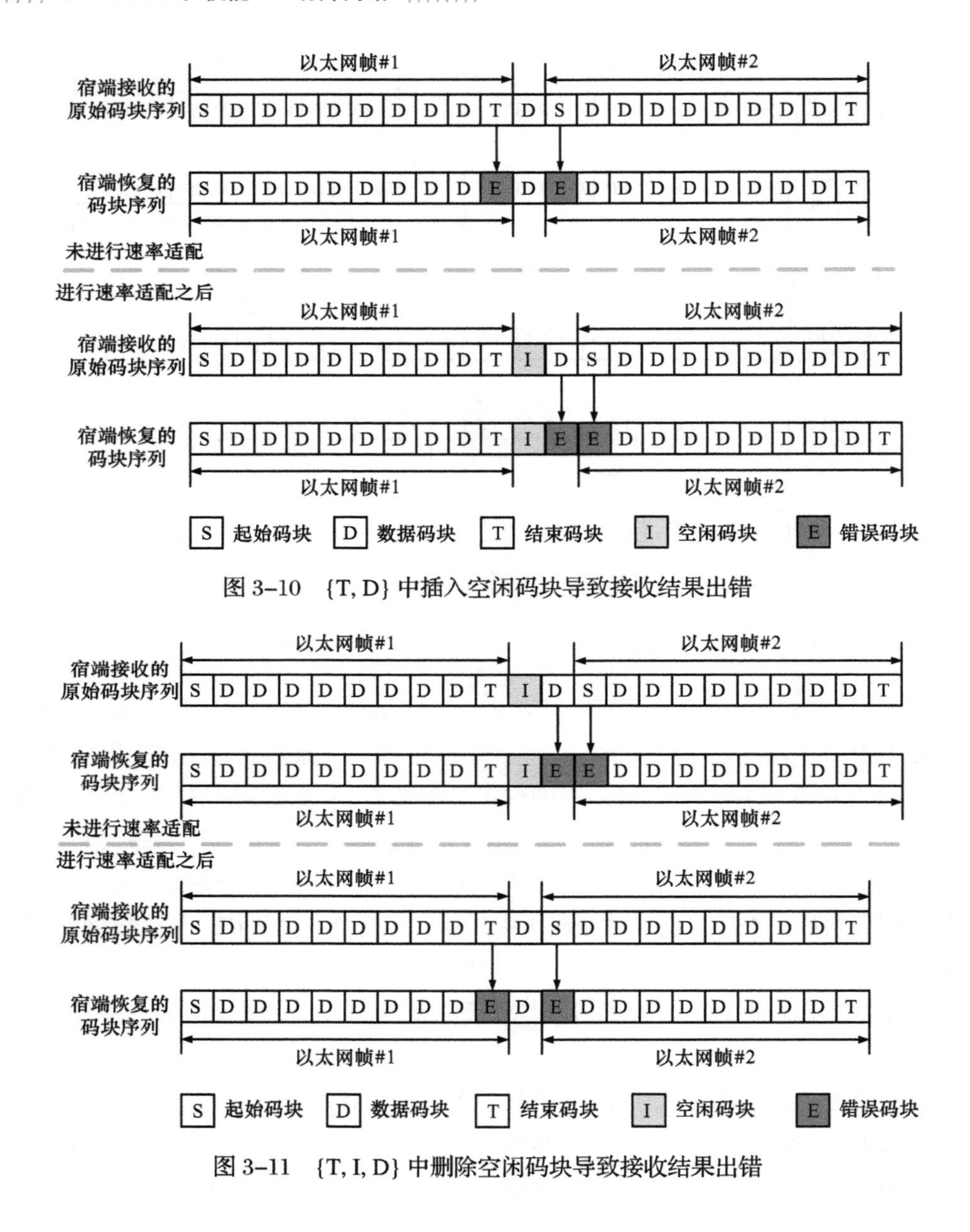

图 3-10　{T, D} 中插入空闲码块导致接收结果出错

图 3-11　{T, I, D} 中删除空闲码块导致接收结果出错

3. 情形三：以 {E, S} 为例

如图 3-12 所示，假设有两个以太网帧通过 MTN 通道传输。当中途的 MTN 设备没有进行段层速率适配时，由于在宿端接收到的原始码块序列中出现了错误码块之后紧跟着一个起始码块的情况，根据 IEEE 802.3 的规定，宿端在恢复以太网帧时会把起始码块标记为错误码块，这样恢复出的第一个以太网帧被正

确接收，第二个以太网帧被丢弃。当中途的 MTN 设备开启段层速率适配后，如果恰好在错误码块和起始码块中间插入了一个空闲码块，那么宿端恢复出的两个以太网帧都被接收。此时，客户信号的接收结果出错。

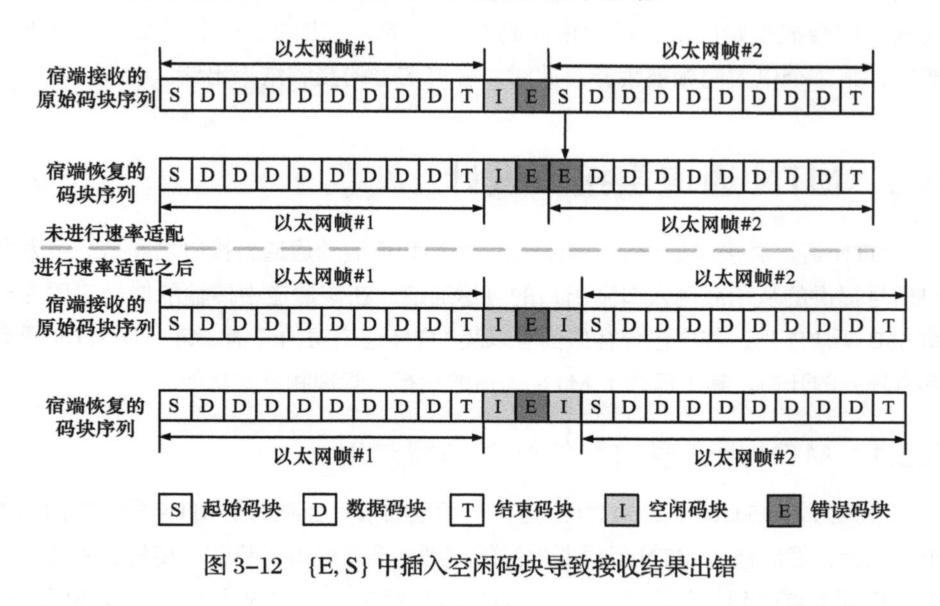

图 3-12　{E, S} 中插入空闲码块导致接收结果出错

相应地，{E, I, S} 中删除空闲码块也会导致接收结果出错。如图 3-13 所示，当中途的 MTN 设备没有进行段层速率适配时，宿端恢复出的两个以太网帧都被

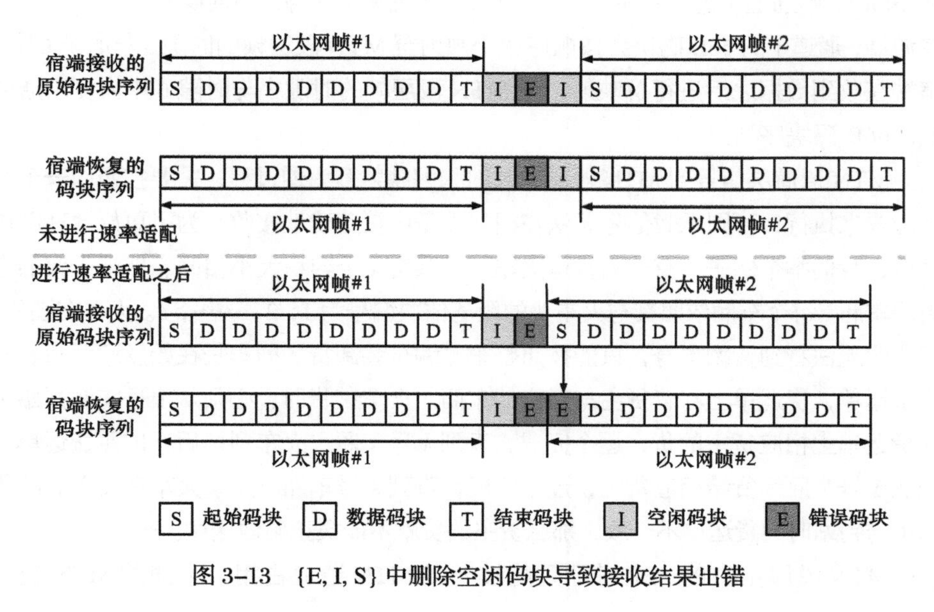

图 3-13　{E, I, S} 中删除空闲码块导致接收结果出错

正确接收。当中途的 MTN 设备开启段层速率适配后，如果恰好错误码块和起始码块之间的空闲码块被删除，那么在宿端接收到的原始码块序列中出现了错误码块之后紧跟着一个起始码块的情况，根据 IEEE 802.3 的规定，宿端在恢复以太网帧时会把起始码块标记为错误码块，这样恢复出的第一个以太网帧被正确接收，第二个以太网帧被丢弃。此时，客户信号的接收结果出错。

3.3 MTN 通道层接口设计

MTN 通道层接口是一个逻辑概念，源端和宿端的通道层接口之间是一条为客户信号提供的从承载网入口到出口的直达通道。在该通道中传输的信号实质为一串 66B 码块序列，其中包含客户信号以及 MTN 通道层的开销。每一条 MTN 通道都有独立的开销，其中承载了 MTN 通道的运行、管理和维护功能。

3.3.1 MTN 通道层信号的映射与解映射

带宽为 $N \times 5$ Gbit/s 的 MTN 通道，其承载的信号会映射到 MTN 段层组内的 N 个时隙上，然后通过 MTN 段层所提供的点到点连接服务，将信号传输到相邻节点上。相邻节点收到信号之后，再从 MTN 段层组中对应的 N 个时隙中解映射出占用相应带宽的客户信号。以只包含一个 100GBASE-R PHY 的 MTN 段层组为例，MTN 通道层信号的映射和解映射过程如图 3-14 所示。假设 MTN 通道 1 的速率为 10 Gbit/s，则通道 1 需要占用 2 个 MTN 段层的时隙（时隙 3 与时隙 6）来承载信号。在源端，通道 1 的 66B 码块会按顺序逐个映射至 MTN 段层帧的时隙 3 与时隙 6 中；宿端在收到数据之后进行解映射，从 MTN 段层帧的时隙 3 与时隙 6 中恢复出通道 1 的 66B 码块序列。

MTN 通道层信号到 MTN 段层的映射和解映射互为逆过程，需要按照同一个时隙配置来执行，否则承载信号无法在相邻设备中被正确地接收。为了更好地理解这件事，我们举个例子。有一列货运火车，总共有 k 个容积大小相同、外观一致的全封闭车厢。每个车厢依照其与火车头的距离依次编号为 1，2，……，k。火车在装货、卸货时无法看到货物本身，只能按照整车厢编号装卸货。列车长在始发站时拿着一张货运单，货运单上写着货主与对应的车厢。火车装货时，必须从 1 号车厢开始装入货运单上相应货主的货，逐个完成，直到 k 号车厢。火车到站后，依照货运单，先从 1 号车厢卸货给相应货主，逐个完成，直到 k 号车厢。如果火车在发车时的货运单与到站时的货运单不一致，那么货主的货就不能被正确地送达。

MTN 段层组中的一个时隙只能被一条 MTN 通道占用，不同的 MTN 通道

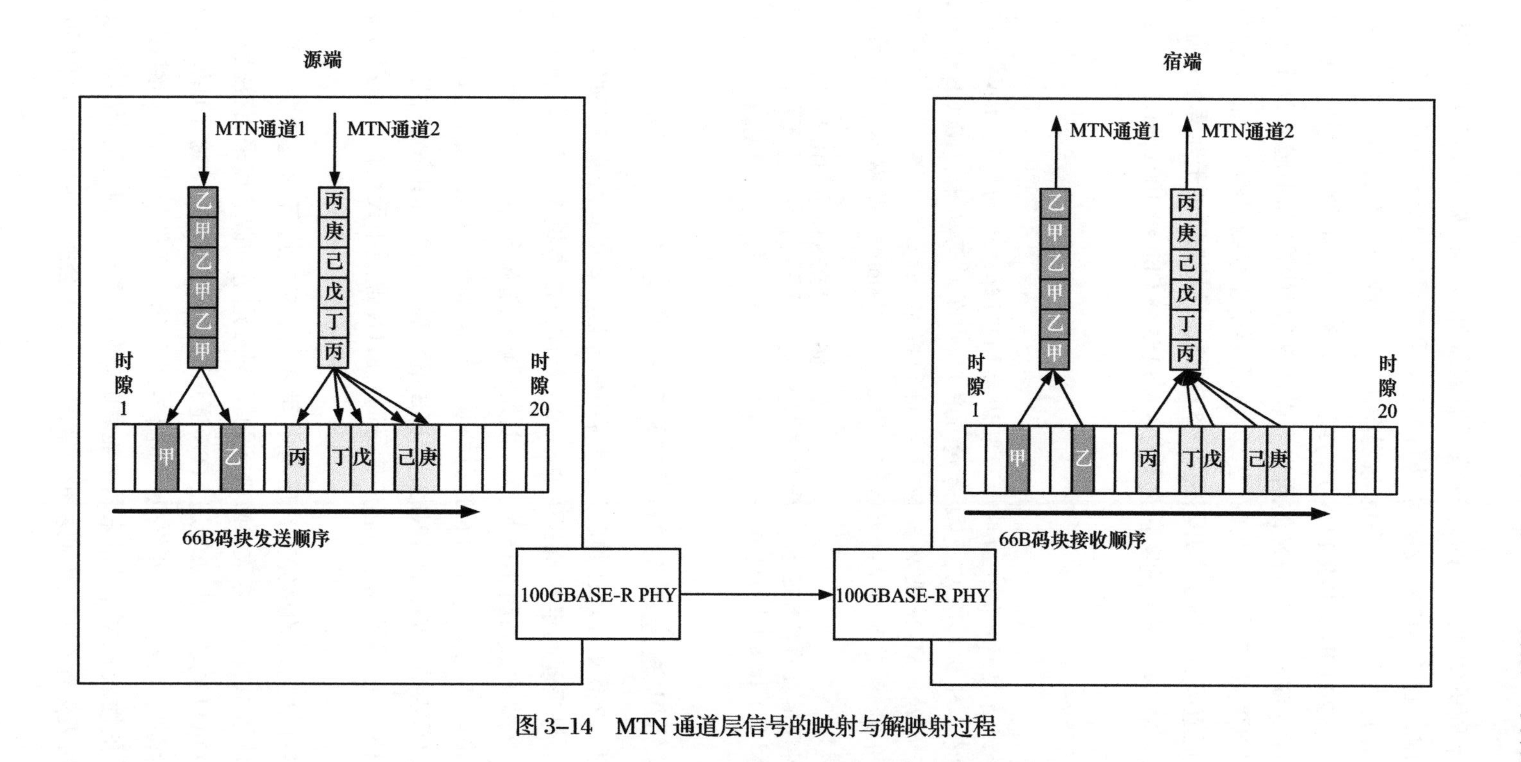

图 3-14　MTN 通道层信号的映射与解映射过程

只能占用不同的时隙，且时隙资源不能被统计复用。如果 MTN 段层组包含不止一个 PHY，那么 MTN 段层可以向 MTN 通道层提供 $p\times10$ 个时隙资源（p 个 50GBASE-R PHY）、$p\times20$ 个时隙资源（p 个 100GBASE-R PHY）、$p\times40$ 个时隙资源（p 个 200GBASE-R PHY），或者 $p\times80$ 个时隙资源（p 个 400GBASE-R PHY）。$N\times5$ Gbit/s 的 MTN 的通道可以从这些时隙资源中选取 N 个占用，N 个时隙资源不需要位于同一个 PHY 上，也不需要是连续编号的 N 个时隙资源。

MTN 通道层的准确速率并不是 $N\times5$ Gbit/s，只是为了便于理解和交流，简称为 $N\times5$ Gbit/s。MTN 通道层的实际速率为 $N\times5.155\,68$ Gbit/s ± 100 ppm。

说明

为了方便理解和简化说明，一般认为 MTN 通道层的带宽为 $N\times5$ Gbit/s。MTN 通道层的实际带宽需要考虑 66B 码块的编码膨胀、100GBASE-R PHY AM 插入开销、MTN 段层实例帧开销和端口发送速率波动等因素。MTN 通道层的实际速率为 $N\times5.155\,68$ Gbit/s ± 100 ppm，可以根据下面的公式计算。

$$\text{MTN 通道层的实际速率}=N\times5\ \text{Gbit/s}\times\frac{66}{64}\times\frac{16\,383}{16\,384}\times\frac{1023\times20}{1023\times20+1}\pm100\ \text{ppm}=N\times5.155\,68\ \text{Gbit/s}\pm100\ \text{ppm}$$

3.3.2 MTN 通道层 OAM 码块插入和提取

MTN 以 IP 报文、以太网帧等分组客户信号为主要承载信号。在 MTN 通道层中，分组客户信号呈现固定的 66B 码块格式（具体方法参见 5.2 节，具体 66B 码块格式参见 1.4.2 节）。如图 3-15 所示，以太网帧经过编码后，会形成起始码块加若干数据码块再加结束码块的 66B 码块流。根据 IEEE 802.3 的规定，以太网帧与以太网帧之间存在 IPG，而 IPG 经过 66B 编码后，成为结束码块和空闲码块。因此，当 MTN 通道层承载分组客户信号时，MTN 通道中天然存在一定数量的空闲码块。

在 MTN 端到端的路径上，所有中间转发设备只进行通道转发，不会对具体的 66B 码块信息做任何修改。MTN 通道层只在通道的源节点采用替换空闲码块的方式插入 OAM 码块，用来传递 MTN 通道的运行、管理、维护消息，实现 MTN 通道的可管理、可控制、可监视，如图 3-16 所示。相较于传统的网络技术，这种 OAM 码块的插入方式可以带来两个显著的好处：第一，因为利用的是以太网客户信号编码后天然存在的空闲码块带宽空间，所以不会影响客户信号所使用的带宽；

第二，同样因为利用的是空闲码块提供的带宽空间，所以也不要求提高 PHY 速率，为 OAM 的引入创造了额外带宽。在通道的宿端节点，设备再识别并提取出 MTN 通道层的 OAM 码块。关于 MTN 通道 OAM 码块格式的详细描述请参见 4.3 节。

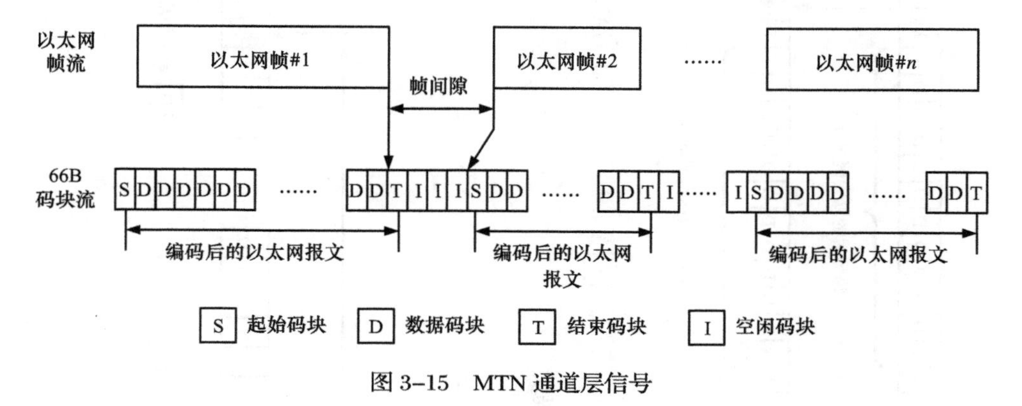

图 3-15　MTN 通道层信号

由于在 MTN 通道层，OAM 码块是通过替换空闲码块的方式在特定位置（IPG）插入的，不是随意下插，所以 OAM 码块实际的下插位置相比预想的下插位置可能会有一定的偏差。如图 3-17 所示，假设 OAM 码块的插入周期为 T，第一个 OAM 码块是准时下插的，当需要插入第二个 OAM 码块时，也就是经过时间 T 后，预想的下插位置正好是数据码块，而不是空闲码块。因此，第二个 OAM 码块需要等待 ΔT 时间，即在编码后，在以太网报文的结束码块之后再插入 OAM 码块。

有一种特殊的情况，即在上一个编码后的以太网报文完成传输之后，立即开始下一个编码后的以太网报文传输，即出现了 {T，S} 码块序列。此时，为了实现正常的 OAM 功能，设备可以在 {T，S} 中间插入 OAM 码块，形成 {T，O，S} 码块序列。但是，这样会导致数据带宽的占用比预想的多，为了消除这种带宽膨胀效应，设备可以在后续的码块流处理过程中删除一些空闲码块。

3.4　MTN 通道层转发机制

从技术架构和协议栈的角度看，MTN 位于 OSI 模型和以太网物理层协议栈的物理层中，具体如图 3-18 所示。MTN 利用以太网的 66B 码块内核，复用以太网物理层协议栈，在以太网 PCS 中引入 MTN 通道层与 MTN 段层。其中，MTN 段层通过在 66B 码块流中按固定周期插入特殊码块，实现将以太网物理接口时隙化，从而支持绑定、通道化和子速率的功能，时隙粒度为 5 Gbit/s。MTN 通道层通过 TMD 时隙交叉的方式，按照预配置的交叉连接关系，从上行方向的 MTN 段层指

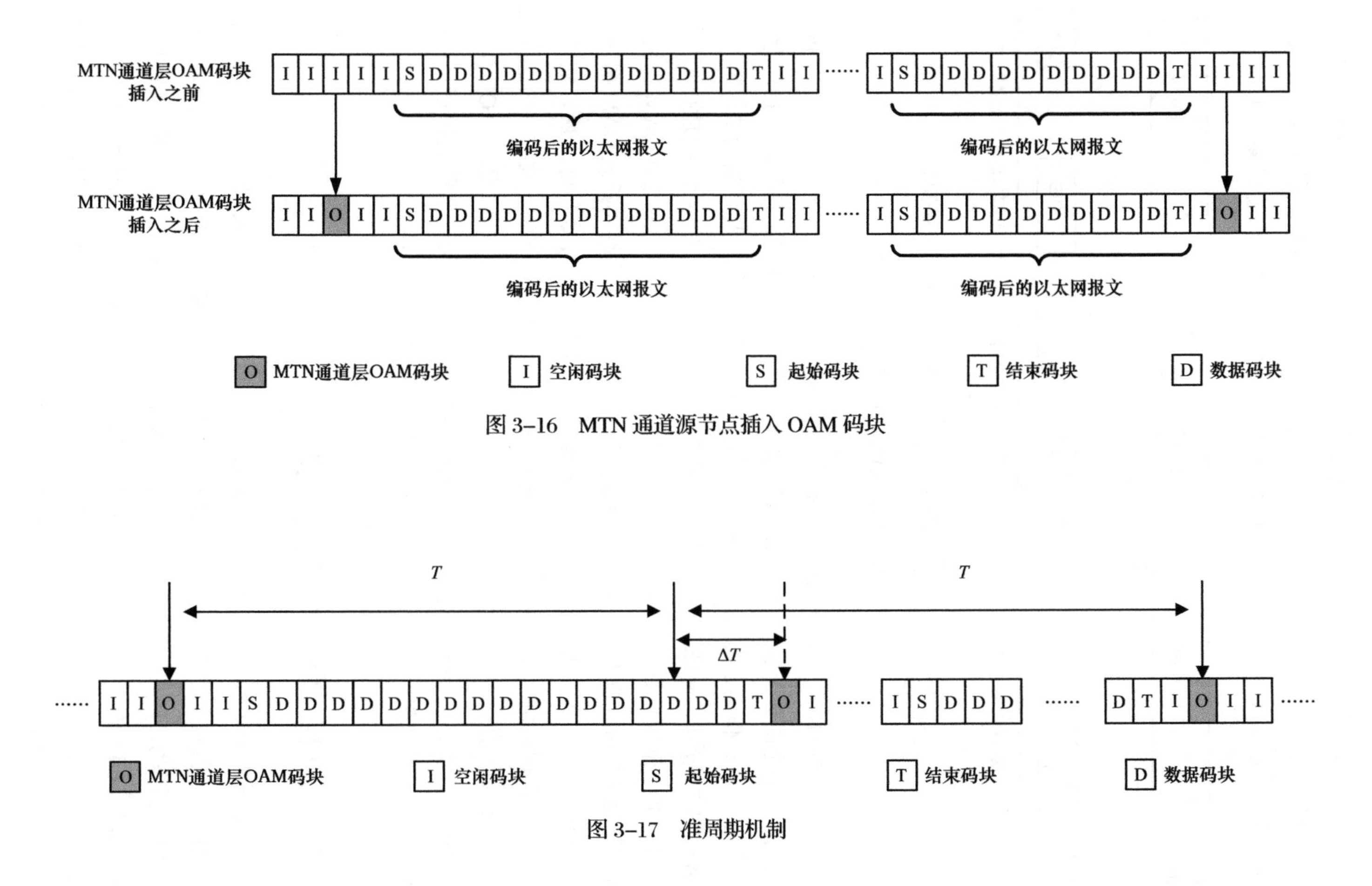

图 3-16　MTN 通道源节点插入 OAM 码块

图 3-17　准周期机制

定时隙中获取 66B 码块数据，将其转发到下行方向的 MTN 段层指定时隙中。上行方向和下行方向占用的时隙带宽相同。同时，MTN 通道层支持 OAM 与保护功能，可以实现信号误码监视、连续性检测、连接验证、通道时延测量、保护倒换和客户信号类型指示等功能。MTN 段层和 MTN 通道层共同组成了 L1 的网络技术——MTN，满足电信级网络技术要求。

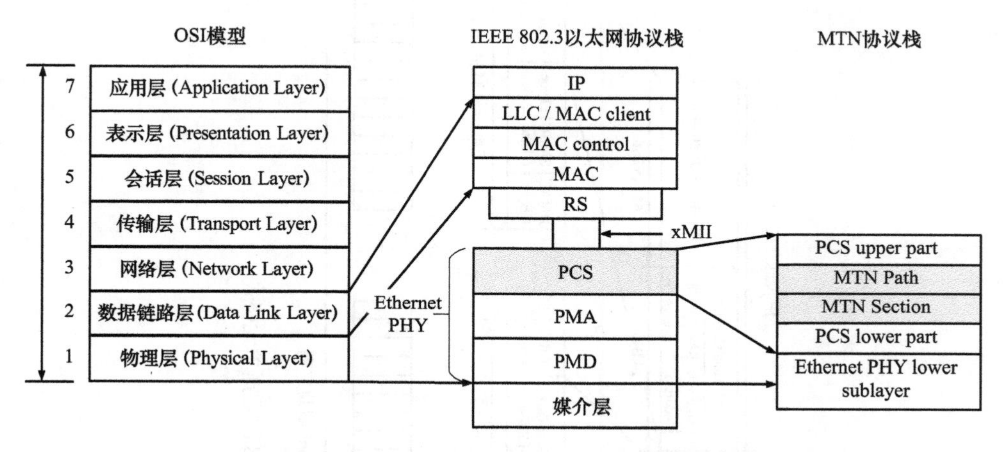

图 3–18 MTN 协议栈与 OSI 模型、IEEE 802.3 以太网物理层协议栈之间的关系

从图 3-19 中可以看出，MTN 中无法识别任何 IP 地址、标签和以太网 MAC 地址信息。IP 层的数据以 IP 报文为基本单元，每个 IP 报文携带源 IP 地址和目的 IP 地址，转发设备采用统计复用的方式，根据报文的 IP 地址来决定 IP 报文的下一跳设备。IP 报文到了 MAC 层后，会映射到若干个以太网帧中。每个以太网帧中携带 SMAC（Source MAC，源 MAC 地址）和 DMAC（Destination MAC，目的 MAC 地址），转发设备采用统计复用的方式，根据 MAC 地址来确定 Ethernet MAC frame 的下一跳设备。而以太网帧到了物理层后，会被转码为一连串的 66B 码块。66B 码块中无法携带任何地址和标签信息。

由于 MTN 层中无法识别任何地址、标签信息，MTN 数据只能通过预先配置的交叉连接关系，将 MTN 通道信号（66B 码块序列）从入端口传递至出端口。整个数据转发过程不依赖任何报文地址、标签或者标识，属于 CO-CS（Connection Oriented Circuit Switching，面向连接的电路交换）。在 MTN 通道层中，数据在上行方向和下行方向占用的时隙位置固定，不随时间变化，只由配置决定。根据 ITU-T G.8310 和 G.800 Clause 6.3.1，这种不依赖于地址、标签等额外信息，而是依赖转发设备的入端口和出端口之间预先配置的连接关系的转发方式称为通道转发。

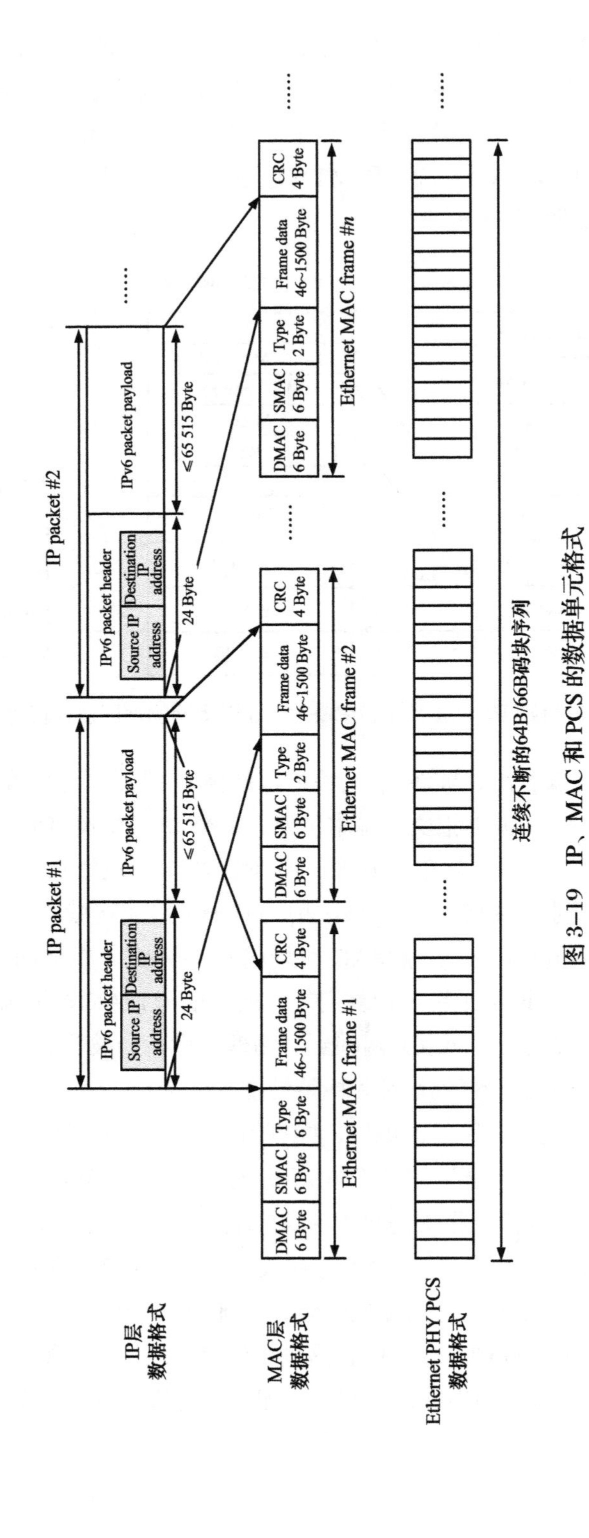

图 3-19 IP、MAC 和 PCS 的数据单元格式

通道转发主要有两个优势。一方面，由于 MTN 不感知客户信号中携带的 MAC 地址、MPLS 标签、IP 地址等信息，也不会进行查表、报文封装与解封装等常见分组转发操作，且排队缓存的都是 66B 码块，因此 MTN 通道层提供微秒级超低时延转发 [11] 和微秒级抖动 [12]。另一方面，由于数据在设备上行方向和下行方向只能占用指定的时隙资源，且上下行方向时隙资源总数一致，业务在设备转发时有专属时隙资源和转发资源保障。业务与业务之间不共享 L1 的时隙资源（也可以理解为物理接口带宽资源），从而使得业务和业务之间实现严格物理隔离。图 3-20 给出了 MTN 严格物理隔离的形象说明。在 MTN 中，所有"车主"（业务）都有"专属私家车位"（时隙专享），而不是像在公共停车场停车，所有车位共享（统计复用）。

图 3-20　MTN 严格物理隔离的形象说明

假设 MTN 转发设备采用 100GBASE-R PHY，图 3-21 展示了一种 MTN 设备转发功能模块的 MTN 通道层转发过程，具体说明如下。

- 转发设备的通道转发功能模块从入端口 PHY 1 的时隙 1、时隙 3 与时隙 20 中恢复出 MTN 通道 1 与 MTN 通道 2 的 66B 码块序列；从入端口 PHY 2 的时隙 1、时隙 3 与时隙 20 中恢复出 MTN 通道 3 与 MTN 通道 4 的 66B 码块序列。
- 将恢复出的 4 个 MTN 通道 66B 码块序列存入不同的队列中。
- 按照预先配置的连接矩阵以及固定的调度周期，将每个队列中的 66B 码块传递至相应出端口的时隙中。
- 数据在队列入口和队列出口都是采用 TDM 轮询的方式，数据进入队列的速率和离开队列的速率一致，队列资源不会在多个 MTN 通道之间共享，无统计复用。

◆ 队列与入口/出口之间的连接关系由系统预先配置，数据转发不依赖地址、标签甚至任何 66B 码块的信息。

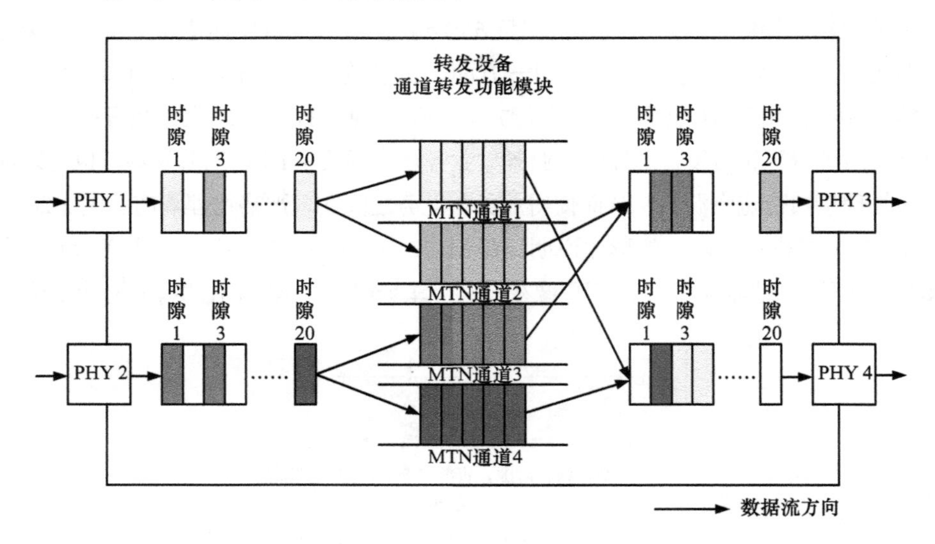

图 3-21　MTN 通道层转发过程

在 MTN 技术推广初期，由于相关的技术概念缺乏系统性的阐述，有一部分观点认为 MTN 通道层转发采用的是“时隙交叉”或“时隙转发”。其实这两个概念都不准确，“时隙”并不是数据实体，它只是在 MTN 段层接口上对数据进行时隙化处理后产生的虚拟概念，仅适用于 MTN 段层。“时隙”本身并不能被“交叉”或者“转发”。MTN 设备在通道转发的过程中，入端口指定 PHY 上的一个时隙不会被传递到出端口指定 PHY 上的另一个时隙，实际传递的数据实体是一串 66B 码块序列。

第 4 章 MTN 的开销与 OAM

MTN 的开销设计具有按需、灵活、简单、高效等优点，可以更好地满足网络切片的需求。本章将介绍 MTN 段层和 MTN 通道层的开销机制，以及利用开销机制实现的 OAM 功能。

4.1 MTN 开销的设计目标

在计算机网络中，开销是指随着数据一起通过网络 / 链路传递到目的地所必须发送的信息。不同的网络协议开销中可能有各种各样的信息。例如，在 IP 网络中，每个 IP 报文都需要携带的目的 IP 地址与源 IP 地址就是 IP 报文的开销，用于帮助 IP 报文顺利到达目的地。MTN 开销用于支持 MTN 段层和 MTN 通道层的 OAM。MTN 段层和 MTN 通道层都有自己的开销和 OAM，分别随段层数据或者通道层数据传递到相应的目的地。

对于 MTN 段层开销，由于段层负责提供点到点的连接，其设计目标与负责端到端连接的 MTN 通道层有区别。

MTN 段层的开销设计有以下三个主要目标。

第一个目标是多个以太网 PHY 之间相互绑定，从而支持更高速率的客户信号传输。

第二个目标是在以太网 PHY 上支持子速率，从而支持多个客户信号在一个以太网 PHY 上传输并且互不干扰。

第三个目标是通道化，即在一个 PHY 或者一组绑定后的 PHY 上支持多种速率的客户信号。

为了实现这三个目标，MTN 开销需要包含帧对齐、时隙配置校验、同步消息 / 管理消息传递和故障指示等功能。

MTN 通道层的开销设计有以下三个主要目标。

第一个目标是每一个 MTN 通道可以按照其需求选择最适合的 OAM 功能集合。为实现这个目标，需要支持所有 MTN 通道层 OAM 功能相互独立，按需使能和去使能。

第二个目标是由于 OAM 总带宽受限，OAM 功能应当在去使能后释放其占用的带宽资源。典型的电信级网络技术通过提高开销带宽的占比，保证网络能够提供电信级的服务。MTN 通道层的接口设计中，通道层开销既不能挤占客户信号带宽，也不能膨胀物理层速率，因此需要设计一种机制，使得 OAM 功能占用的带宽能够灵活按需释放。

第三个目标是 OAM 功能兼顾 5G 承载网的需求与传统面向连接的网络技术设计惯例。为了实现这个目标，MTN 通道层 OAM 功能应该包括连续性监督、连通性监督、误码性能监视、源端故障和误码报告、时延测量、保护消息通信通道和客户信号故障指示。

4.2 MTN 段层开销与 OAM

4.2.1 MTN 段层帧的基本格式

MTN 段层帧开销包含 8 个 66B 码块，每个开销的 66B 码块位于 MTN 段层实例帧结构每一行的第一个 66B 码块（关于 MTN 段层实例的帧格式，请参见图 3-1）。如果将段层帧开销的 8 个 66B 码块放在一起，其格式如图 4-1 所示，详细描述如下。

- 第一开销码块为控制码块，其控制类型域段为 0x4B，并且其 O 代码（O code）域段为 0x5。
- 第二开销码块和第三开销码块为数据码块。
- 第四开销码块和第五开销码块为保留字段，提供后续扩展能力。
- 第六开销码块为 SMC（Synchronization Messaging Channel，同步消息通道）。
- 第七开销码块和第八开销码块为 MCC（Management Communication Channel，管理通信通道）。

MTN 段层开销中包含的域段以及相应功能简介如表 4-1 所示，各域段将在后续小节中详细介绍。

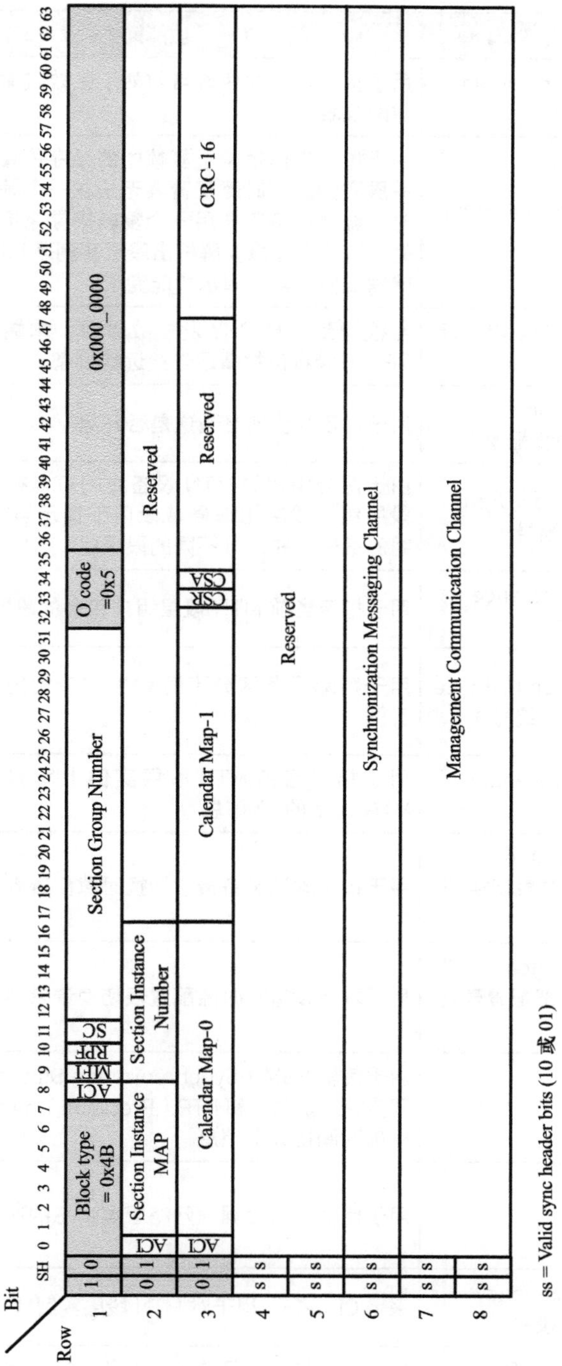

Bit / Row

SH 0 1 2 3 4 5 6 7 8 9 10 11 12 13 14 15 16 17 18 19 20 21 22 23 24 25 26 27 28 29 30 31 32 33 34 35 36 37 38 39 40 41 42 43 44 45 46 47 48 49 50 51 52 53 54 55 56 57 58 59 60 61 62 63

Row	SH	Bit 0–63									
1	1 0	Block type = 0x4B	ACI	MFI	RPF	SC	Section Group Number		O code =0x5	0x000_0000	
2	0 1	ACI	Section Instance MAP				Section Instance Number		Reserved		
3	0 1	ACI	Calendar Map-0				Calendar Map-1	CSR	CSA	Reserved	CRC-16
4	s s	Reserved									
5	s s										
6	s s	Synchronization Messaging Channel									
7	s s	Management Communication Channel									
8	s s										

ss = Valid sync header bits (10 或 01)

图 4-1　MTN 段层开销格式

表 4-1 MTN 段层开销域段介绍

序号	域段名称	功能简介
1	ACI（Active Calendar Indicator，生效时隙配置表指示）	用于指示收、发两端当前处于生效或激活状态的时隙配置表
2	MFI（Multi-Frame Indicator，复帧指示）	用于指示当前帧位于复帧中的顺序位置。当完整的段层实例表和时隙配置表无法在一个帧中完成传输时，源端设备需要用一个复帧周期来完成传输。此时，宿端设备想要解析出段层实例表和时隙配置表，就需要借助复帧指示才能完成
3	RPF（Remote PHY Fault，远端 PHY 故障）	当检测到本地 PHY 发生故障时，本端设备可通过 RPF 域段将该故障通告给远端设备
4	SC（Synchronization Configuration，同步配置）	用于指示同步消息通道是否开启
5	SG Number（Section Group Number，段层组编号）	由于两台相邻的 MTN 设备之间可以存在多个 MTN 段层组，段层组编号域段用于指示当前 MTN 段层组的编号，并区分不同的段层组
6	SI MAP（Section Instance MAP，段层实例表）	用于指示当前 MTN 段层组内包含的段层实例
7	SI Number（Section Instance Number，段层实例编号）	用于宿端设备区分不同 PHY 或者相同 PHY 的不同实例
8	时隙配置表 0/1（Calendar MAP 0/1）	用于指示当前 MTN 段层实例上所有时隙承载的 MTN 通道的 ID 信息
9	CSR（Calendar Switch Request，时隙配置表切换请求）	用于指示本端设备请求切换时隙配置表
10	CSA（Calendar Switch Acknowledge，时隙配置表切换确认）	用于本端设备对时隙配置表切换请求消息进行确认
11	SMC	用于传输 SSM（Synchronization Status Message，同步状态消息）和 PTP（Precision Timing Protocol，精确时间协议）消息
12	MCC	用于传输设备管理、网络管理消息的通道
13	CRC（Cyclic Redundancy Check，循环冗余校验）	采用 CRC-16，用于对 MTN 段层实例帧开销进行校验
14	保留比特（Reserved Bit）	用于未来扩展，目前源端设备直接按照 0 处理

4.2.2　MTN 段层复帧对齐

如果 MTN 段层时隙配置表与段层实例表的完整信息无法在一帧中完成传输，那么源端设备只能通过多个帧来传输，即在一个复帧周期内完成传输。此时，宿端设备必须借助 MFI 才能进行复帧对齐，进而在复帧中解析出段层时隙配置表与段层实例表域段。

如图 4-2 所示，对于 50G MTN 段层实例帧结构，一个复帧由 16 帧构成；对于 100G MTN 段层实例帧结构，一个复帧由 32 帧构成。对于 50G MTN 段层实例帧，每重复 2046 次 10 个代表时隙 1~ 时隙 10 的 66B 码块之后插入一个开销码块。对于 100G MTN 段层实例帧，每重复 1023 次 20 个代表时隙 1~ 时隙 20 的 66B 码块之后插入一个开销码块。每个 PHY 上面的开销码块定位可通过在固定重复的位置上识别 MTN 段层开销帧的第一个开销码块来实现。这是因为，MTN 段层开销帧的第一个开销码块是一个特殊定义的有序集码块，其同步头是 0b10 的控制码块，控制码块类型域段固定为 0x4B 的 66B 码块，从第 34 比特到第 37 比特一共 4 比特，O_0 码块位置上的值固定为 0x5。

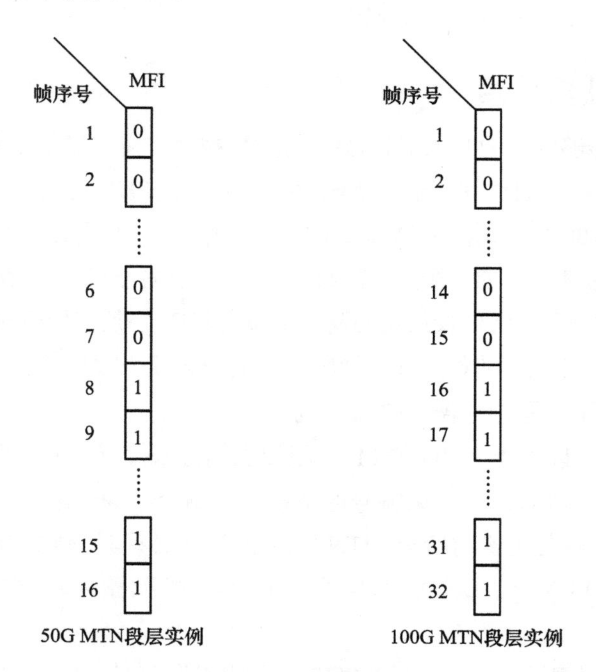

图 4-2　MFI 示意

无论是 50G MTN 段层实例帧还是 100G MTN 段层实例帧，每 163 688 [163 688 =（1023 × 20 + 1）× 8 =（1023 × 2 × 10 + 1）× 8] 个 66B 码块之后，会出现一个

开销码块。MTN 段层实例帧锁定状态下，下一个 MTN 段层实例帧开销码块位于 20 461（1023×20 ＋ 1）个 66B 码块后的位置。MTN 段层实例帧锁定状态下，有序集码块的字节 D_1 ~ D_3 再加上出现在 20 461、40 922、61 383、81 844、10 2305、122 766 和 143 227 个码块之后的 66B 码块将被视为 MTN 段层实例开销帧。如果 MTN 段层实例帧开销未处于锁定状态，上述位置的码块不能作为 MTN 段层实例帧开销处理。如果同步头、控制码块类型或有序集码块在预期位置出现 5 次不匹配，则认为 MTN 段层实例帧开销处于失锁状态。对于 100G MTN 段层实例帧，MFI 比特在一个开销复帧的前 16 个 MTN 段层实例帧开销中为“0”，后 16 个开销帧中为“1”。当检测到 MFI 比特在连续两个具有正确 CRC 校验的开销帧中从“0”变为“1”或从“1”变为“0”时，MTN 段层接收端认为开销复帧已锁定。根据 MFI 的赋值规则可知，在一次完整的 MTN 段层开销复帧中，存在两次实现开销复帧锁定的机会。

MFI 位于 MTN 段层第一开销码块的第 9 比特，用于标识复帧的开始与复帧的结束。当 MTN 段层帧位于复帧的前 8 帧或前 16 帧时，MFI 为 0。当 MTN 段层帧位于复帧的后 8 帧或后 16 帧时，MFI 为 1。

4.2.3 MTN 段层组

为了增加能够提供的时隙资源总数，MTN 技术支持将多个以太网物理接口捆绑成一个 MTN 段层组，并要求一个段层组内的所有 PHY 必须具有相同的带宽。例如，将 5 个 100GBASE-R PHY 捆绑成一个段层组，则可以提供 100 个带宽为 5 Gbit/s 的时隙资源。MTN 通过一个 20 bit 的段层组编号来指示段层实例帧所处的段层组。处于同一段层组的段层实例及其下属的 PHY 必须携带相同的段层组编号。对同一个段层组来说，其收发方向的段层组编号必须一致。段层组编号域段位于 MTN 段层第一开销码块的第 12~31 比特。

MTN 段层可以使用 20 bit 的 MTN 段层组编号来检查 MTN 段层实例与 MTN 段层组是否匹配。MTN 段层组编号通常在收发两个方向上配置相同的值。MTN 段层组所有 PHY 上配置的所有 MTN 段层实例都必须具有相同的 MTN 段层组编号。在同一 PHY 上的不同 MTN 段层实例不能配置为不同 MTN 段层组的成员。

MTN 段层组编号的值可在 1~0xFFFFE 范围内选择。其中，0x00000 和 0xFFFFF 的值不可用。接收到的 MTN 段层组编号将和实际配置的编号进行比对，若两者不匹配，将产生错误连接告警。

MTN 段层开销除了指示段层组编号外，还通过段层实例表与段层实例编号联合指示 MTN 段层组内使用的 PHY，以及 PHY 上包含的实例信息。具体机制是这样的：通过将段层实例表中每个比特设置为 1 或 0，来指示该比特所代表的段层实例编号是否属于该组中的 PHY。

完整的段层实例表需要通过一个复帧（16 帧或者 32 帧）才能传递，且要在所有段层组内的实例上同时发送，以便帮助宿端设备验证发送方向与接收方向是否配置了相同的段层实例序号，也就是说，完整的段层实例表总共包含 128 bit 或 256 bit。如图 4-3 所示，当 PHY 所在段层组内的序号为 2、编号为 0x01 时，如果 PHY 是 50GBASE-R PHY，则段层实例表的第 2 比特为 1，其余 127 bit 为 0；如果 PHY 是 100GBASE-R PHY，则段层实例表的第 2 比特为 1，其余 255 bit 为 0；如果 PHY 是 200GBASE-R PHY，则段层实例表的第 4 比特与第 5 比特为 1，其余 254 bit 为 0；如果 PHY 是 400GBASE-R PHY，则段层实例表的第 8、9、10、11 比特为 1，其余 252 bit 为 0。

8 bit 的段层实例编号域段用于指示当前段层实例所在的 PHY 的编号，该段层实例编号在段层组内是唯一的。当 MTN 使用 50GBASE-R PHY 或 100GBASE-R PHY 时，由于每个 PHY 上只含有一个 MTN 段层实例，此时，段层实例编号就是 PHY 编号。当 MTN 使用 200GBASE-R PHY 时，由于每个 PHY 上含有 2 个 MTN 段层实例，段层实例编号域段的前 7 bit 表示段层实例所在的 PHY 编号，最后 1 bit 表示 200GBASE-R PHY 中的实例编号（0 或 1）。当 MTN 使用 400GBASE-R PHY 时，由于每个 PHY 上含有 4 个 MTN 段层实例，段层实例编号域段的前 6 bit 表示段层实例所在的 PHY 编号，最后 2 bit 表示 200GBASE-R PHY 中的实例编号（0、1、2 或 3）。

4.2.4 MTN 段层时隙配置表及其切换

在 MTN 通道源端，设备根据 MTN 段层的时隙配置表，将不同的 MTN 通道映射至相应的时隙中；在 MTN 通道宿端，设备再根据时隙配置表，从不同的时隙中解映射出 MTN 通道信号。如果映射与解映射所依照的时隙配置表不一致，则宿端设备无法正确恢复出 MTN 通道的数据。MTN 通道源端将时隙配置表放在一个完整的复帧中传输，MTN 通道宿端要校验其接收到的时隙配置表与预先设置的时隙配置表是否相同，从而保证收发两端时隙配置的一致性。

在实际应用时，每个 MTN 段层实例帧中包含 10 个 5 Gbit/s 的时隙（50G MTN 段层实例帧）或者 20 个 5 Gbit/s 的时隙（100G MTN 段层实例帧）。如图 4-4 所示，时隙配置表通过携带 PID（Path Identifier，通道身份信息）标识出每一个时隙被特定 MTN 通道使用的情况。

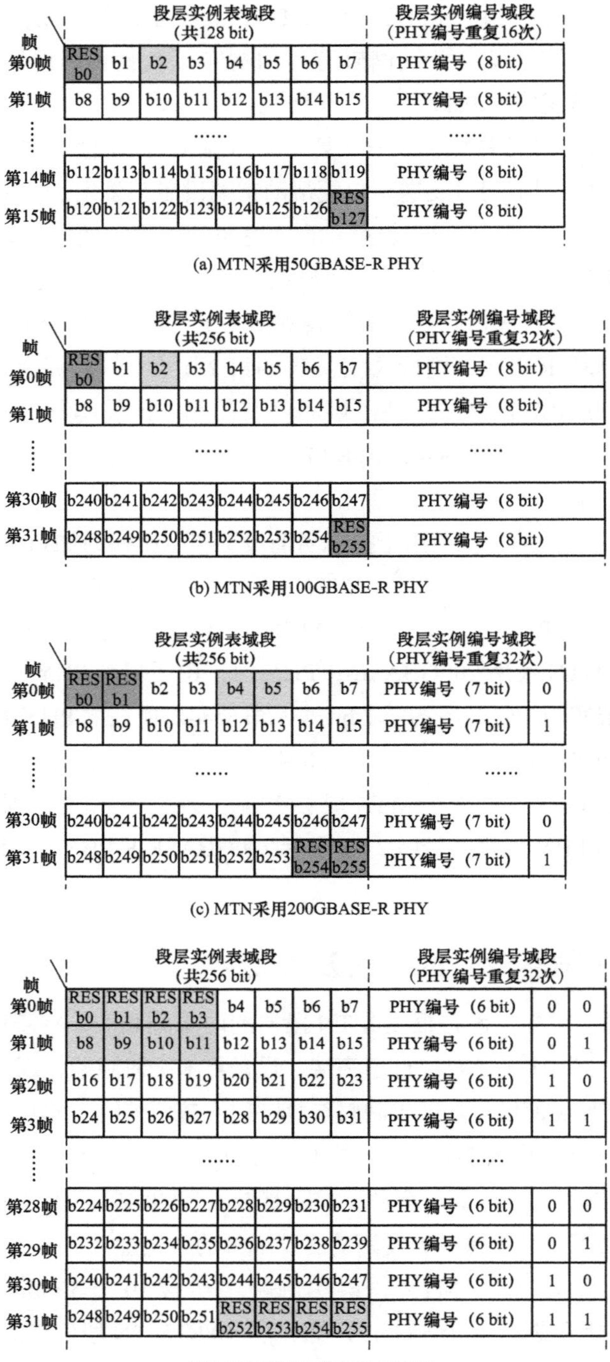

帧	段层实例表域段（共128 bit）								段层实例编号域段（PHY编号重复16次）
第0帧	RES b0	b1	b2	b3	b4	b5	b6	b7	PHY编号（8 bit）
第1帧	b8	b9	b10	b11	b12	b13	b14	b15	PHY编号（8 bit）
⋮	……								……
第14帧	b112	b113	b114	b115	b116	b117	b118	b119	PHY编号（8 bit）
第15帧	b120	b121	b122	b123	b124	b125	b126	RES b127	PHY编号（8 bit）

(a) MTN采用50GBASE-R PHY

帧	段层实例表域段（共256 bit）								段层实例编号域段（PHY编号重复32次）
第0帧	RES b0	b1	b2	b3	b4	b5	b6	b7	PHY编号（8 bit）
第1帧	b8	b9	b10	b11	b12	b13	b14	b15	PHY编号（8 bit）
⋮	……								……
第30帧	b240	b241	b242	b243	b244	b245	b246	b247	PHY编号（8 bit）
第31帧	b248	b249	b250	b251	b252	b253	b254	RES b255	PHY编号（8 bit）

(b) MTN采用100GBASE-R PHY

帧	段层实例表域段（共256 bit）								段层实例编号域段（PHY编号重复32次）	
第0帧	RES b0	RES b1	b2	b3	b4	b5	b6	b7	PHY编号（7 bit）	0
第1帧	b8	b9	b10	b11	b12	b13	b14	b15	PHY编号（7 bit）	1
⋮	……								……	
第30帧	b240	b241	b242	b243	b244	b245	b246	b247	PHY编号（7 bit）	0
第31帧	b248	b249	b250	b251	b252	b253	RES b254	RES b255	PHY编号（7 bit）	1

(c) MTN采用200GBASE-R PHY

帧	段层实例表域段（共256 bit）								段层实例编号域段（PHY编号重复32次）		
第0帧	RES b0	RES b1	RES b2	RES b3	b4	b5	b6	b7	PHY编号（6 bit）	0	0
第1帧	b8	b9	b10	b11	b12	b13	b14	b15	PHY编号（6 bit）	0	1
第2帧	b16	b17	b18	b19	b20	b21	b22	b23	PHY编号（6 bit）	1	0
第3帧	b24	b25	b26	b27	b28	b29	b30	b31	PHY编号（6 bit）	1	1
⋮	……								……		
第28帧	b224	b225	b226	b227	b228	b229	b230	b231	PHY编号（6 bit）	0	0
第29帧	b232	b233	b234	b235	b236	b237	b238	b239	PHY编号（6 bit）	0	1
第30帧	b240	b241	b242	b243	b244	b245	b246	b247	PHY编号（6 bit）	1	0
第31帧	b248	b249	b250	b251	RES b252	RES b253	RES b254	RES b255	PHY编号（6 bit）	1	1

(d) MTN采用400GBASE-R PHY

图 4-3　段层实例表与段层实例编号

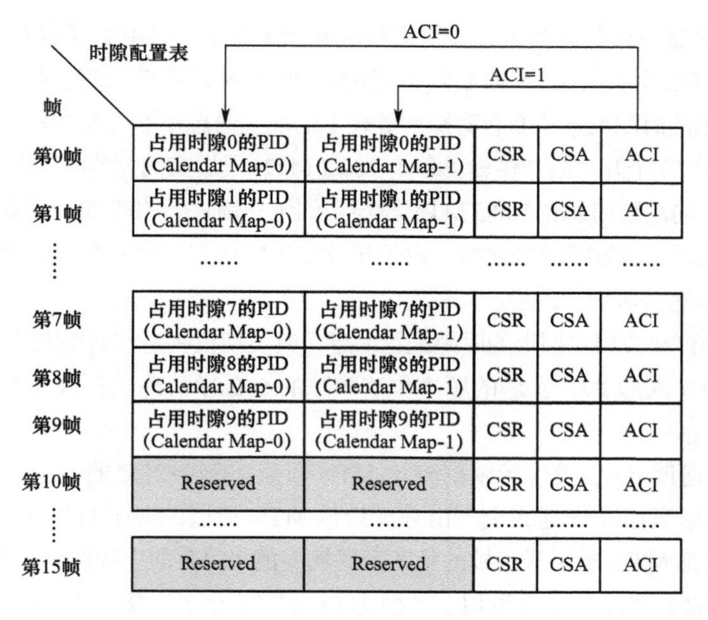

(a) 50G MTN段层实例帧

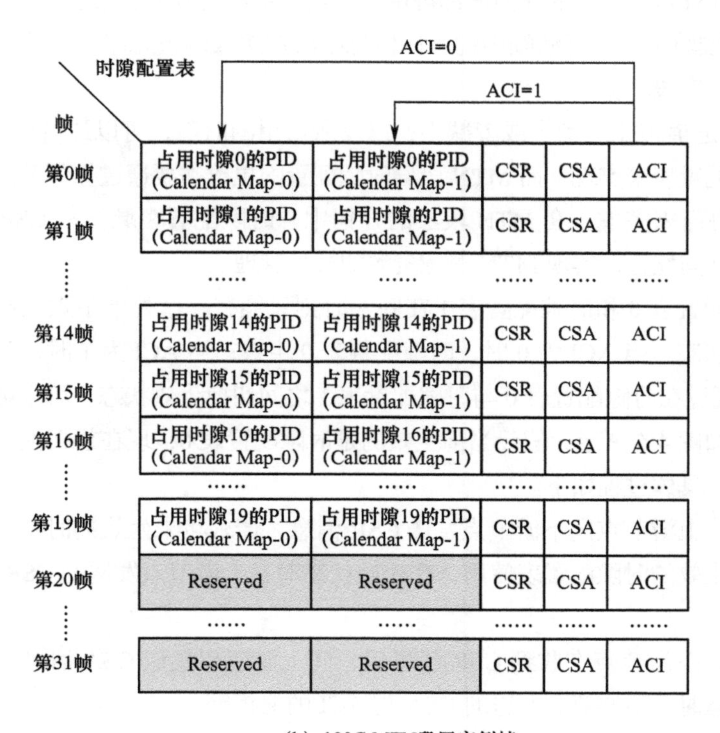

(b) 100G MTN段层实例帧

图 4-4 通道身份信息与时隙配置表

时隙配置表一共有两个，分别用代号 0 和 1 表示。时隙配置表 0 和时隙配置表 1 的内容连续地从 MTN 段层发送端传递到 MTN 段层接收端。每个 50G MTN 段层实例帧的时隙配置表 0 和时隙配置表 1 的配置信息在 50G MTN 段层实例帧开销复帧的前 10 个开销帧中传输。每个 100G MTN 段层实例帧的时隙配置表 0 和时隙配置表 1 的配置信息在 100G MTN 段层实例帧开销复帧的前 20 个开销帧中传输。在 MTN 段层开销复帧同步之前，由于接收端不知道客户信号配置，此时 MTN 接收端忽略所有接收到的信息。

每个 MTN 段层实例上的时隙配置信息，其实现机制是按时隙顺序发送占用该时隙的 MTN 通道 ID，发送的顺序和该时隙的 66B 净荷码块在该 MTN 段层实例中的顺序相同。

MTN 通道 ID 字段指示映射到该 MTN 段层实例中对应的时隙的 MTN 通道 ID。MTN 通道信号带宽的大小由分配给该 MTN 通道的时隙数量决定。MTN 通道 ID 字段由 MTN 段层开销帧的第 3 个码块中的 16 bit 的字段指示。值为 0x0000 表示该时隙未被使用（但可用），值为 0xFFFF（全 1）表示该时隙不可用。除 0x0000 或 0xFFFF 以外的任何值都可用于指定组中特定 MTN 通道 ID 字段。

CRC 校验错误的开销帧中的客户信息字段在接收端被忽略，保持以前接收到的客户信息字段不变。

MTN 通道带宽的增大或者减小，以及所占用的时隙，可以通过更改 MTN 段层的时隙配置表来实现，而 MTN 段层时隙配置的更改需要通过相邻节点之间的请求 / 应答协商来完成。在 MTN 段层的开销中，时隙配置表域段与 CSR、CSA 和 ACI 域段共同配合，实现 MTN 时隙资源的分配管理。

时隙配置表 0 和时隙配置表 1 在同一时刻只能有一个处于生效状态，另一个处于备份状态。当 ACI 为 0 时，时隙配置表 0 生效；当 ACI 为 1 时，时隙配置表 1 生效。通过在时隙配置表 0 与时隙配置表 1 之间切换生效状态，可以更新时隙配置结果。如图 4-5 所示，假设当前生效的是时隙配置表 0，现在想切换为时隙配置表 1 生效，具体过程如下。

首先，上游节点向下游节点发送 CSR 消息，请求将未生效的时隙配置表 1 切换为当前生效的时隙配置表使用。在初始状态时，上游节点发送的 CSR 与 ACI 的值相等。

其次，下游节点在收到 CSR 消息后，向上游节点发送 CSA 消息作为响应。在初始状态时，下游节点发送的 CSA 与 ACI 的值相等。

最后，上游节点在收到 CSA 消息后，在接下来的某一帧，同时改变 3 个 ACI 比特的值，并将时隙配置表 1 的状态切换为生效。

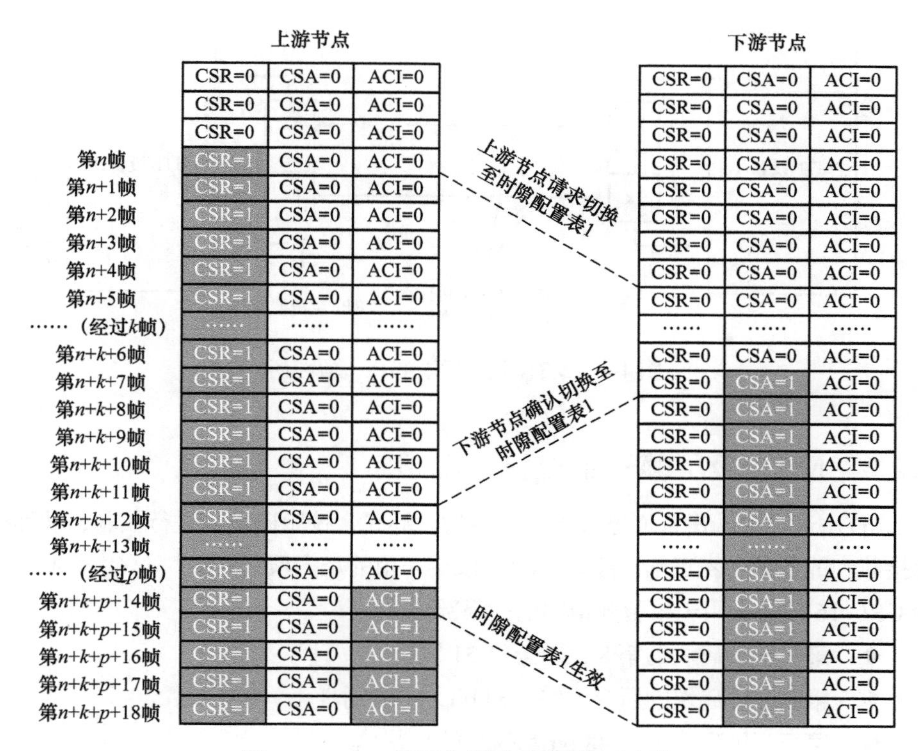

图 4–5 MTN 段层实例帧时隙配置表切换

4.2.5 MTN 段层远端 PHY 故障指示

为了有效检测 MTN 段层的信号质量，MTN 使用段层开销中的 RPF 域段来指示远端 PHY 是否存在故障。RPF 只存在于每个 PHY 中的第一个 MTN 段层实例帧的开销中。如果段层组中的所有 PHY 都处于正常状态，则段层开销中的 RPF 域段值为 0。如果段层组中有一个或者多个 PHY 出现故障，例如 PHY 信号丢失、66B 码块失锁、AM 失锁或者发生其他导致以太网 PHY 接收端 PCS 故障的事件，则宿端设备会在回传给源端设备的段层开销中将 RPF 域段值置为 1，以此通告远端 PHY 故障。

RPF 的具体工作过程如图 4-6 所示。假设 MTN 设备 A 与设备 B 通过 1 个 100GBASE-R PHY 连接，由于 100GBASE-R PHY 为全双工连接，因此，两端的 MTN 设备可以同时发送与接收数据。设备 B 在接收端检测到设备 A 到设备 B 方向上的 PHY 发生了故障，于是在其发送给设备 A 的段层实例帧开销中，将 RPF 域段值置为 1。这样，设备 B 就向设备 A 通告：设备 B 在本地接收端检测到了 PHY 故障。

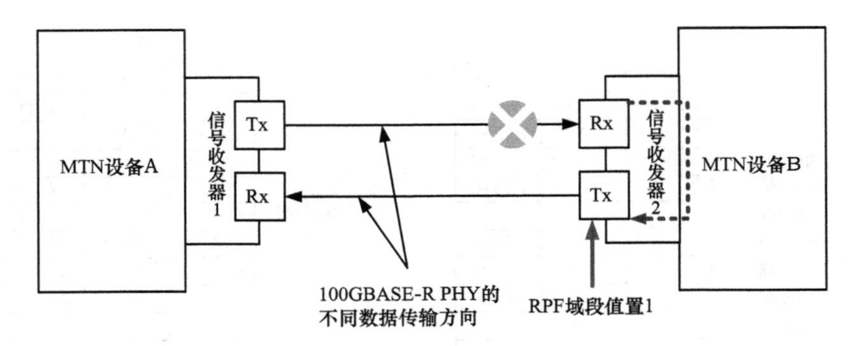

图 4–6 MTN 段层远端 PHY 故障指示

4.2.6 MTN 段层帧开销校验

MTN 通道宿端设备通过段层开销中的循环冗余校验码域段进行校验，从而确保接收到的开销内容正确。目前，MTN 段层采用的是多项式为 $X^{16}+X^{12}+X^{5}+1$ 的 CRC-16 校验，用于校验开销中的如下部分。

- 第一开销码块的第 8 比特至第 31 比特。
- 第二开销码块的所有比特（64 bit，不含同步头）。
- 第三开销码块的前 48 bit（不含同步头）。

CRC-16 的初始校验值为 0，X^{16} 对应 MSB（Most Significant Bit，最高有效位），X^{0} 对应 LSB（Least Significant Bit，最低有效位）。该值由 MTN 段层源端插入开销中，其中对应于 X^{16} 的比特在首先发送的位置，对应于 X^{0} 的比特在最后发送的位置。虽然这与正常的以太网帧中的比特传输顺序相反，但是与以太网帧检验序列的传输顺序一致。MTN 段层宿端在接收到传输的开销之后，对同一组比特进行相同的 CRC-16 计算；然后将得到的值与接收到的校验值进行比较，根据是否匹配来判断当前接收到的开销是否正确。如果匹配，则认为开销传输正确，接受此次接收到的开销中的域段；如果不匹配，则认为开销传输有误，忽略此次接收到的开销中的域段。

需要特别说明的是，由于 ACI 域段在 MTN 段层帧中会传递 3 次，所以 ACI 域段可以通过多数判决的方式来完成正确性验证，不依赖 CRC 校验。因此，即使 CRC 校验值不匹配，开销中的 ACI 域段也需要被接受。

4.2.7 MTN 段层管理通信通道

MTN 段层帧使用第七和第八开销码块作为管理通信通道。管理通信通道主要用于设备之间传递管理和控制信息，从而实现拓扑发现、能力发现、连接验证、设备配置下发、故障管理、性能管理、计费管理、安全管理等功能。按照约定，管理通信通道只在 PHY 上的第一个 MTN 段层实例中承载，对于 200GBASE-R PHY 上的第二个 MTN 段层实例，以及 400GBASE-R PHY 上的第二、三、四个 MTN 段层实例，它们的实例帧第七和第八开销码块传递的是同步头为 01 且净荷为全 0 的数据码块，宿端设备在接收数据时会忽略这些域段。

MTN 设备之间交互的管理信息和控制信息都采用以太网帧封装，它们在装载进入 MTN 段层的管理通信通道之前，需要先经过 66B 编码，具体过程如图 4-7 所示。首先，包含管理信息和控制信息的以太网帧被编码成一串 66B 码块序列，总共 16 个码块；然后，该 66B 码块序列中的每一个 66B 码块逐个、按序放入连续的 MTN 实例帧中第七开销码块与第八开销码块的位置。这样，编码后管理信息和控制信息的第一个 S 码块位于第一行（第一帧）的第七开销码块位置，第二个码块位于第一行的第八开销码块位置，第三个码块位于第二行（第二帧）的第七开销码块位置，第四个码块位于第二行的第八开销码块位置，依此类推。

当不使用管理通道时，它将作为以太网空闲码块传输。空闲码块的格式如图 4-8 所示。管理通道上传送的信息格式是与具体应用相关的。

4.2.8 MTN 段层同步消息通道

MTN 段层帧使用第六开销码块作为同步消息通道，传递 SSM 和 PTP 消息。与 MTN 管理通信通道传递管理和控制信息类似，SSM 和 PTP 消息也需要先经过 66B 编码，然后再通过 MTN 段层的同步消息通道来传输。由于 SSM 和 PTP 消息的处理过程是相同的，下面就以 PTP 消息为例，对同步消息通道的工作方式进行描述。

在源端，设备在发送 PTP 消息时会携带时间戳；同时，宿端设备在接收到 PTP 消息时，也会记录接收到消息的时间戳。这样 MTN 设备就能根据 IEEE 1588 协议，实现消息收发两端的时间同步。为了保证时间同步的精度以及处理流程的对称性，PTP 消息的收发两端需要在消息处理流程中约定好的同一步骤时刻记录时间戳。为此，MTN 段层选取编码后 PTP 消息的第一个 66B 码块（即 S 码块）作为时间戳采集的特征，记录该 S 码块被发送和接收的复帧开始时刻，并将该时刻对应的时间戳作为 PTP 消息的时间戳。

如图 4-9 所示，以源端为例，假设 MTN 段层采用 100GBASE-R PHY，编码后 PTP 消息的第一个 66B 码块（即 S 码块）在 MTN 段层实例帧的第二帧的第六开销码块（即同步消息通道）中发送。该 S 码块所在的 MTN 段层实例帧的复帧帧头，即 MTN 段层实例帧第一帧的第一个开销码块，其对应时刻为 $t1$，PTP 消息就使用 $t1$ 作为其时间戳。

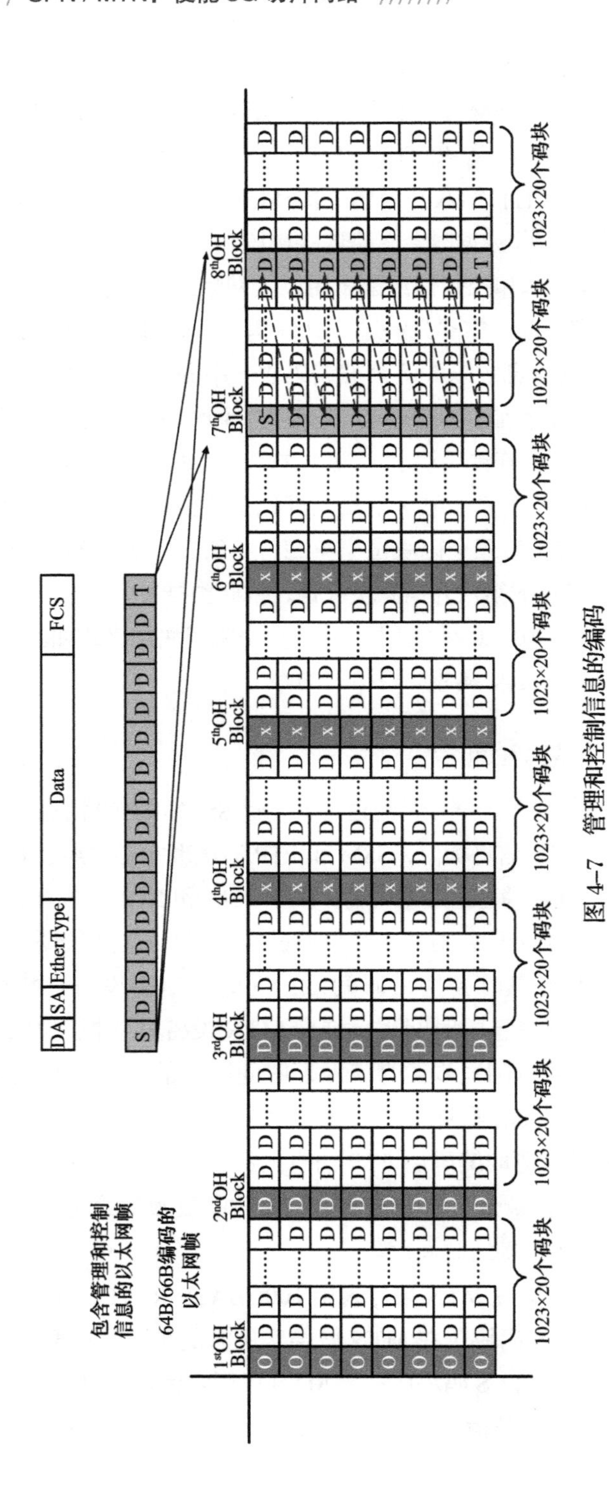

图 4-7　管理和控制信息的编码

SH		0–7	8–15	16–23	24–31	32–39	40–47	48–55	56–63
1	0	Block type = 0x1E	/I/(0x00)	/I/(0x00)	/I/(0x00)	/I/(0x00)	/I/(0x00)	/I/(0x00)	/I/(0x00)

图 4-8　以太网空闲码块的格式

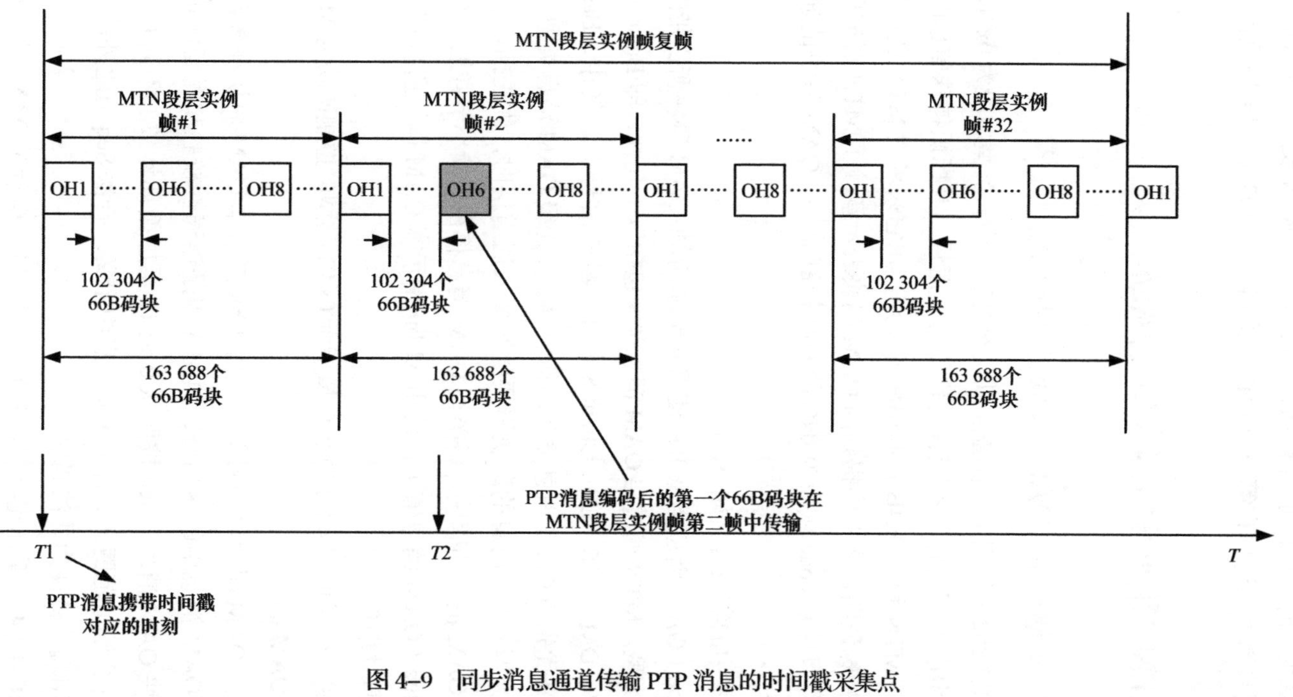

图 4–9　同步消息通道传输 PTP 消息的时间戳采集点

同步消息通道域段的值默认为 1，即默认同步消息通道是开启的。当同步消息通道域段的值为 0 时，表示同步消息通道被关闭。当 MTN 段层组内有多个 PHY 时，MTN 段层同步消息通道只在第一个 PHY 上的第一个 MTN 段层实例帧中承载。

4.3 MTN 通道层开销与 OAM

4.3.1 MTN 通道层 OAM 码块通用格式

根据 IEEE 802.3 的规定，在普通以太网的定义中，类型域段为 0x4B 的控制码块被用来标识以太网链路状态或者特殊信息，而且当其标识特殊信息时，此码块不能被删除。MTN 利用 0x4B 控制码块的特点，用它来承载 MTN 通道层的 OAM 消息。如无特殊说明，本书中提到的 OAM 码块表示承载了 MTN 通道层 OAM 消息的 0x4B 类型且 O code 域段为 0xC 的 66B 控制码块。OAM 码块的通用格式如图 4-10 所示。

上述格式中的字段含义如下。

- Type（OAM 消息类型）：使用 6 bit 指示本 OAM 码块所携带的 OAM 消息类型。MTN 通道层 OAM 消息类型包括以下几种，即 Basic（基本）、CV、DM、APS、CS（Client Signal，客户信号）。其中，Basic 和 APS 为高优先级 OAM 消息类型，其余为低优先级 OAM 消息类型。当包含不同类型 OAM 消息的码块需要同时插入通道层时，优先插入包含高优先级 OAM 消息的码块。各类型 OAM 消息将在后续小节详细介绍。
- Value（OAM 消息值）：使用 32 bit 指示本 OAM 码块所携带 OAM 消息的具体取值。
- C 码：使用固定 4 bit 的 0xC 值指示 0x4B 类型的控制码块为 MTN 通道层的 OAM 码块。
- Seq（OAM 码块序列号）：使用 4 bit 指示本 OAM 码块在多码块组合成的 OAM 消息中的序列号，典型应用是连通性校验和时延测量。对于单码块 OAM 消息，Seq 按照从 0 到 15 累加循环计数。不同 OAM 消息的 Seq 合法值范围在具体 OAM 消息中定义，合法 Seq 值之外的 OAM 码块在宿端将被视为非法码块。
- CRC-4（4 位循环冗余校验码）：使用 4 bit 指示对 OAM 码块第 0 比特到第 59 比特进行校验的结果。CRC-4 算法多项式为 $X^4 + X + 1$，初始值为 0。CRC 结果 [X^3：X^0] 在码块中的位置为 [bit 60：bit 63]。所有 OAM 码块只有在 CRC 校验正确时才有效。

MTN 宿端根据 OAM 码块的特征标识位（同步头、控制码块类型域段以及 O code 域段）提取出 OAM 码块，随后再根据其 CRC 校验结果以及 Type 域段，确定下一步处理流程。

如图 4-10 所示，MTN 通道层 OAM 码块的第 40 比特至第 63 比特可以不为零，并未局限于以太网标准的要求：对于控制码块类型域段为 0x4B 的有序集码块，其第 40 比特至第 63 比特可以全为零（参见 IEEE 802.3 中的图 82-5）。这主要是出于以下几点考虑。

1. IEEE 802.3 的“全零”要求

IEEE 在 2007 年 12 月正式批准了 IEEE 802.3ba 项目，该项目聚焦于 40 Gbit/s 和 100 Gbit/s 的以太网。正是通过 802.3ba 项目，IEEE 802.3 制定了 Clause 82。在 802.3ba 项目的讨论过程中，与会专家认为，即使在 40 Gbit/s 和 100 Gbit/s 的速率条件下，依然可以重用 10GBASE-R 的 66B 编码，从而减小标准化工作量，便于以太网接口速率平滑升级。

另外，随着芯片、逻辑元器件的技术进步，数据处理位宽从 4 Byte 提升到 8 Byte，从而可以支持更高的以太网接口速率。但位宽的升级对重用 10GBASE-R 的 66B 编码的数据对齐带来了影响，出现了两种候选的数据对齐方式[13]。方式一，采用新的 8 Byte 位宽硬件（即芯片、逻辑）做数据 4 Byte 对齐；方式二，做数据 8 Byte 对齐。考虑到方式二能够在硬件上节省大量的逻辑门，特别是在 FPGA（Field Programmable Gate Array，现场可编程门阵列）上，IEEE 802.3ba 项目决定采用 8 Byte 对齐。因此，在 IEEE 802.3 Clause 82.1.2 中，明确地记录了 Clause 82 的内容借鉴了很多 Clause 49 的内容。64B/66B 编码被重用，并进行适当的更改，以支持 Clause 49 中的 8 Byte 对齐，而不是 4 Byte 对齐。

在 66B 编码中，除去 2 bit 的同步头后还剩余 64 bit。这 64 bit 逻辑上可以划分为 8 个通道，每个通道的长度为 8 bit。相较于 4 Byte 对齐，数据 8 Byte 对齐要求所有的报文以及有序集码块只能出现在第一个通道上，而不是像 4 Byte 对齐那样可以出现在第一个通道和第五个通道上。由于有序集码块实际只有 4 路数据的有效值，所以 IEEE 802.3 Clause 81.3.4 中明确指出：故障信号（有序集）的行为与 Clause 46 规定的相同，但有序集对齐到 8 Byte 边界，用 0x00 填充通道 4~ 通道 7。也就是说，有序集码块的第 40 比特至第 63 比特是由外界填充所决定的，只是 IEEE 802.3ba 为了简单处理，直接决定全零填充，但并不限制使用第 40 比特至第 63 比特。

2. 以太网 PCS 不会接触 MTN 通道层 OAM 码块

根据 IEEE 802.3 标准，以太网 PCS 接收方向的 66B 解码模块负责对 66B 码块进行校验，如果接收到的 66B 码块不符合 IEEE 802.3 中图 82-5 的要求，则将该码块用错误码块替换。错误码块格式如图 4-11 所示。

虽然 MTN 通道 OAM 码块的格式与 IEEE 802.3 中图 82-5 规定的 66B 码块格式有 24 bit 的差异（即全零与非全零），但是由 2.1 节可知，MTN 位于 PCS 内，不涉及 PCS 的 66B 编码以及解码。如图 4-12 所示，PE1、P 和 PE2 三个节点构成了一个简单的 MTN，PE1 和 PE2 之间通过一个 MTN 通道相连。MTN 通道层 OAM 的处理流程如下。

首先，客户信号（如以太网帧）在节点 PE1 接入并进入 MTN 通道，客户信号经过 PCS 的 66B 编码模块后成为 66B 码块序列。通过速率适配，将客户信号适配到 $N\times 5$ Gbit/s 的 MTN 通道速率。随后再插入 MTN 通道层 OAM，从而形成 MTN 通道信号。承载了客户信号的 MTN 通道映射进入 N 个 MTN 段层的时隙中，再通过以太网物理层传输到 P 节点。

其次，在 P 节点的接收侧，MTN 通道信号被恢复出来，采用通道交换（具体参见 3.4 节）的方式转发到相应的出口处；在 P 节点的发送侧将 MTN 通道信号映射到 N 个 MTN 段层的时隙中，再通过以太网物理层，将信号传输到 PE2 节点。

最后，PE2 节点将 MTN 通道信号从 MTN 段层中恢复出来后，先将 MTN 通道层 OAM 码块从 66B 序列中提取出来，然后将不包含 MTN 通道层 OAM 的数据传送给 PCS 的 66B 解码模块，以便恢复出以太网帧客户信号。

从这个流程中可以看出，MTN 通道层 OAM 只会在 MTN 中存在，并不会被以太网的 PCS 66B 解码模块感知，也不会影响 PCS 66B 编码模块。而在 MTN 内部，只会在源、宿节点处理 MTN 通道层 OAM，中间节点不会识别、操作、修改 MTN 通道层 OAM。MTN 本身不会判定 MTN 通道层 OAM 码块为异常码块。PCS 的 66B 编码和解码模块既不会接触到 MTN 通道层 OAM 码块，也不会将其替换为错误码块。

3. 以太网底层处理不感知是否“全零”

由图 4-12 可知，MTN 通道层 OAM 在随 MTN 通道数据传输的过程中，除 MTN 的处理外，还会经过 PCS 下层和以太网物理层的处理。当 MTN 采用不同的 PHY 时，其经过的功能模块有差异，具体差异参见 1.4.2 节。总的来说，PCS 的扰码、

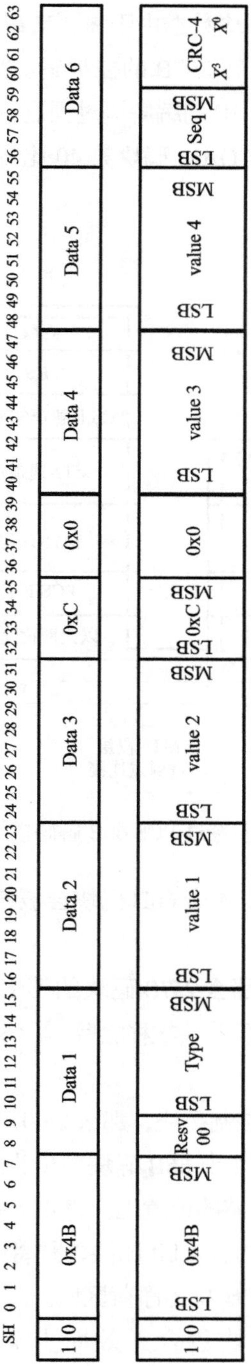

SH	0–7	8–15	16–23	24–31	32–35	36–39	40–47	48–55	56–63
1 0	0x4B	Data 1	Data 2	Data 3	0xC	0x0	Data 4	Data 5	Data 6

SH	0–7	8–9	10–15	16–23	24–31	32–35	36–39	40–47	48–55	56–59	60–63
1 0	LSB 0x4B MSB	Resv 00	LSB Type MSB	LSB value 1 MSB	LSB value 2 MSB	LSB 0xC MSB	0x0	LSB value 3 MSB	LSB value 4 MSB	LSB Seq MSB	CRC-4 X^3 X^0

图 4–10　MTN 通道层 OAM 码块的通用格式

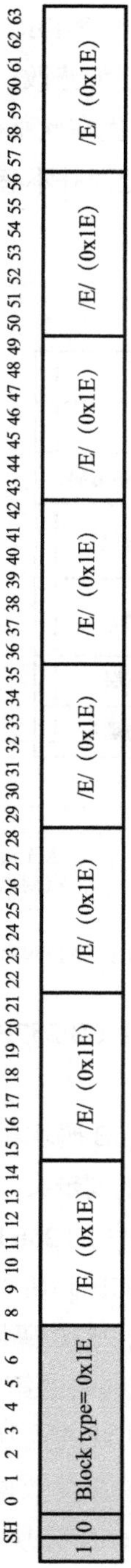

SH	0–7	8–14	15–21	22–28	29–35	36–42	43–49	50–56	57–63
1 0	Block type= 0x1E	/E/（0x1E）	/E/（0x1E）	/E/（0x1E）	/E/（0x1E）	/E/（0x1E）	/E/（0x1E）	/E/（0x1E）	/E/（0x1E）

图 4–11　错误码块格式

AM、PMA、PMD 和 Medium 都不会对 66B 码块数据进行任何修改。只有在 FEC 模块中（如果 PHY 包含 FEC 功能），66B 码块数据由于需要转码为 257B 码块，在转码过程中会被压缩修改。3.2.2 节对 66B 转 257B 的控制码块类型域段的压缩处理进行了分析，这里在此基础上对 66B 到 257B 的编解码过程进行更详细的介绍，并阐述以太网底层处理并不感知 MTN 通道层 OAM 码块第 40 比特至第 63 比特是否为全零。

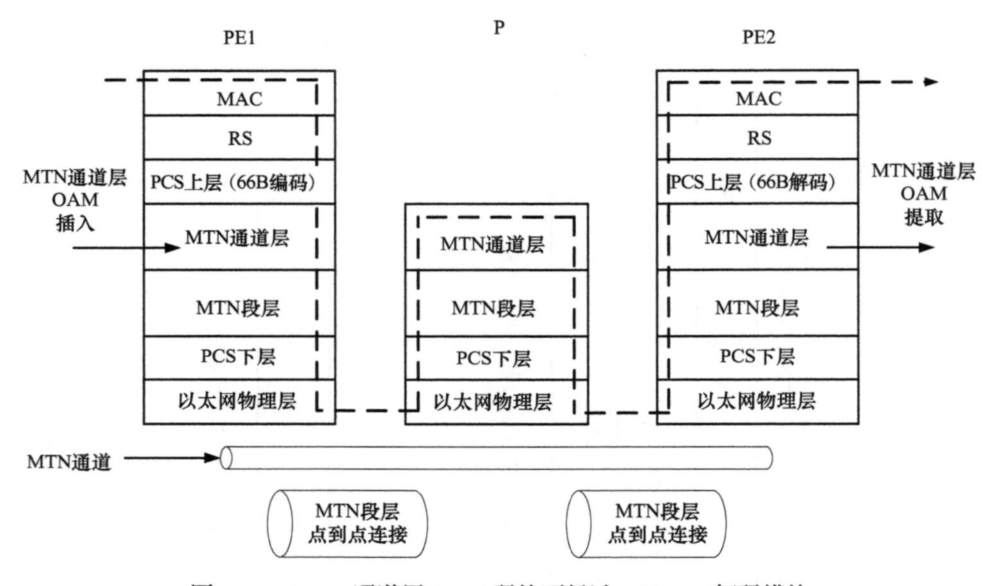

图 4-12　MTN 通道层 OAM 码块不经过 PCS 66B 解码模块

在 64B/66B 到 256B/257B 的编码过程中，4 个 66B 码块会被编码成一个 257B 码块，具体处理如下。

- 如果 4 个 66B 码块都是数据码块，那么 257B 码块的第 1 比特为 1，作为 257B 码块的同步头；4 个 66B 码块的同步头被移除后，4 × 64 bit 净荷依次放入 257B 码块的 256 bit 净荷区域。
- 如果 4 个 66B 码块中至少包含一个控制码块，那么 257B 码块的第 1 比特为 0，作为 257B 码块的同步头；将 4 个 66B 码块同步头的第 2 比特依次填入 257B 码块的第 2 比特到第 5 比特的位置上。将 4 个 66B 码块中的第一个控制码块的控制码块类型域段的后 4 bit 删除，并将删除 4 bit 后的 4 个 66B 码块净荷数据依次放入 257B 码块的净荷区域。
- 如果 4 个 66B 码块中任意一个码块包含无效同步头（即 0b00 或者 0b11），那么 257B 码块的第 1 比特为 0，作为 257B 码块的同步头；将

257B 码块的第 2 比特至第 5 比特全部设置为 1。将第一个 66B 码块的第 7 比特到第 10 比特删除，并将其余的部分填入 257B 码块的净荷区域。

图 4-13 给出了两个 66B 到 257B 编码的例子。从上述编码过程以及图 4-13 的两个例子可以看出，MTN 通道层 OAM 码块的第 40 比特至第 63 比特不受 66B 到 257B 编码的影响。

在 256B/257B 到 64B/66B 的解码过程中，一个 257B 码块会被解码成 4 个 66B 码块，具体处理如下。

- 如果 257B 的第 1 比特是 1，那么 257B 中包含 4 个数据码块。将 257B 的净荷按顺序分割为 4 个 64 bit，随后为每个 64 bit 添加数据码块同步头（0b01）。
- 如果 257B 的第 1 比特是 0，并且 257B 的第 2 比特到第 5 比特全为 1，将 4 个 66B 码块的第 1 个和第 3 个 66B 码块的同步头设置为 0b00，第 2 个和第 3 个 66B 码块的同步头设置为 0b11。
- 如果 257B 的第 1 比特是 0，并且 257B 的第 2 比特到第 5 比特至少有一个为 0，由于第 2 比特到第 5 比特指示 4 个 66B 码块中包含的控制码块的情况，并且编码过程将 4 个 66B 码块中的第一个控制码块的控制码块类型域段后 4 bit 移除，因此在解码时需要做恢复。宿端根据接收到的前 4 bit 以及依照 IEEE 802.3 中图 82-5 的码块格式要求恢复出后 4 bit。如果没有找到匹配项，则将恢复出的控制码块类型域段后 4 bit 都设为 0，相应地，恢复出的控制码块同步头为无效同步头（0b11）。

从上述解码过程可以看出，MTN 通道层 OAM 码块的第 40 比特至第 63 比特不受 257B 到 66B 解码的影响。解码过程中，如果 MTN 通道层 OAM 码块属于 4 个 66B 码块中的第一个控制码块，解码过程中只有其控制码块类型域段需要补齐后 4 bit，其第 40 比特至第 63 比特正常还原；如果 OAM 码块不属于 4 个 66B 码块中的第一个控制码块，则 OAM 码块的所有 64 bit 净荷完全还原，不受影响。

4. 以太网的 AM 码块

以太网本身允许不符合 IEEE 802.3 中图 82-5 的码块格式要求的 66B 码块存在。以太网定义了 AM，用于串行数据向并行数据转换中多个 PCS 数据通道的数据对齐。以 100GBASE-R PHY 为例，AM 的格式如图 4-14 所示。其中，M_4 至 M_6 是对 M_0 至 M_2 的按比特翻转，BIP_7 是对 BIP_3 的按比特翻转。这些翻转的操作可以使 AM 做到直流平衡（DC-balanced）。对于不同的 PCS 数据通道，M_0 至 M_6 的取值不同，具体参见表 4-2。

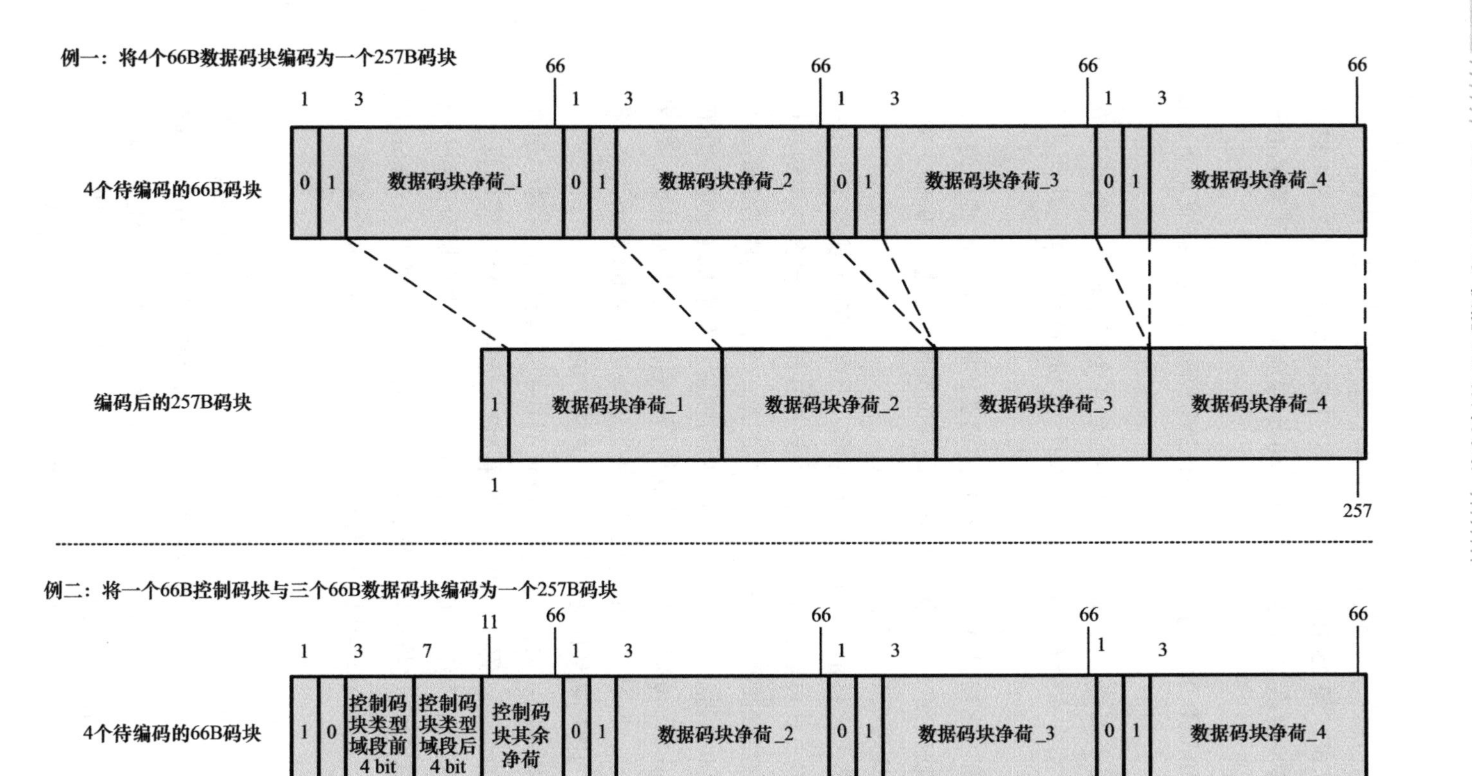

图 4-13　66B 到 257B 编码举例

表 4-2　100GBASE-R PHY AM 码块 M_0 至 M_6 的取值

PCS 数据通道编号	$\{M_0, M_1, M_2, BIP_3, M_4, M_5, M_6, BIP_7\}$ 的取值	PCS 数据通道编号	$\{M_0, M_1, M_2, BIP_3, M_4, M_5, M_6, BIP_7\}$ 的取值
0	0xC1, 0x68, 0x21, BIP_3, 0x3E, 0x97, 0xDE, BIP_7	10	0xFD, 0x6C, 0x99, BIP_3, 0x02, 0x93, 0x66, BIP_7
1	0x9D, 0x71, 0x8E, BIP_3, 0x62, 0x8E, 0x71, BIP_7	11	0xB9, 0x91, 0x55, BIP_3, 0x46, 0x6E, 0xAA, BIP_7
2	0x59, 0x4B, 0xE8, BIP_3, 0xA6, 0xB4, 0x17, BIP_7	12	0x5C, 0x B9, 0xB2, BIP_3, 0xA3, 0x46, 0x4D, BIP_7
3	0x4D, 0x95, 0x7B, BIP_3, 0xB2, 0x6A, 0x84, BIP_7	13	0x1A, 0xF8, 0xBD, BIP_3, 0xE5, 0x07, 0x42, BIP_7
4	0xF5, 0x07, 0x09, BIP_3, 0x0A, 0xF8, 0xF6, BIP_7	14	0x83, 0xC7, 0xCA, BIP_3, 0x7C, 0x38, 0x35, BIP_7
5	0xDD, 0x14, 0xC2, BIP_3, 0x22, 0xEB, 0x3D, BIP_7	15	0x35, 0x36, 0xCD, BIP_3, 0xCA, 0xC9, 0x32, BIP_7
6	0x9A, 0x4A, 0x26, BIP_3, 0x65, 0xB5, 0xD9, BIP_7	16	0xC4, 0x31, 0x4C, BIP_3, 0x3B, 0xCE, 0xB3, BIP_7
7	0x7B, 0x45, 0x66, BIP_3, 0x84, 0xBA, 0x99, BIP_7	17	0xAD, 0xD6, 0xB7, BIP_3, 0x52, 0x29, 0x48, BIP_7
8	0xA0, 0x24, 0x76, BIP_3, 0x5F, 0xDB, 0x89, BIP_7	18	0x5F, 0x66, 0x2A, BIP_3, 0xA0, 0x99, 0xD5, BIP_7
9	0x68, 0xC9, 0xFB, BIP_3, 0x97, 0x36, 0x04, BIP_7	19	0xC0, 0xF0, 0xE5, BIP_3, 0x3F, 0x0F, 0x1A, BIP_7

100GBASE-R PHY 中 AM 中的 BIP_3 域段携带了比特奇偶校验的结果。BIP 字段中的每个比特都是对给定 PCS 通道上指定比特的偶校验，校验区间从上一个 AM 开始（包括上一个 AM），到当前的 AM 结束（不包括当前的 AM）。BIP_3 域段的指定校验位如表 4-3 所示。例如：BIP_3 的第 1 比特包含对来自 16 384 个 66B 码块的 131 072 个比特进行异或（XOR）的结果；BIP_3 的第 4 比特和第 5 比特还包含对来自每个 66B 码块同步头中的一个比特进行异或的结果。所以，BIP_3 的第 4 比特和第 5 比特都包含 147 456 个比特异或的结果。不同的 PHY 类型采用不同的 AM 格式，这里不再一一列举。

表 4-3　BIP_3 域段的指定校验位

BIP_3 的比特序号	分配的 66 bit
1	2, 10, 18, 26, 34, 42, 50, 58
2	3, 11, 19, 27, 35, 43, 51, 59
3	4, 12, 20, 28, 36, 44, 52, 60
4	0, 5, 13, 21, 29, 37, 45, 53, 61
5	1, 6, 14, 22, 30, 38, 46, 54, 62
6	7, 15, 23, 31, 39, 47, 55, 63
7	8, 16, 24, 32, 40, 48, 56, 64
8	9, 17, 25, 33, 41, 49, 57, 65

AM 作为一种不符合 IEEE 802.3 中图 82-5 的码块格式要求的 66B 码块，在以太网底层也能被正常发送和接收，不会对以太网底层造成任何影响。MTN 通道层 OAM 码块重用了有序集码块的控制码块类型域段，与 AM 相比，更加接近 IEEE 802.3 中图 82-5 的码块格式要求。因此，MTN 通道层 OAM 码块也不会对 MTN 底层造成任何影响。

综上所述，MTN 通道层的 OAM 码块可以安全地使用第 40 比特至第 63 比特，不会带来任何负面影响。

4.3.2　MTN 通道层基本 OAM

基本 OAM 消息（Basic OAM）是若干种使用频率较高、占用比特数较小的 OAM 消息集合，具体格式如图 4-15 所示。

Basic OAM 消息主要包括 1 bit 的 RDI（Remote Defect Indication，远端缺陷指示）、1 bit 的 CS_LF（Client Signal Local Fault，客户信号本地故障）指示、1 bit 的 CS_RF（Client Signal Remote Fault，客户信号远端故障）指示、1 bit 的 CS_LPI（Client Signal Low Power Idle，客户信号低功耗空闲）指示、2 bit 的插入周期（Period）指示、8 bit 奇偶校验 BIP 码和 4 bit 的 REI（Remote Error Indication，远端误码指示），接下来分别进行介绍。

1. RDI

当 MTN 通道的宿端设备检测到故障后，设备会在回复给源端的 Basic OAM 中将 RDI 设置为 1；当故障消失后，再将 RDI 恢复为 0。通过这种方式，宿端设

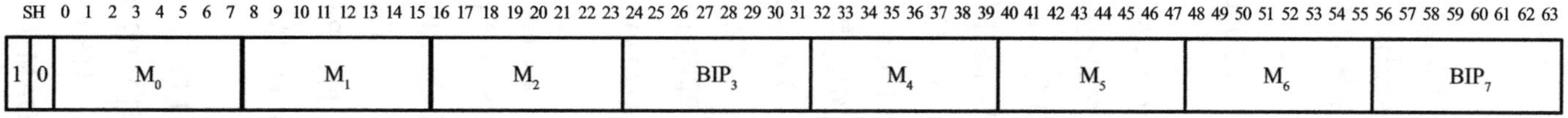

SH	0–7	8–15	16–23	24–31	32–39	40–47	48–55	56–63
1 0	M_0	M_1	M_2	BIP_3	M_4	M_5	M_6	BIP_7

图 4–14　100GBASE-R PHY 的 AM 格式

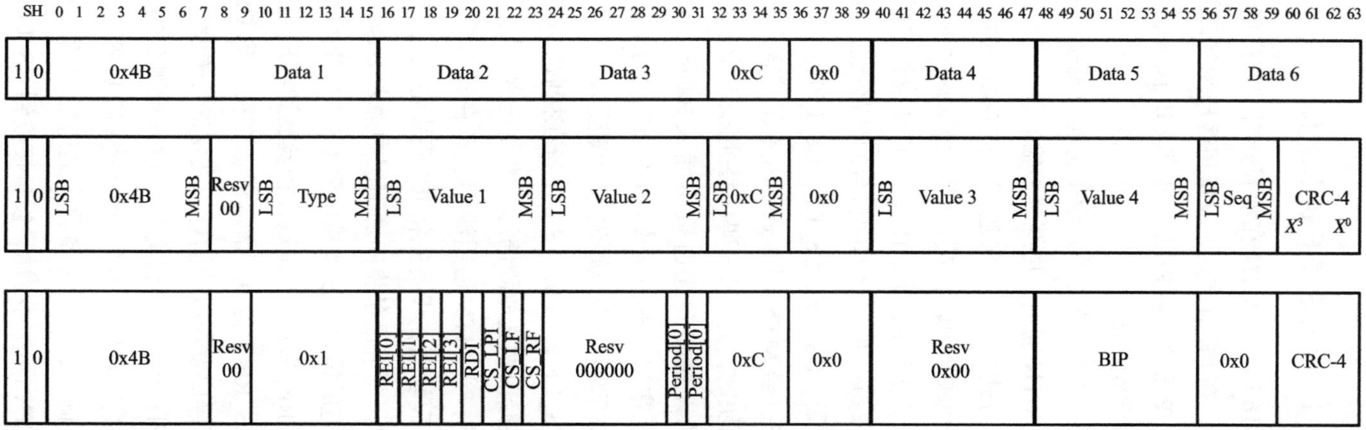

SH	0–7	8–9	10–15	16	17	18	19	20	21	22	23	24–29	30	31	32–35	36–39	40–47	48–55	56–59	60–63
1 0	0x4B	Data 1		Data 2								Data 3			0xC	0x0	Data 4	Data 5	Data 6	
1 0	LSB 0x4B MSB	Resv 00	LSB Type MSB	LSB Value 1 MSB								LSB Value 2 MSB			LSB 0xC MSB	0x0	LSB Value 3 MSB	LSB Value 4 MSB	LSB Seq MSB	CRC-4 X^3 X^0
1 0	0x4B	Resv 00	0x1	REI[0]	REI[1]	REI[2]	REI[3]	RDI	CS_LPI	CS_LF	CS_RF	Resv 000000	Period[0]	Period[0]	0xC	0x0	Resv 0x00	BIP	0x0	CRC-4

图 4–15　Basic OAM 格式

备可以及时将故障信息通告给源端，触发相应的保护机制。

2. CS_LF & CS_RF & CS_LPI

如图 4-16 所示，MTN 在承载分组类客户信号时，有如下两种方式。

方式一：在 PE 节点处，设备将客户侧接口接收到的 66B 码块流先解码恢复成以太网帧或 IP 报文，再将以太网帧或 IP 报文映射至 MTN 通道（具体方法参见 5.2 节），然后继续传输。

方式二：在 PE 节点处，设备将客户侧接口接收到的未经过解码的 66B 码块流直接映射至 MTN 通道，再继续传输。

当采用方式二时，未经过解码的 66B 码块流中会包含以太网链路故障状态码块（包括本地故障和远端故障）以及低功耗空闲码块。这些状态信息码块会对 MTN 的正常数据传输产生影响，因此，MTN 设备需要在网络入端口和出端口将这些码块替换为空闲码块，同时将其中包含的链路状态信息放入 Basic OAM 消息中传递。根据不同的场景，CS_LF、CS_RF、CS_LPI 这三种 Basic OAM 的应用方式如下。

CS_LF：当 MTN 通道源端设备在其客户侧接口检测到 LF（Local Fault，本地故障）码块时，先将 LF 码块替换为空闲码块，再向 MTN 通道宿端发送数据；同时，源端设备将向通道层中插入 Basic OAM 码块，并将 CS_LF 置为 1。在 MTN 通道的宿端，设备接收到 CS_LF 置为 1 的 Basic OAM 后，向其客户侧接口持续发送 LF 码块。当源端设备检测到客户侧接口恢复正常后，再将 Basic OAM 码块中的 CS_LF 置为 0。宿端设备在接收到 CS_LF 置为 0 的 Basic OAM 后，取消向客户侧接口发送故障信息，恢复正常传输数据。

CS_RF：当 MTN 通道源端设备在其客户侧接口检测到 RF（Remote Fault，远端故障）码块时，设备先将 RF 码块替换为空闲码块，再向 MTN 通道宿端发送数据；同时，源端设备将向通道层中插入 Basic OAM 码块，并将 CS_RF 置为 1。在 MTN 通道的宿端，设备接收到 CS_RF 置为 1 的 Basic OAM 后，向其客户侧接口持续发送 RF 码块。当源端设备检测到客户侧接口恢复正常后，再将 Basic OAM 码块中的 CS_RF 置为 0。宿端设备在接收到 CS_RF 置为 0 的 Basic OAM 后，取消向客户侧接口发送故障信息，恢复正常传输数据。

CS_LPI：当 MTN 通道源端设备检测到客户侧链路信号为 LPI（Low Power Idle，低功耗空闲）码块时，设备先将 LPI 替换为空闲码块，再向 MTN 通道宿端发送数据；同时，源端设备将向通道层中插入 Basic OAM 码块，并将 CS_LPI 置为 1。在 MTN 通道的宿端，设备接收到 CS_LPI 置为 1 的 Basic OAM 后，将向客户侧接口持续发送 LPI 码块。当源端设备不再接收到 LPI 码块时，CS_LPI 置为 0。

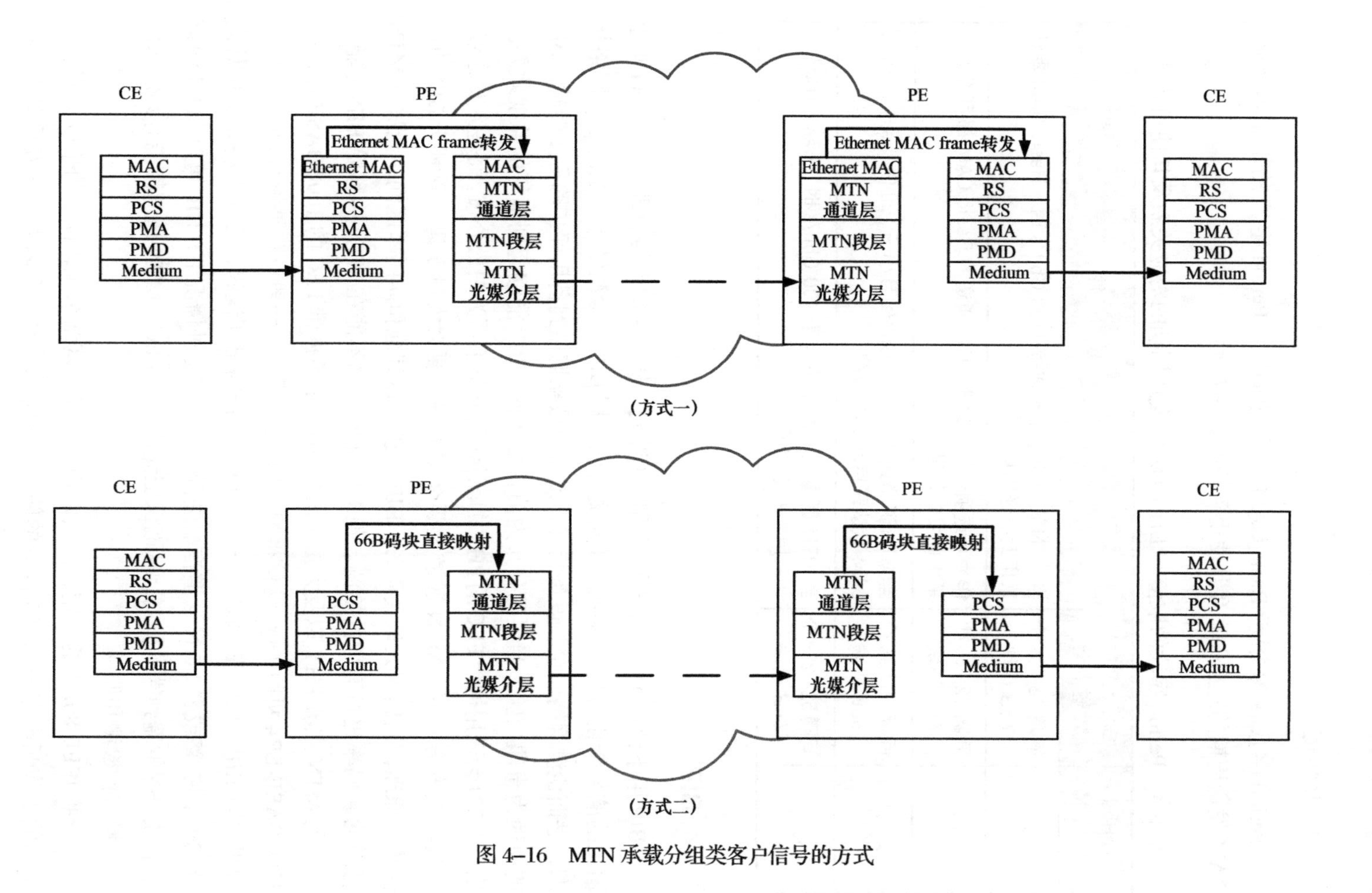

图 4-16 MTN 承载分组类客户信号的方式

3. Period

Period 字段用来指示 Basic OAM 的发送周期。Period 字段的取值与 Basic OAM 发送周期的对应关系及其使用条件如表 4-4 所示。

表 4-4　Period 字段的取值与 Basic OAM 发送周期的对应关系及其使用条件

Period 字段取值	Basic OAM 发送周期	使用条件
0x00	间隔 16 484 个 66B 码块	当 MTN 通道速率小于或等于 20 Gbit/s 时，Basic OAM 默认采用此发送周期
0x01	间隔 32 768 个 66B 码块	作为可选项，所有速率 MTN 通道的 Basic OAM 都可设置为采用此发送周期
0x10	间隔 65 536 个 66B 码块	当 MTN 通道速率大于 20 Gbit/s 且小于 100 Gbit/s 时，Basic OAM 默认采用此发送周期
0x11	间隔 524 288 个 66B 码块	当 MTN 通道速率大于或等于 100 Gbit/s 时，Basic OAM 默认采用此发送周期

4. BIP

BIP 用于评估 MTN 通道的误码监视性能，从而帮助网络管理者了解 MTN 通道上的信号传输质量。网络运维人员可以根据 BIP 的检测结果，及时了解网络状态，进而检测网络连接、设备状态，或者将数据切换到备用保护路径上传输。BIP 的原理为奇偶校验，当误码分布为泊松分布时，BIP 能够起到很好的监视效果。由于 MTN 会采用携带 FEC 的 PHY，此时误码分布不再为泊松分布，而是突发分布。在误码突发分布时，MTN 通道上要么零误码，要么大量误码。受制于 BIP 的奇偶校验原理，当出现大量误码时，BIP 直接到达其饱和误码率区间，无法对 MTN 通道的误码率进行有效的检测。但即使如此，也不能在 MTN 中移除 BIP 功能。当前的 MTN 主流 PHY 以及大量部署的 PHY 是不携带 FEC 的 100GBASE-LR4 和 100GBASE-ER4 两种 PHY。这使得 MTN 通道中至少有一段链路是没有 FEC 的链路。如果没有 BIP，只依靠 FEC，一旦无 FEC 的链路出现误码，管理者将无法从其他带 FEC 的链路或者 MTN 通道宿端进行检测。在这种情况下，BIP 可对 MTN 通道中的数据提供端到端的检测，从而保证无论有无 FEC，MTN 通道都能对其信号传输质量进行检测和监视。

按照 IEEE 802.3 的规定，以太网是一个异步网络系统，任意两个以太网接口之间的工作频率存在 ±100 ppm 的偏差。这意味着对一个以太网转发设备来说，接收数据的速率与发出数据的速率不一致，以太网技术采用增、删空闲码块的方式来解决该问题。当接收数据的速率大于发出数据的速率时，宿端设备需要删除接收数据中的空闲码块，避免宿端设备的缓存队列溢出；反之，源端设备需要在发送数据中插入空闲码块，避免源端设备的缓存队列读空。

由于 MTN 复用了以太网的光模块和物理层协议栈，MTN 通道层信号在中间节点转发时，会出现增、删空闲码块的情况。这样就导致宿端接收到的空闲码块数量及其位置与源端发送的空闲码块数量及其位置不一致。此时，常见的信号质量检测手段就难以发挥作用了。为了解决这个问题，MTN 通道层采用以 Byte 为单位的奇偶校验方法（BIP8）来检测信号质量，从而规避了中间节点进行增、删空闲码块所带来的负面影响。

如图 4-17 所示，MTN 通道层 BIP8 的计算过程如下。

第一步：计算每个码块的 BIP[*x*] 值。将一个码块中第 0 个字节的 8 bit 按位进行异或，得到 BIP[0] 值；将码块中第 1 个字节的 8 bit 按位进行异或，得到 BIP[1] 值……依此类推，最后将码块中第 7 个字节的 8 bit 按位进行异或，得到 BIP[7] 值。

第二步：将所有码块计算出的 BIP[*x*] 值按位进行异或，得到最终的 BIP8 值。

需要说明的是，所有参与 BIP 校验的 66B 码块的同步头，也就是 66B 码块的第 1 比特和第 2 比特，都不参与 BIP 校验。在 MTN 这一层不需要校验 66B 码块同步头，主要原因如下。

- 同步头本身有 2 bit 的汉明距离。0b01 代表数据码块，0b10 代表控制码块，二者之间有 2 bit 的汉明距离，0b00 和 0b11 都为无效值。同步头本身的编码方式已经有较强的检测效果。
- 如果 PHY 本身携带 FEC，则同步头可以被 FEC 保护，不需要依赖 BIP 保护。BIP 的检测区间存在饱和误码率，且工作区间为低误码率环境，检测离散的比特误码，在有 FEC 时可以不依赖 BIP 校验同步头。
- 以太网 PHY 底层有同步头锁定机制，偶发的同步头误码并不会影响码块失锁，也不影响接收过程。当同步头失锁时，以太网 PHY 会产生 Hi_BER（High Bit Error Rate，高比特误码率）告警信号，此时误码率等效于 10^{-3}，已经不属于 BIP 的正常工作区间。
- 对于 100GBASE-R PHY，其 AM 中也携带 BIP_3，其校验范围覆盖了 66B 码块的同步头。

空闲码块的具体格式如图 4-18 所示。由 1.4.2 节可知，前 8 bit 为控制码块类型域段，空闲码块的前 8 bit 为 0x1E，转换为二进制后为 0b00011110，其余比特全为 0。

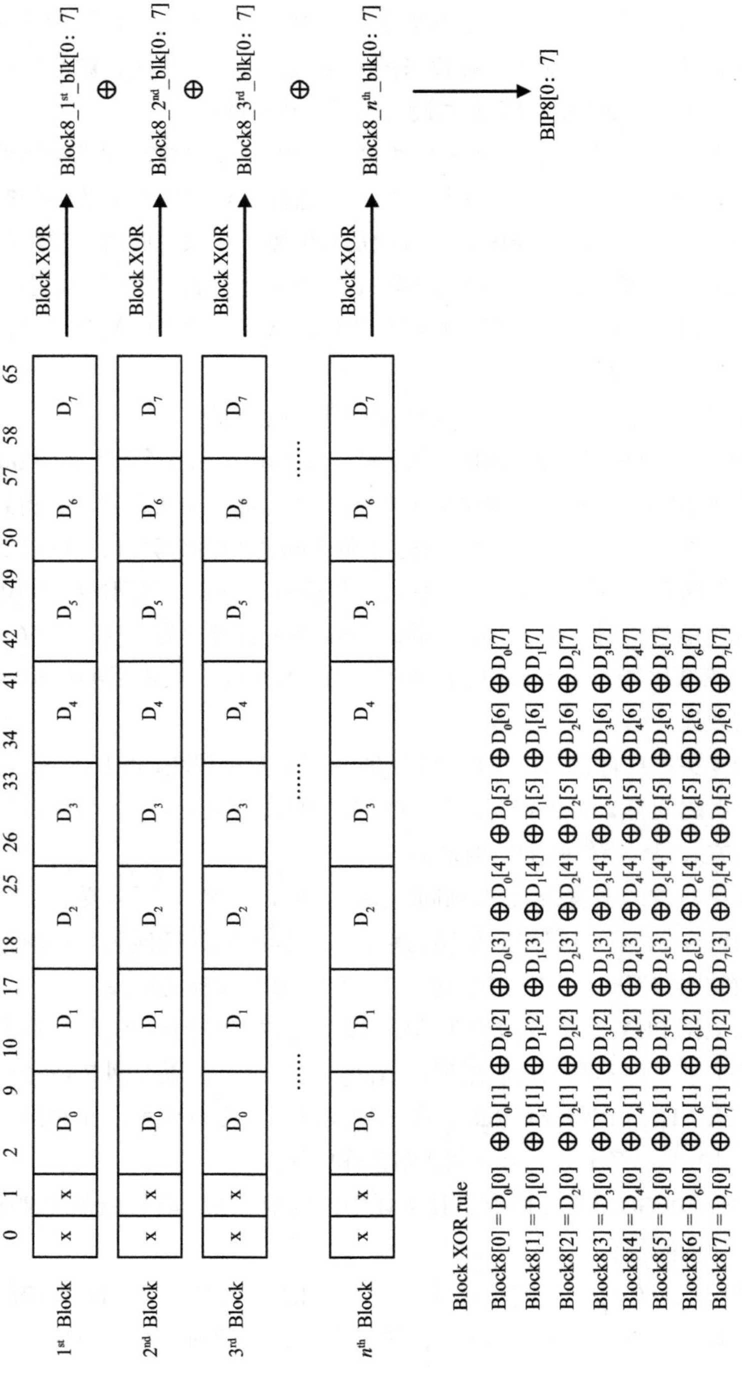

	0	1	2–9	10–17	18–25	26–33	34–41	42–49	50–57	58–65		
1st Block	x	x	D_0	D_1	D_2	D_3	D_4	D_5	D_6	D_7	Block XOR →	Block8_1st_blk[0：7] ⊕
2nd Block	x	x	D_0	D_1	D_2	D_3	D_4	D_5	D_6	D_7	Block XOR →	Block8_2nd_blk[0：7] ⊕
3rd Block	x	x	D_0	D_1	D_2	D_3	D_4	D_5	D_6	D_7	Block XOR →	Block8_3rd_blk[0：7] ⊕
			……			……			……			
nth Block	x	x	D_0	D_1	D_2	D_3	D_4	D_5	D_6	D_7	Block XOR →	Block8_nth_blk[0：7] → BIP8[0：7]

Block XOR rule

$Block8[0] = D_0[0] \oplus D_0[1] \oplus D_0[2] \oplus D_0[3] \oplus D_0[4] \oplus D_0[5] \oplus D_0[6] \oplus D_0[7]$

$Block8[1] = D_1[0] \oplus D_1[1] \oplus D_1[2] \oplus D_1[3] \oplus D_1[4] \oplus D_1[5] \oplus D_1[6] \oplus D_1[7]$

$Block8[2] = D_2[0] \oplus D_2[1] \oplus D_2[2] \oplus D_2[3] \oplus D_2[4] \oplus D_2[5] \oplus D_2[6] \oplus D_2[7]$

$Block8[3] = D_3[0] \oplus D_3[1] \oplus D_3[2] \oplus D_3[3] \oplus D_3[4] \oplus D_3[5] \oplus D_3[6] \oplus D_3[7]$

$Block8[4] = D_4[0] \oplus D_4[1] \oplus D_4[2] \oplus D_4[3] \oplus D_4[4] \oplus D_4[5] \oplus D_4[6] \oplus D_4[7]$

$Block8[5] = D_5[0] \oplus D_5[1] \oplus D_5[2] \oplus D_5[3] \oplus D_5[4] \oplus D_5[5] \oplus D_5[6] \oplus D_5[7]$

$Block8[6] = D_6[0] \oplus D_6[1] \oplus D_6[2] \oplus D_6[3] \oplus D_6[4] \oplus D_6[5] \oplus D_6[6] \oplus D_6[7]$

$Block8[7] = D_7[0] \oplus D_7[1] \oplus D_7[2] \oplus D_7[3] \oplus D_7[4] \oplus D_7[5] \oplus D_7[6] \oplus D_7[7]$

图 4-17　MTN 通道层 BIP8 校验方法

SH	0–7	8–15	16–23	24–31	32–39	40–47	48–55	56–63
1 0	0x1E	0 0 0 0 0 0 0 0	0 0 0 0 0 0 0 0	0 0 0 0 0 0 0 0	0 0 0 0 0 0 0 0	0 0 0 0 0 0 0 0	0 0 0 0 0 0 0 0	0 0 0 0 0 0 0 0
	D_0	D_1	D_2	D_3	D_4	D_5	D_6	D_7

图 4-18 空闲码块格式

◆ 空闲码块的第 1 字节 8 bit（0b00011110）按位异或，即 BIP[0] = $0 \oplus 0 \oplus 0 \oplus 1 \oplus 1 \oplus 1 \oplus 1 \oplus 0 = 0$

◆ 空闲码块的第 2 字节 8 bit（0b00000000）按位异或，即 BIP[1] = $0 \oplus 0 \oplus 0 \oplus 0 \oplus 0 \oplus 0 \oplus 0 \oplus 0 = 0$

◆ 空闲码块的第 3 字节到第 8 字节的 8 bit 按位异或，与第 2 字节 8 bit 按位异或的结果一样。即，BIP[1] = 0，BIP[2] = 0，BIP[3] = 0，BIP[4] = 0，BIP[5] = 0，BIP[6] = 0，BIP[7] = 0

◆ 空闲码块的码块异或结果为 BIP[Idle Block] = [0 0 0 0 0 0 0 0]

由于空闲码块的码块异或结果为全零，无论数据流中增加一个空闲码块或者删除一个空闲码块，0 与任意值异或并不会改变异或操作前的结果，所以增加一个空闲码块或者删除一个空闲码块不会改变其他码块的 BIP 校验结果。因此，图 4-17 适用于 MTN 通道层误码检测。

每次 BIP8 的计算结果会放入下下个携带 BIP 字段的 Basic OAM 码块中，如图 4-19 所示。BIP8 的计算覆盖范围是从上一个 BIP8 信息之后的第一个新码块开始，到本 BIP8 码块结束的所有码块（不包括本 BIP 码块），包括起始码块、数据码块、结束码块、O 码块、空闲码块等。但 Basic OAM 码块不参与 BIP 校验。

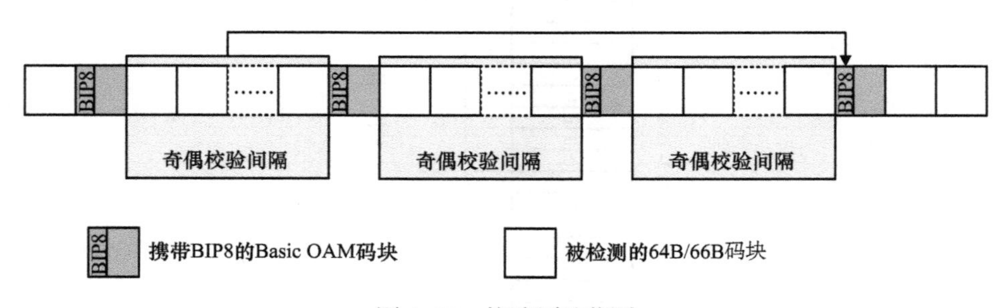

图 4–19　校验覆盖范围

在 MTN 通道的宿端，设备对相同区段的码块进行同样的 BIP8 计算，所获得的计算结果与接收到的 Basic OAM 所携带的 BIP8 值进行比较，如果相同，则认为无误码产生；如果不同，则认为产生误码，并且两个 BIP8 值中不同比特的个数就是此次检测到的误码数量。是否产生误码以及产生误码的数量，直观反映了 MTN 通道的信号质量。由于 BIP 是 Basic OAM 中的一个字段，MTN 通道源端设备发送一个 BIP8 计算结果的周期与 Basic OAM 周期一致。同时，该 BIP 校验覆盖范围也与 BIP 的校验性能直接相关。具体性能评估方法以及性能结果如下[14]。

假设 ActBER 为 MTN 通道层的实际平均误码率，并假设误码呈现随机分布（例如泊松分布）。此时，每个比特的误码率就是 ActBER。假设 N 为校验区间内的总比特数，DetBER 为 BIP 检测到的误码率，校验方式采用奇校验，则 DetBER 可以通过下面的公式计算获得：

$$\text{DetBER} = \frac{\sum_{k=0}^{2k+1\leqslant N} C_N^{2k+1} \times \text{ActBER}^{2k+1} \times (1-\text{ActBER})^{N-2k-1}}{N}$$

上述公式可以被简化如下：

$$\text{DetBER} = \frac{1-(1-2\times\text{ActBER})^N}{2\times N}$$

由于 BIP 的校验区间内总比特数（N）由周期（Period）控制，所以根据 Period 的长度，N 可以有 4 种不同的取值。Period 和 N 的关系如表 4-5 所示。

表 4-5　校验区间内总比特数（N）与 Basic OAM 的发送周期的关系

情况	校验区间内总比特数（N）	Basic OAM 的发送周期
情况 1	1 048 576	间隔 16 484 个 66B 码块
情况 2	2 097 152	间隔 32 768 个 66B 码块
情况 3	4 194 304	间隔 65 536 个 66B 码块
情况 4	33 554 432	间隔 524 288 个 66B 码块

根据简化后的 DetBER 计算公式，可以计算出每一种情况下的 BIP 检测性能，具体如图 4-20 所示。随着 MTN 通道误码率的增大（10^{-10}~10^{-7}），MTN 通道 BIP 所检测出的误码率与实际误码率基本一致。随着误码率的进一步增加，MTN 通道 BIP 所检测的误码率与实际误码率不再呈线性关系，检测出的误码率逐渐呈现饱和状态，此时的误码率被称为饱和误码率。当实际误码率接近或者超过 MTN 通道 BIP 饱和误码率时，BIP 能够检测到的误码率不再有意义，一直停留在饱和误码率值上。MTN 通道 BIP 的饱和误码率与 BIP 校验区间内总比特数相关，假设 MTN 通道 BIP 饱和误码率为 BER_{sat}，则 $\text{BER}_{\text{sat}} = \frac{1}{2\times N}$。具体 MTN 通道 BIP 饱和误码率与校验区间内总比特数及 Basic OAM 的发送周期的关系如表 4-6 所示。

5. REI

当 MTN 通道的宿端设备检测到 BIP 误码后，设备会在回给源端的 Basic OAM 的 REI 字段中携带检测到的误码数量，从而将误码故障通告给源端，触发相应的保护机制。

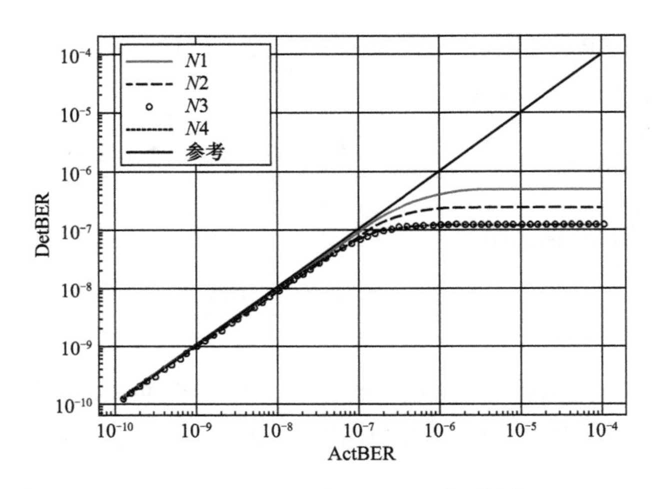

图 4-20　MTN 通道 BIP 误码检测性能

表 4-6　MTN 通道 BIP 饱和误码率与校验区间内总比特数及 Basic OAM 的发送周期的关系

情况	MTN 通道 BIP 饱和误码率	校验区间内总比特数（N）	Basic OAM 的发送周期
情况 1	4.8×10^{-7}	1 048 576	间隔 16 484 个 66B 码块
情况 2	2.4×10^{-7}	2 097 152	间隔 32 768 个 66B 码块
情况 3	1.2×10^{-7}	4 194 304	间隔 65 536 个 66B 码块
情况 4	1.5×10^{-8}	33 554 432	间隔 524 288 个 66B 码块

4.3.3　MTN 通道层连通性校验

CV OAM 由 SAPI（Source Access Point Identifier，源接入点标识）和 DAPI（Destination Access Point Identifier，宿接入点标识）组成。SAPI 和 DAPI 均是 16 Byte 长的字符串，两者的详细格式请参见 ITU-T T.50。

MTN 通道层采用多 OAM 码块的方式来承载 CV OAM 消息，如图 4-21 所示。当 Seq 为 0x0、0x1、0x2、0x3 时，当前 OAM 码块携带的 Value 字段为 SAPI；当 Seq 为 0x4、0x5、0x6、0x7 时，OAM 码块携带的 Value 字段为 DAPI。

在 MTN 通道的源端，设备会周期性地发送 CV OAM 消息；在 MTN 通道的宿端，设备对接收到的 CV OAM 消息进行检测，进而验证 MTN 通道是否存在错误连接故障。如果宿端设备接收到的 CV OAM 消息与预期的 CV OAM 消息不一致，则认为产生了错误连接故障。CV OAM 消息发送的周期默认为 10 s，可根据需要调整为 1 s 或 60 s。

SH		0 1 2 3 4 5 6 7	8 9	10 11 12 13 14 15	16 17 18 19 20 21 22 23	24 25 26 27 28 29 30 31	32 33 34 35	36 37 38 39	40 41 42 43 44 45 46 47	48 49 50 51 52 53 54 55	56 57 58 59	60 61 62 63
1	0	0x4B	Data 1		Data 2	Data 3	0xC	0x0	Data 4	Data 5	Data 6	
1	0	LSB 0x4B MSB	Resv 00	LSB Type MSB	LSB Value 1 MSB	LSB Value 2 MSB	LSB 0xC MSB	0x0	LSB Value 3 MSB	LSB Value 4 MSB	LSB Seq MSB	CRC-4 X^3 X^0
1	0	0x4B	Resv 00	0x11	SAPI [B0]	SAPI [B1]	0xC	0x0	SAPI [B2]	SAPI [B3]	0x0	CRC-4
1	0	0x4B	Resv 00	0x11	SAPI [B4]	SAPI [B5]	0xC	0x0	SAPI [B6]	SAPI [B7]	0x1	CRC-4
1	0	0x4B	Resv 00	0x11	SAPI [B8]	SAPI [B9]	0xC	0x0	SAPI [B10]	SAPI [B11]	0x2	CRC-4
1	0	0x4B	Resv 00	0x11	SAPI [B12]	SAPI [B13]	0xC	0x0	SAPI [B14]	SAPI [B15]	0x3	CRC-4
1	0	0x4B	Resv 00	0x11	DAPI [B0]	DAPI [B1]	0xC	0x0	DAPI [B2]	DAPI [B3]	0x4	CRC-4
1	0	0x4B	Resv 00	0x11	DAPI [B4]	DAPI [B5]	0xC	0x0	DAPI [B6]	DAPI [B7]	0x5	CRC-4
1	0	0x4B	Resv 00	0x11	DAPI [B8]	DAPI [B9]	0xC	0x0	DAPI [B10]	DAPI [B11]	0x6	CRC-4
1	0	0x4B	Resv 00	0x11	DAPI [B12]	DAPI [B13]	0xC	0x0	DAPI [B14]	DAPI [B15]	0x7	CRC-4

图 4–21 CV OAM 消息格式

4.3.4 MTN 通道层时延测量

MTN 通道层通过 DM OAM 为网络运维人员提供了一个及时了解 MTN 通道时延的途径。MTN 通道的时延测量功能分为单向时延测量和双向时延测量两种模式，可以按需使能。其中，前者通过 1DM（One-way Delay Measurement，单向时延测量）OAM 消息实现，后者通过 2DMM（Two-way Delay Measurement，双向时延测量）OAM 和 2DMR（Two-way Delay Measurement Response，双向时延测量应答）OAM 消息配合实现。

1. 1DM OAM

1DM OAM 消息采用多 OAM 码块的方式来承载。如图 4-22 所示，当 Seq 为 0x0 时，当前 OAM 码块携带的 Value 字段表示时间戳的低 4 Byte；当 Seq 为 0x1 时，当前 OAM 码块携带的 Value 字段表示时间戳的高 4 Byte。

在 MTN 通道的源端，设备将本地时间戳写入 1DM OAM 消息中，作为 1DM OAM 的发送时间戳。这一本地时间戳记录的是发送第一个 1DM OAM 码块的时间。在 MTN 通道的宿端，设备接收到 1DM OAM 消息的第一个码块后（此时 Seq 为 0x0），记录本地时间戳作为 1DM OAM 的接收时间戳。宿端设备在接收到完整的发送时间戳之后，计算 1DM OAM 消息的接收时间戳与发送时间戳的差值，从而得到单向时延值。

MTN 通道层的单向时延测量功能支持按需开启或关闭，默认测量周期为 10 s，可根据需要调整为 1 s 或 60 s。

2. 2DMM OAM

2DMM OAM 消息也采用多 OAM 码块的方式来承载。如图 4-23 所示，当 Seq 为 0x0，当前 OAM 码块携带的 Value 字段表示时间戳的低 4 Byte；当 Seq 为 0x1 时，当前 OAM 码块携带的 Value 字段表示时间戳的高 4 Byte。

在 MTN 通道的源端，设备将本地时间戳写入 2DMM OAM 消息中，作为 2DMM OAM 的发送时间戳。这一本地时间戳记录的是发送第一个 2DMM OAM 码块的时间。

3. 2DMR OAM

2DMR OAM 消息同样采用多 OAM 码块的方式来承载。2DMR OAM 消息格式如图 4-24 所示，下面详细描述。

SH	0–7	8–9	10–15	16–23	24–31	32–35	36–39	40–47	48–55	56–59	60–63
1 0	0x4B	Data 1		Data 2	Data 3	0xC	0x0	Data 4	Data 5	Data 6	
1 0	LSB 0x4B MSB	Resv 00	LSB Type MSB	LSB Value 1 MSB	LSB Value 2 MSB	LSB 0xC MSB	0x0	LSB Value 3 MSB	LSB Value 4 MSB	LSB Seq MSB	CRC-4 X^3 X^0
1 0	0x4B	Resv 00	0x12	Tx-f -TS [B0]	Tx-f-TS [B1]	0xC	0x0	Tx-f-TS [B2]	Tx-f-TS [B3]	0x0	CRC-4
1 0	0x4B	Resv 00	0x12	Tx-f -TS [B4]	Tx-f-TS [B5]	0xC	0x0	Tx-f-TS [B6]	Tx-f-TS [B7]	0x1	CRC-4

图 4–22　1DM OAM 消息格式

SH	0–7	8–9	10–15	16–23	24–31	32–35	36–39	40–47	48–55	56–59	60–63
1 0	0x4B	Data 1		Data 2	Data 3	0xC	0x0	Data 4	Data 5	Data 6	
1 0	LSB 0x4B MSB	Resv 00	LSB Type MSB	LSB Value 1 MSB	LSB Value 2 MSB	LSB 0xC MSB	0x0	LSB Value 3 MSB	LSB Value 4 MSB	LSB Seq MSB	CRC-4 X^3 X^0
1 0	0x4B	Resv 00	0x13	Tx-f-TS [B0]	Tx-f-TS [B1]	0xC	0x0	Tx-f-TS [B2]	Tx-f-TS [B3]	0x0	CRC-4
1 0	0x4B	Resv 00	0x13	Tx-f-TS [B4]	Tx-f-TS [B5]	0xC	0x0	Tx-f-TS [B6]	Tx-f-TS [B7]	0x1	CRC-4

图 4–23　2DMM OAM 消息格式

SH		0 1 2 3 4 5 6 7	8 9	10 11 12 13 14 15	16 17 18 19 20 21 22 23	24 25 26 27 28 29 30 31	32 33 34 35	36 37 38 39	40 41 42 43 44 45 46 47	48 49 50 51 52 53 54 55	56 57 58 59	60 61 62 63
1	0	0x4B	Data 1		Data 2	Data 3	0xC	0x0	Data 4	Data 5	Data 6	
1	0	LSB 0x4B MSB	Resv 00	LSB Type MSB	LSB Value 1 MSB	LSB Value 2 MSB	LSB 0xC MSB	0x0	LSB Value 3 MSB	LSB Value 4 MSB	LSB Seq MSB	CRC-4 X^3 X^0
1	0	0x4B	Resv 00	0x14	Tx-f-TS [B0]	Tx-f-TS [B1]	0xC	0x0	Tx-f-TS [B2]	Tx-f-TS [B3]	0x0	CRC-4
1	0	0x4B	Resv 00	0x14	Tx-f-TS [B4]	Tx-f-TS [B5]	0xC	0x0	Tx-f-TS [B6]	Tx-f-TS [B7]	0x1	CRC-4
1	0	0x4B	Resv 00	0x14	Rx-b-TS [B0]	Rx-b-TS [B1]	0xC	0x0	Rx-b-TS [B2]	Rx-b-TS [B3]	0x2	CRC-4
1	0	0x4B	Resv 00	0x14	Rx-b-TS [B4]	Rx-b-TS [B5]	0xC	0x0	Rx-b-TS [B6]	Rx-b-TS [B7]	0x3	CRC-4
1	0	0x4B	Resv 00	0x14	Tx-b-TS [B0]	Tx-b-TS [B1]	0xC	0x0	Tx-b-TS [B2]	Tx-b-TS [B3]	0x4	CRC-4
1	0	0x4B	Resv 00	0x14	Tx-b-TS [B4]	Tx-b-TS [B5]	0xC	0x0	Tx-b-TS [B6]	Tx-b-TS [B7]	0x5	CRC-4

图 4-24　2DMR OAM 消息格式

- 当 Seq 为 0x0 时，当前 OAM 码块携带的 Value 字段表示前向发送时间戳的低 4 Byte；当 Seq 为 0x1 时，当前 OAM 码块携带的 Value 字段表示前向发送时间戳的高 4 Byte。所谓前向发送时间戳，是指宿端接收到的 2DMM OAM 码块所携带的发送时间戳。
- 当 Seq 为 0x2 时，当前 OAM 码块携带的 Value 字段表示后向接收时间戳的低 4 Byte；当 Seq 为 0x3 时，当前 OAM 码块携带的 Value 字段表示后向接收时间戳的高 4 Byte。所谓后向接收时间戳，是指宿端接收到第一个 2DMM OAM 码块时的本地时间戳。
- 当 Seq 为 0x4 时，当前 OAM 码块携带的 Value 字段表示后向发送时间戳的低 4 Byte；当 Seq 为 0x5，当前 OAM 码块携带的 Value 字段表示后向发送时间戳的高 4 Byte。所谓后向发送时间戳，是指宿端向源端发出第一个 2DMR OAM 码块时的本地时间戳。

如图 4-25 所示，MTN 通道层的双向时延测量功能需要 2DMM OAM 与 2DMR OAM 配合实现，下面介绍具体过程。

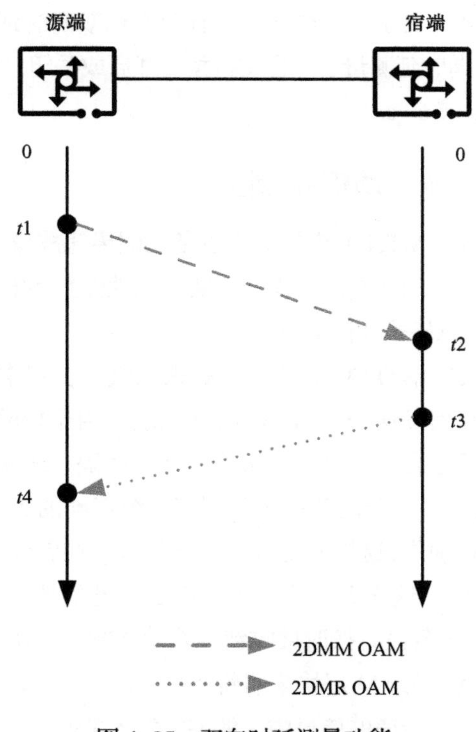

图 4-25　双向时延测量功能

首先，源端向宿端发送 2DMM OAM 消息，源端设备将发出第一个 2DMM OAM 码块的本地时间作为发送时间戳（t1），并写入 2DMM OAM 消息中。

其次，宿端设备在接收到 2DMM OAM 消息后，先将 2DMM OAM 消息中携带的发送时间戳（t1）复制到 2DMR OAM 消息的前向发送时间戳中；接下来，将接收到第一个 2DMM OAM 码块的本地时间（t2）作为后向接收时间戳写入 2DMR OAM 消息中；然后，把向源端发出第一个 2DMR OAM 码块的本地时间（t3）作为后向发送时间戳写入 2DMR OAM 消息中。

接着，宿端向源端发送 2DMR OAM 消息。

然后，源端在接收到 2DMR OAM 消息之后，将接收到第一个 2DMR OAM 码块的本地时间（$t4$）作为 2DMR OAM 的接收时间戳；同时，从接收到的 2DMR OAM 码块中提取如下信息：

$t1$ = 前向发送时间戳

$t2$ = 后向接收时间戳

$t3$ = 后向发送时间戳

最后，按公式（$t4 - t1$）-（$t3 - t2$）计算得到双向时延。

MTN 通道层的双向时延测量功能也支持按需开启或关闭，默认测量周期为 10 s，可根据需要调整为 1 s 或 60 s。

4.3.5 MTN 通道层自动保护倒换

APS OAM 主要用于 MTN 通道的端点设备之间传递故障条件和保护倒换状态等信息，以便协调各设备的保护倒换操作，实现线性保护功能，提高 MTN 的网络可靠性。APS OAM 消息格式如图 4-26 所示。

APS OAM 消息采用单 OAM 码块的方式来承载。在正常情况下，MTN 通道的两端设备每隔 1 s 互相发送一个 APS OAM 码块，用于校验 APS 状态。当一端设备检测到故障后，设备会立刻以 65 536 个码块为间隔，连续插入 3 个 APS OAM 码块，发送给对端设备。对端设备在接收到第 1 个正确的 APS OAM 码块后，就会触发相应的保护倒换动作，这样即使有一个或者两个 APS OAM 码块丢失或损坏，也能保证快速保护倒换。这之后，检测到故障的设备仍然以 1 s 为间隔发送 APS OAM 码块。如果端点设备没有按时接收到有效的 APS OAM 码块，则设备依据最近一次接收到的有效 APS OAM 码块来刷新 APS 状态。

在 APS OAM 码块所传递的信息中，能够触发 MTN 设备进行保护倒换的包括以下几类。

- 外部命令：Clear（清除）、LoP（Lockout of Protection，保护锁定）、FS（Forced Switching，强制倒换）、MS（Manual Switching，人工倒换）、EXER（练习）。
- 物理检测和 OAM 请求：SF（Signal Fail，信号失效）、SD（Signal Degrade，信号劣化）。
- 保护状态：WTR（Wait To Restore，等待恢复）、RR（Reverse Request，反向请求）、DNR（Do Not Revert，非返回）、NR（No Request，无请求）。

4.3.6　MTN 通道层客户信号类型

当 MTN 通道的端点设备发现本地发送方向与接收方向的业务类型不一致时，设备需要上报客户业务不匹配告警，提醒网络运维人员及时关注和处理。因此，当感知到客户信号类型发生变化时，MTN 设备需立即发送客户信号类型 OAM（CS OAM）消息，通知其他设备。之后，感知到变化的设备维持周期性发送 CS OAM 消息，默认周期为 10 s，可根据需要调整为 1 s 或 60 s。CS OAM 消息采用单 OAM 码块的方式承载，其格式如图 4-27 所示。

在 CS OAM 码块中，CS_Type 域段承载有效信息，其高 4 bit 保留（固定为 0b0000），低 4 bit 取值含义如下。

- 0b0000：表示 MTN 通道未承载任何客户信号。
- 0b0001：表示 MTN 通道承载以太网业务。
- 0b0010：表示 MTN 通道承载 SDH 业务。
- 0b0011：表示 MTN 通道承载 Fiber Channel 业务。
- 0b0100：表示 MTN 通道承载 CPRI 业务。

4.3.7　MTN 通道层三字节 OAM

在上文介绍的 MTN 通道层通用 OAM 之外，还有一种额外的通道层 OAM，其通用格式如图 4-28 所示。由于每个 OAM 码块中最多只有 3 Byte 可以使用，所以该 OAM 格式被称为三字节 OAM。它同样采用 0x4B 与 0xC 作为其码块标识，只是后 28 bit 设置为全零。三字节 OAM 的插入、提取的方式与 3.3.2 节中描述的一致；同时，其包含的 OAM 功能与 4.3.1 节中描述的一致，使用方法也相同。

由于三字节 OAM 的每个 OAM 码块上最多只有 3 Byte 的比特域可以使用，与 4.3.1 节所描述的 OAM 格式相比，其带宽效率较低。基于上述考虑，本书不再对三字节 OAM 做更多介绍。

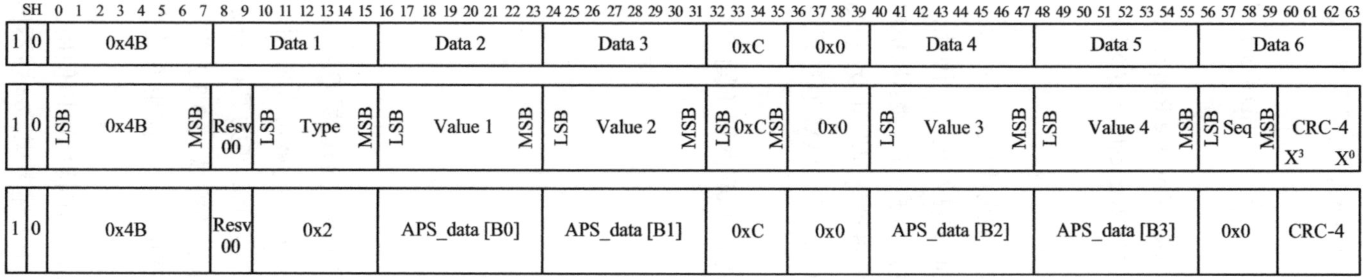

SH	0–7	8–9	10–15	16–23	24–31	32–35	36–39	40–47	48–55	56–59	60–63
1 0	0x4B	Data 1		Data 2	Data 3	0xC	0x0	Data 4	Data 5	Data 6	
1 0	LSB 0x4B MSB	Resv 00	LSB Type MSB	LSB Value 1 MSB	LSB Value 2 MSB	LSB 0xC MSB	0x0	LSB Value 3 MSB	LSB Value 4 MSB	LSB Seq MSB	CRC-4 X^3 X^0
1 0	0x4B	Resv 00	0x2	APS_data [B0]	APS_data [B1]	0xC	0x0	APS_data [B2]	APS_data [B3]	0x0	CRC-4

图 4–26　APS OAM 消息格式

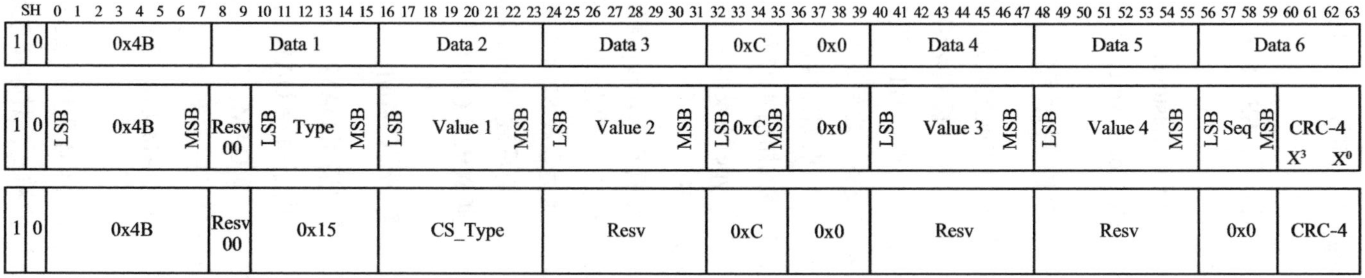

SH	0–7	8–9	10–15	16–23	24–31	32–35	36–39	40–47	48–55	56–59	60–63
1 0	0x4B	Data 1		Data 2	Data 3	0xC	0x0	Data 4	Data 5	Data 6	
1 0	LSB 0x4B MSB	Resv 00	LSB Type MSB	LSB Value 1 MSB	LSB Value 2 MSB	LSB 0xC MSB	0x0	LSB Value 3 MSB	LSB Value 4 MSB	LSB Seq MSB	CRC-4 X^3 X^0
1 0	0x4B	Resv 00	0x15	CS_Type	Resv	0xC	0x0	Resv	Resv	0x0	CRC-4

图 4–27　CS OAM 消息格式

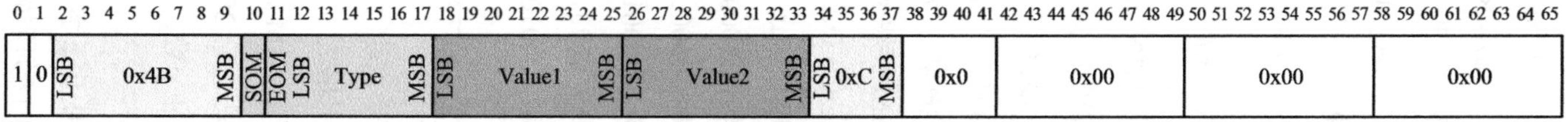

0–1	2–9	10	11–17	18–25	26–33	34–37	38–41	42–49	50–57	58–65
1 0	LSB 0x4B MSB	SOM	EOM LSB Type MSB	LSB Value1 MSB	LSB Value2 MSB	LSB 0xC MSB	0x0	0x00	0x00	0x00

图 4–28　三字节 OAM 的通用格式

第 5 章 MTN 的业务映射

5G 承载网天然可以做一张综合承载网，承载不同类型的业务。不同类型业务的数据格式与 MTN 中数据传递的格式并不相同。因此，需要在网络边缘节点将客户信号适配为符合网络要求的数据格式，便于网络传递数据信号。这种客户信号的数据格式适配过程就是业务映射，而将客户信号恢复的逆过程就是业务解映射。MTN 业务映射遵循简单、高效原则，基于 MTN 兼容重用以太网物理层协议栈的特点，针对分组客户信号的业务映射重用以太网 66B 编码规则，使得 MTN 在 5G 承载网业务分组化、客户设备 IP 化的趋势下，具有明显的优势。本章将介绍 MTN 的业务映射机制，包括客户信号的分类方法，以及不同类别客户信号的映射方法。

5.1 MTN 客户信号分类

MTN 为客户信号提供了一条端到端的硬管道，满足不同类型客户信号的硬隔离要求。这条硬管道可以承载不同类型的业务。客户信号按照封装信息的差别，分为如下两类。

- 以太网类客户信号：是指具备以太网帧封装信息的客户信号，其封装的关键信息包括源 MAC 地址、目的 MAC 地址、以太网类型、FCS 等。一般 IP、MPLS 报文等分组化的客户信号，都属于以太网类客户信号。
- 非以太网类客户信号：是指不具备以太网帧封装信息，采用其他方式表示数据的起始和结束的客户信号。例如 SDH、CPRI、SDI（Serial Digital Interface，串口数字接口）等客户信号，这类客户信号一般都有固定的

TDM 帧格式，有帧头、固定帧长等。

此外，客户信号还可以按照是否具有固定速率分为两类：CBR 客户信号和 VBR（Variable Bit Rate，可变比特率）客户信号。

以上两种 MTN 的客户信号分类方式可能存在交叉。对于一个以太网类客户信号，如果其速率为固定速率，或者该以太网类客户信号要求网络为其提供固定速率的服务，例如，某些政企专线场景中，客户要求运营商网络提供一条固定速率的专线带宽服务，那么这种客户信号就同时具有以太网类和 CBR 的属性。一般情况下，非以太网类客户信号默认都具有固定速率。

为了方便描述，本章后续小节只按照以太网类客户信号和非以太网类客户信号的分类方式，对 MTN 的业务映射进行介绍。

5.2　以太网类客户信号映射

当 MTN 承载以太网类客户信号时，MTN 入口节点将一串以太网帧序列转码为 66B 码块序列，这一串 66B 码块序列通过 MTN 通道传输，再被映射到 MTN 段层的特定时隙上。每个以太网帧在转码之后，会成为一串由起始码块、若干数据码块和结束码块组成的 66B 码块序列。通常情况下，相邻的以太网帧之间存在帧间隙，因此，根据帧间隙长度的不同，转码后的以太网帧之间存在不同数量的空闲码块。在特殊情况下，以太网帧是连续发送的，此时转码后的 66B 码块序列可以不存在空闲码块。

以太网类客户信号映射方法如图 5-1 所示，在 MTN 通道源端设备对客户信号进行映射之后，原以太网帧的地址信息（源 MAC 地址，目的 MAC 地址）、其他开销以及数据信息都不再可识别，统一编码成 66B 的数据码块。正因为如此，MTN 不感知任何客户信号所承载的上层业务信息，这样保证了业务数据传输的高安全性。

在 MTN 通道的宿节点会执行上述操作的逆过程，从而完成客户信号的恢复，也就是客户信号的解映射。

5.3　MTN 通道层空闲码块资源

3.3.2 节介绍了 MTN 通道层 OAM 的插入或者提取操作只能在 MTN 通道的两端进行，MTN 通道所经过的中间节点都不能对 OAM 消息进行任何修改的操作。同时，OAM 在源端的插入机制可以概括为替换空闲码块，OAM 码块使用了 MTN 通道源端中的空闲码块带宽。或者说，空闲码块为 OAM 码块提供了带宽资源，

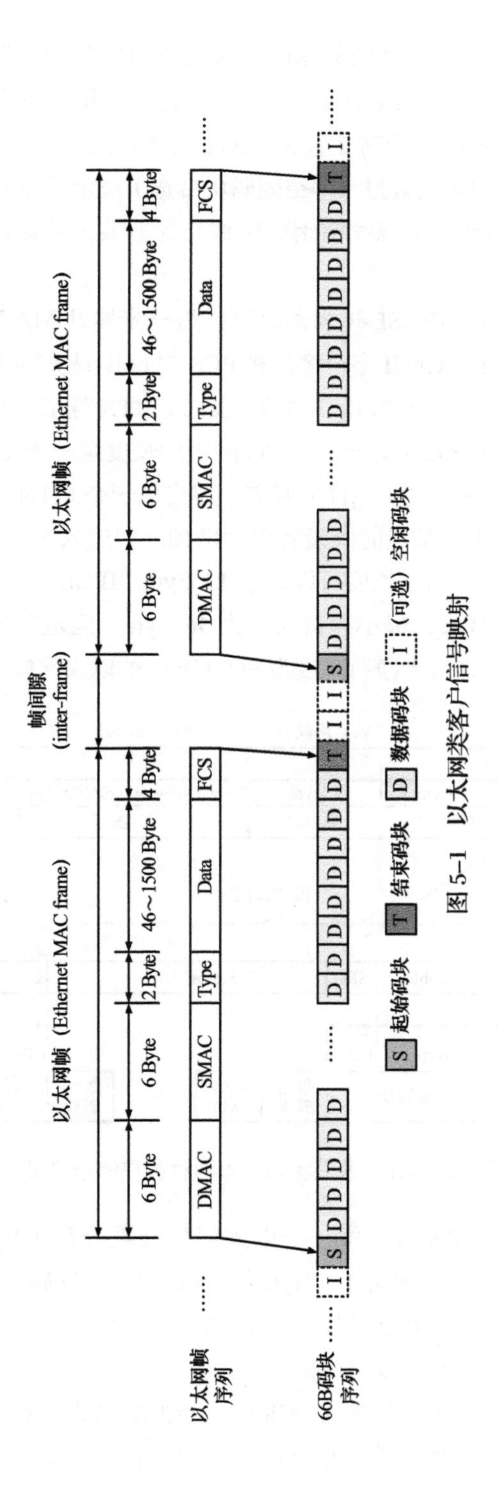

图 5-1　以太网类客户信号映射

OAM 码块利用这种资源，并随数据流传送到 MTN 通道宿端。类似方式在 IEEE 802.3 中也有应用，例如 IEEE 802.3 中的 AM 就是利用类似方式获取带宽资源，从而做到既不影响客户信号带宽，又不对物理层的速率提出膨胀要求。因此，MTN 通道源端的空闲码块数量（即空闲码块带宽）决定了 OAM 消息带宽的上限。本节将着重分析 MTN 通道源端空闲码块数量的上限，尤其是最差情况下的空闲码块数量上限。

以 IEEE 802.3 100GBASE-R 为例，可以进一步展开 MAC 层的数据流作为以太网帧数据流，RS 的 CGMII 字符序列和 PCS 的 66B 码块序列具体如图 5-2 所示。在 MTN 通道源端，一连串的以太网帧映射进入 MTN 通道，每一个以太网帧之间存在 IPG。根据 IEEE 802.3 的规定，IPG 的平均长度至少为 12 Byte。也就是说，如果一直有以太网帧映射进入 MTN 通道，那么每一个 MTN 帧之间的帧间隙平均为 12 Byte；但如果中间某段时间没有以太网帧映射进入 MTN 通道，那么这段时间都属于帧间隙，即帧间隙长度可以大于 12 Byte。IEEE 802.3 规定以太网帧的最大净荷长度为 1500 Byte，最小净荷长度为 46 Byte。但是在实际应用中，为了提高带宽利用率，会允许最大净荷长度为 9600 Byte 的以太网帧存在。

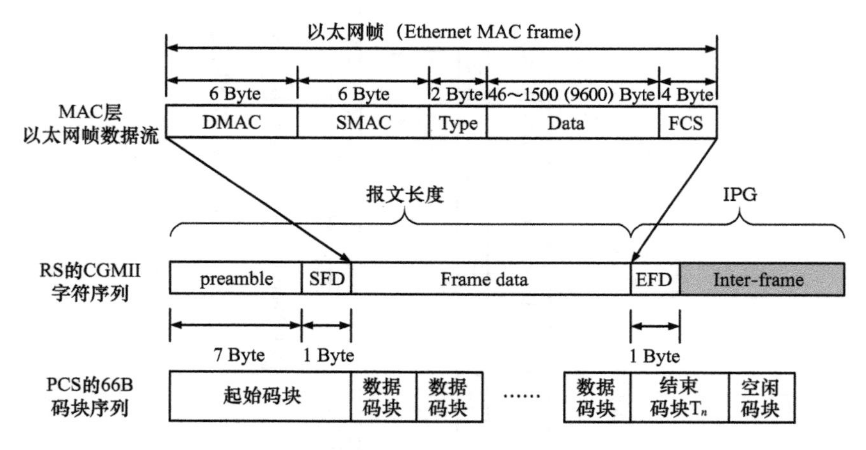

图 5-2　MTN 通道源端以太网帧客户信号映射详解

当以太网帧进入 RS 后，每一个以太网帧会被分配 1 Byte 的 SFD（Start of Frame Delimiter，帧起始分隔符），7 Byte 的 preamble（前导码）和 1 Byte 的 EFD（End of Frame Delimiter，帧结束分隔符）。在 RS，EFD 和下一个以太网帧的前导码之间被称为 IPG，IPG 包括 EFD。

RS 的 CGMII 字符序列在进入 PCS 后，会被编码成一系列的 66B 码块。SFD 和前导码会被编码成起始码块。根据以太网帧的长度，以太网帧的数据会被编码成若干个数据码块。EFD 以及 IPG 会被编码成结束码块 T_n（n=0，1，2，3，4，5，6，7）和空闲码块，结束码块 T_n 的格式请参见 1.4.2 节。EFD 编码后的具体 T 码块类型取决于以太网帧的长度。例如，如果以太网帧的长度除以 8 后，余数为 7 Byte，则剩余的 7 Byte 数据与 EFD 刚好能够被编码为结束码块 T_7。再假设以太网帧的长度刚好是 8 Byte 的整数倍，且与下一个以太网帧前导码之间有 7 Byte 的空闲字符，那么 EFD 以及 7 Byte 的空闲字符就会被编码为 T_0 码块。T_0 码块属于 IPG 的一部分，消耗了 8 Byte 的 IPG。空闲码块的个数与 IPG 的长度相关，在 PCS 编码时，每当凑齐 8 Byte 的空闲字符后，这 8 Byte 的空闲字符就会被编码为 1 个空闲码块。

从上述过程中可以看出，MTN 通道源端的空闲码块数量主要受以下两个因素的影响。

第一，以太网帧的长度。在传输相同数量的数据时，以太网帧长度越短，那么以太网帧的个数就越多。考虑以太网帧之间的 IPG 平均值至少有 12 Byte，因此以太网帧个数越多，IPG 出现的机会越多，空闲码块的平均数量也会越多。反之，以太网帧长度越长，空闲码块的平均数量就越少。在 5G 承载网领域，以太网帧的最大长度一般为 9618 Byte。

第二，以太网帧客户信号的有效速率。由于以太网属于 VBR 业务，客户设备实际发送的有效以太网帧速率时刻处于变动状态，不一定每时每刻都会有以太网帧映射进入 MTN 通道。如果没有有效以太网帧客户信号映射进入 MTN 通道，那么此时 MTN 通道源端实际发送的是空闲码块，而不是客户信号。如果 MTN 通道一直需要发送有效客户数据，那么 MTN 通道源端的空闲码块数量会少很多。

如果要考虑 MTN 通道 OAM 插入带宽的上限，除了上述两个因素外，还需要考虑如下几个因素。

- EFD 编码结束后为 T_0 结束码块。假设两个以太网帧之间的 IPG 为 12 Byte，T_0 结束码块本身为 8 Byte，IPG 剩余的 4 Byte 由于不能凑够 8 Byte，从而编码为 1 个空闲码块，因此，需等待下一以太网帧结束后，与下一个 IPG 凑成 8 Byte 的空闲字符，才会出现 1 个空闲码块。于是，最差情况下，每一个以太网帧都以 T_0 结束码块结尾，且 IPG 为 12 Byte，这样每两个以太网帧才有可能出现 1 个空闲码块。
- MTN 为异步网络，任意两个设备之间存在 ±100 ppm 的频率偏差，而这些频率偏差的适配是通过增、删空闲码块的操作来完成的。最差情况下，MTN 通道源端必须考虑最大 200 ppm 的频率偏差，即预留 200 ppm 的空闲码块资源用于速率适配。
- 以太网 PHY 底层还需要插入 AM，AM 也需要消耗空闲码块资源。

◆ MTN 段层也需要插入开销，开销也是通过消耗空闲码块资源获得空间的。

根据上面的分析，可以知道最差情况下的 MTN 通道层源端空闲码块资源，具体描述如下。

◆ 客户信号满速率发送，每时每刻都有以太网帧映射进入 MTN 通道。
◆ 客户信号中的以太网帧长度为 9618 Byte，RS 报文长度为 9626 Byte。
◆ 每个以太网帧编码后都为 T_0 结束码块，每两个以太网帧才有可能出现 1 个空闲码块。
◆ 预留 200 ppm 频率偏差的空闲码块带宽资源。
◆ 预留 AM 插入消耗的空闲码块带宽资源。
◆ 预留 MTN 段层开销插入消耗的空闲码块带宽资源。

综上考虑，以采用 100GBASE-R 的 MTN 为例，最差情况下的 MTN 通道 OAM 码块带宽上限可由下面的公式计算获得：

$$\frac{4}{9626} - 200 - \frac{1}{16\ 384} - \frac{1}{20\ \ 460+1} \approx 106\ \text{ppm}$$

也就是说，最差情况下 MTN 通道的 OAM 码块带宽上限为 106 ppm，且该值与 MTN 通道速率无关。具体 OAM 码块带宽上限可以结合 MTN 通道速率进行计算。例如，对于标称速率为 5 Gbit/s 的 MTN 通道，其最差情况下的 OAM 码块带宽资源为：5 Gbit/s × 106 ppm ＝ 0.53 Mbit/s。如果以太网帧长度为 1518 Byte，则空闲码块资源上限为 2339.7 ppm。需要说明的是，实际情况中较难出现最差情况，因此 MTN 通道中会有较多空闲码块资源可以利用。

5.4 非以太网类客户信号映射

当 MTN 承载非以太网类客户信号时，MTN 设备采用 CES（Circuit Emulation Service，电路仿真业务）的方式来处理。CES 通过给非以太网类客户信号进行以太网封装，添加以太网帧开销，转化为以太网帧，进而将非以太网类客户信号转化为以太网类客户信号。这样处理之后，MTN 设备就可以按照处理以太网类客户信号的方式，通过 MTN 通道承载封装后的非以太网类客户信号，进而映射到 MTN 段层的时隙上。

在 MTN 端点设备上，非以太网类客户信号原始业务数据的处理顺序如图 5-3 所示。在为原始非以太网类客户信号添加以太网帧开销的同时，还需同步添加 RTP（Real-time Transport Protocol，实时传送协议）开销与 PW（Pseudo Wire，伪线）开销。具体描述如下。

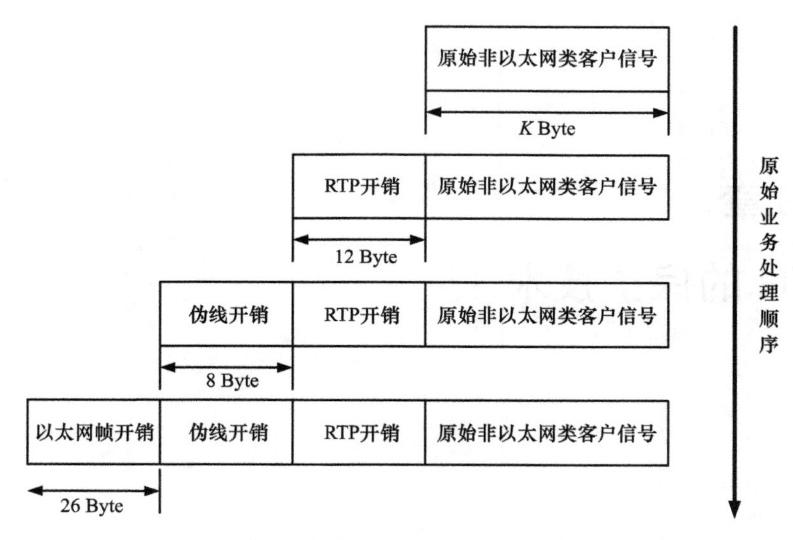

图 5-3 非以太网类客户信号原始业务数据的处理顺序

添加 RTP 开销。该字段总共 12 Byte，主要包含时间戳（Timestamp）、序列号（Sequence Number）等信息，用于承载非以太网类客户信号的时钟与频率信息。MTN 端点设备通过提取 RTP 开销中的客户信号的时钟与频率信息，恢复客户信号的时钟和频率，然后设备依据此信息发送客户信号。关于 RTP 开销具体格式及其使用方法，详情请参见 IETF RFC 3550。

添加伪线开销。该字段总共 8 Byte，主要包含伪线标识符（PW ID）和伪线控制字（PW Control Word，PW CW），该字段信息为非以太网类客户信号穿越分组设备构成的网络提供标识信息。关于 PW 开销的具体格式及其使用方法，详情请参见 IETF RFC 3985。

添加以太网帧开销。这里以采用 IEEE 802.1ad（即 QinQ）封装格式为例，以太网帧开销总共 26 Byte，主要包含源 MAC 地址、目的 MAC 地址、标签信息、以太网帧类型以及帧校验等信息。

第 6 章

MTN 的保护技术

5G 承载网除了为无线信号提供承载服务外，还可以为家庭宽带业务和政企专线等业务提供承载服务，它已经成为关乎国民经济信息的新型基础设施，为国家数字经济的蓬勃发展提供了坚实的网络支撑。移动承载网能及时准确地传递信息，随着网络传输的信息越来越多以及传输信号的速率越来越快，网络出现故障后很可能对用户甚至整个社会造成极大的损害，因此如何提高移动承载网的生存性是需要迫切考虑的重要问题。

提高移动承载网的生存性一般有两种方法：网络保护和网络恢复。网络保护是利用预留的容量，为失效通道提供备用通路，使受影响的业务从备用通路到达目的地。网络恢复是利用网络的冗余容量，依据特定的算法，为受故障影响的业务重新分配到达目的地的通路。不同的用户和不同的业务对业务恢复时间有不同的要求。一般来说，可靠性要求高的业务希望业务恢复时间能小于 50 ms。MTN 根据这一时间要求，在继承传统光传送网络保护技术的基础上，提供了丰富的网络保护机制和手段。

本章将详细介绍 MTN 保护的需求来源、应用场景及技术原理。MTN 的保护机制与数据分组层的保护机制相互配合，为 5G 业务提供了高可靠的承载网服务。

6.1　5G 承载网的保护要求

目前，5G 承载网主要对移动中传 / 回传、企业专线 / 专网、家庭宽带接入等质量要求较高的业务进行综合承载，这些业务都期望 5G 承载网具备高可靠的网络级保护能力，以及完善的业务恢复机制。因此，5G 承载网的技术方案需要满足以下保护技术要求。

- 基于 SDN 的控制面能够实时刷新网络拓扑状态。网络拓扑在设计时要提供一定的备份节点，承载网设备在感知到网络状态发生变化后，需快速通知 SDN 控制器，触发重新计算业务的最优路径。
- 承载网设备的转发面能够预置保护倒换机制。设备层面要提供一定的冗余链路，当转发面检测到连通性发生故障或者传输质量下降时，设备需进行电信级的快速保护倒换，保证客户业务的服务质量。

作为一项正在蓬勃发展的 5G 承载网技术，MTN 在保护技术方面要满足上述要求。因此，MTN 设计和实现了相应的保护技术。对于控制面，MTN 主要通过 MTN 设备实现拓扑状态收集、拓扑状态变化通告等功能，辅助 SDN 控制器进行网络拓扑层面的保护动作。对于转发面，MTN 通过通道层和段层分别为 5G 承载网提供网络冗余和备份，从而在转发面实现保护功能。

MTN 段层保护和通道层保护的基本原理概括如下。

MTN 段层保护：MTN 段层组支持绑定多个 PHY 链路，当部分 PHY 链路发生故障时，与故障 PHY 链路无关的 MTN 通道支持隔离故障链路，从而可以继续通过正常链路转发数据。

MTN 通道层保护：MTN 通道层支持双向 1 + 1 路径保护机制，支持信号失效（SF）、信号劣化（SD）等多种条件触发保护倒换，倒换时间小于 50 ms。

关于 MTN 设备实现的控制面保护技术，将在第 9 章中介绍。本章后续小节将重点介绍承载网设备转发面的段层和通道层保护技术。

6.2　MTN 段层保护

MTN 技术支持将多个以太网 PHY 链路捆绑成一个 MTN 段层组，从而使 MTN 通道可以承载在一个段层组的链路上，即一条 MTN 通道所使用的时隙可以分布于段层组内的不同 PHY 上。当一个段层组内的部分 PHY 出现故障时，故障 PHY 及其包含的时隙要被移出 MTN 段层组。这样，与故障 PHY 链路无关的 MTN 通道仍然可以使用正常 PHY 的时隙传输数据，不受影响；而与故障 PHY 链路相关的 MTN 通道，需要启动通道层保护功能或者所承载客户信号自身携带的保护措施来恢复数据的正常传输。MTN 段层通过上述机制实现对承载通道的可靠性保护。

如图 6-1 所示，MTN 段层组由 3 个相同速率的 PHY 捆绑而成，分别为 PHY A、PHY B 和 PHY C。该段层组承载 MTN 通道 1、2、3 和 4，其中，MTN 通道 1 只占用 PHY A 的时隙，MTN 通道 2 同时占用 PHY A 和 PHY B 的时隙，MTN 通道

3 只占用 PHY B 的时隙，MTN 通道 4 只占用 PHY C 的时隙。

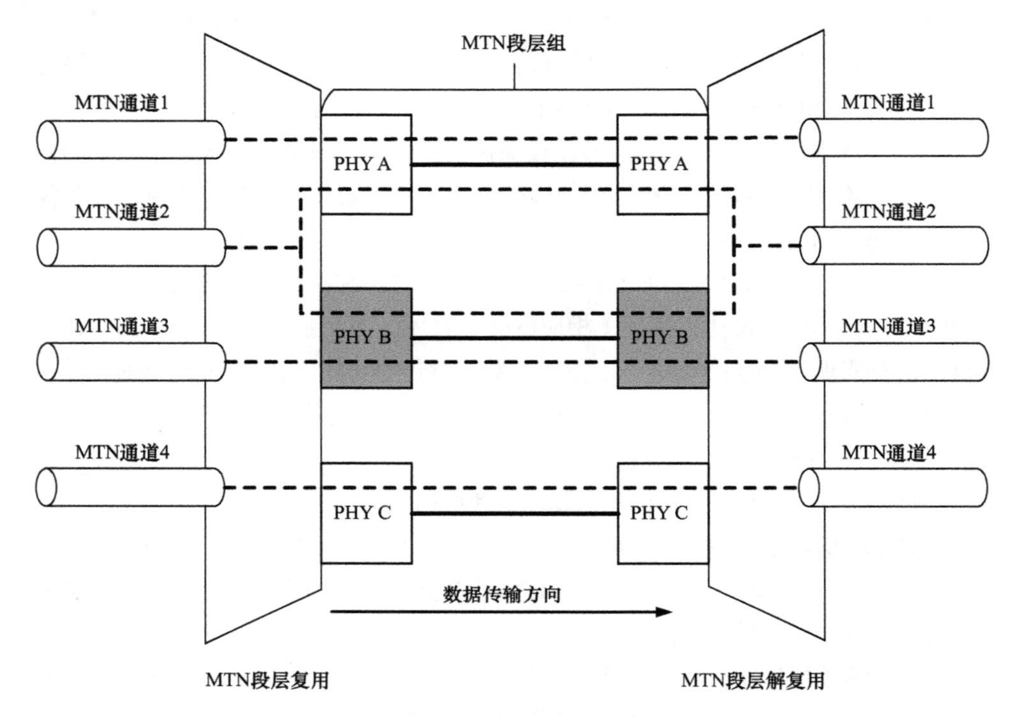

图 6–1　MTN 段层组保护

现假设 PHY B 发生了故障，PHY B 的时隙需要被隔离。对故障 PHY 的时隙进行隔离的具体方法有很多，这里介绍一种常用的方法：在数据传输的接收端，设备从 PHY B 上接收到信号，这些信号在上送给 MTN 段层组时都被替换为等速率的 LF 码块；接下来，接收端设备在进行段层信号解复用时，按照预先的设置，将这些 LF 码块送到 MTN 通道 2 和通道 3 中；随后 PHY B 被移出 MTN 段层组，MTN 段层实例表域段同步刷新，不再包含 PHY B。

我们来看一下段层组所承载的各个 MTN 通道的情况。由于通道 1 和通道 4 没有用到 PHY B 的时隙，所以两者不受影响，可以通过 PHY A 和 PHY C 的时隙正常传输数据。对于 MTN 通道 2，由于同时使用了 PHY A 和 PHY B 的时隙，所以它有一半数据正常传输，另一半数据是 LF 码块。对于 MTN 通道 3，它只使用 PHY B 的时隙，因此传输的所有数据都是 LF 码块。此时，MTN 段层级别的保护机制已经无法消除 PHY B 故障对通道 2 和通道 3 的影响，MTN 需要启动更高级别的保护机制，例如 MTN 通道层保护功能，或者通道 2 和通道 3 所承载客户信号自身携带的保护措施。

6.3　MTN 通道层保护

6.3.1　MTN 通道层保护架构以及保护类型

从网络保护恢复的角度，ITU 将网络保护架构分为两大类：线性保护和环网保护。线性保护是包含两个节点（即源节点和宿节点）的保护系统，这两个节点之间的每个节点都在由工作传输单元和保护传输单元组成的被保护网络上相互交换正常的数据流，且保护传输单元的数据流方向与工作传输单元的数据流方向相同。环网保护是包含至少 3 个节点的保护系统，每个节点都跟其相邻的节点相互连接并且构成环状，该环上的所有节点都在由工作传输单元和保护传输单元组成的被保护网络上交换正常的数据流，且保护传输单元的数据流方向与工作传输单元的数据流方向相反。

虽然环网保护相较于线性保护具有自愈的优势，但是 MTN 通道的业务模型是点到点的业务模型，线性保护可以简单高效地满足业务的保护需求。因此，当前 MTN 通道层的保护架构中只定义了线性保护，而环网保护在 MTN 通道层中的应用有待于进一步研究。

在线性保护架构中，根据保护传输单元与工作传输单元的数量配比以及相互映射关系，保护架构可以进一步细分为 1 + 1 保护、$1:n$ 保护和 $m:n$ 保护。在 1 + 1 保护中，系统设置一个保护传输单元，专门为一个工作传输单元提供数据流量保护服务，客户数据同时在工作传输单元和保护传输单元上输送，宿节点根据预先配置好的方式选择工作传输单元或者保护传输单元接收数据。在 $1:n$ 保护中，一个保护传输单元为 n 个工作传输单元所共享；一旦发生保护倒换，源节点和宿节点需要同时操作，将数据从工作传输单元切换到保护传输单元上。$m:n$ 保护与 $1:n$ 保护类似，差别在于总共有 m 个保护传输单元为 n 个工作传输单元所共享，且 $m \leqslant n$。

虽然 $1:n$ 保护和 $m:n$ 保护提供了更为高效的保护传输单元带宽利用，但是 1 + 1 保护更加简单。因此，当前 MTN 通道层采用 1 + 1 保护，$1:n$ 保护和 $m:n$ 保护在 MTN 通道层中的应用有待于进一步研究。

线性保护的保护类型可以分为路径保护和子网连接保护。路径保护是指保护一条穿越单一运营商网络或者多个运营商网络的路径的保护类型。路径保护专门用于端到端的保护架构，并且对路径上的节点数没有限制。路径保护的对象为路径所承载的客户信号。子网连接保护是指保护一条穿越单一运营商网络或者多个运营商网络的路径中部分区域的保护类型。子网连接保护的对象为路径信号本身。

客户信号与路径信号两者在具体的信号格式上存在差异，以 MTN 为例，MTN 通道（即路径）信号的格式是一连串 66B 码块序列，而客户信号是以太网帧，二者格式不一致，因此 MTN 路径保护和子网连接保护会采用两种不同的设备架构实现。

以 MTN 通道层路径保护为例，MTN 框式设备在 MTN 通道源节点的路径保护发送方向的实现过程如图 6-2 所示。分组业务从入口线卡通过 10GE PHY 接入，以分组报文的形式被送到了交换板卡上。交换板卡将分组报文的客户信号进行复制，形成 Pkt Client-0 和 Pkt Client-1。其中，Pkt Client-0 被转换为一系列 66B 码块后（Pkt Client 转换为 66B 码块序列的相关内容请参见 5.2 节），作为工作传输单元的客户信号，被发送到出口线卡 0 上。Pkt Client-1 被转换为一系列 66B 码块后，作为保护传输单元的客户信号，被发送到出口线卡 1 上，形成对工作传输单元的保护。

再以 MTN 通道层子网连接保护为例，MTN 框式设备在 MTN 通道源节点的子网连接保护发送方向的实现过程如图 6-3 所示。分组业务从入口线卡通过 10GE PHY 接入，将相应客户信号恢复出来后，再转换为 66B 码块序列。在入口线卡上，通过速率适配，将转换为 66B 码块序列的客户信号适配到指定的 MTN 通道速率，随后插入 MTN 通道 OAM 码块，形成 MTN 通道信号并送入交换板卡。在交换板卡上，复制 MTN 通道信号，一份构成工作传输单元数据，一份构成保护传输单元数据。将工作传输单元数据送入出口线卡 0。将保护传输单元数据送入出口线卡 1，作为对工作传输单元的保护。

需要说明的是，此处特意选取框式设备为例进行分析。MTN 设备有盒式设备和框式设备两种形态，盒式设备集成度较高，MTN 相关功能都被集成在一块芯片内，较难看出路径保护与子网连接保护的差异。而框式设备由线卡、背板、交换板卡组成，能够清晰地体现两种保护方法的差异，因此选取框式设备的功能模块处理过程来对比两种保护方法的差异。

对比上述两种框式设备实现方式，路径保护对入口线卡的功能要求与普通分组设备一样，只需负责处理分组数据即可。对设备提供商来说，选择这种方式可以很好地继承 4G 时代已有的设备研发经验与技术，同时，入口线卡和出口线卡的功能划分界限清晰，通过插入不同类型的线卡，设备可以轻易地实现扩容。因此，MTN 通道层保护的保护类型选取并未像 OTN 和 SDH 一样，选择子网连接保护，而是选择路径保护。子网连接保护在 MTN 通道层上的应用有待于进一步研究。

6.3.2 MTN 通道层保护倒换消息

目前，MTN 采用 APS 线性保护机制来实现 MTN 通道层的端到端保护，发生故障后的保护倒换时间可达 50 ms 以内。MTN 通道层同时提供工作通道和保护通

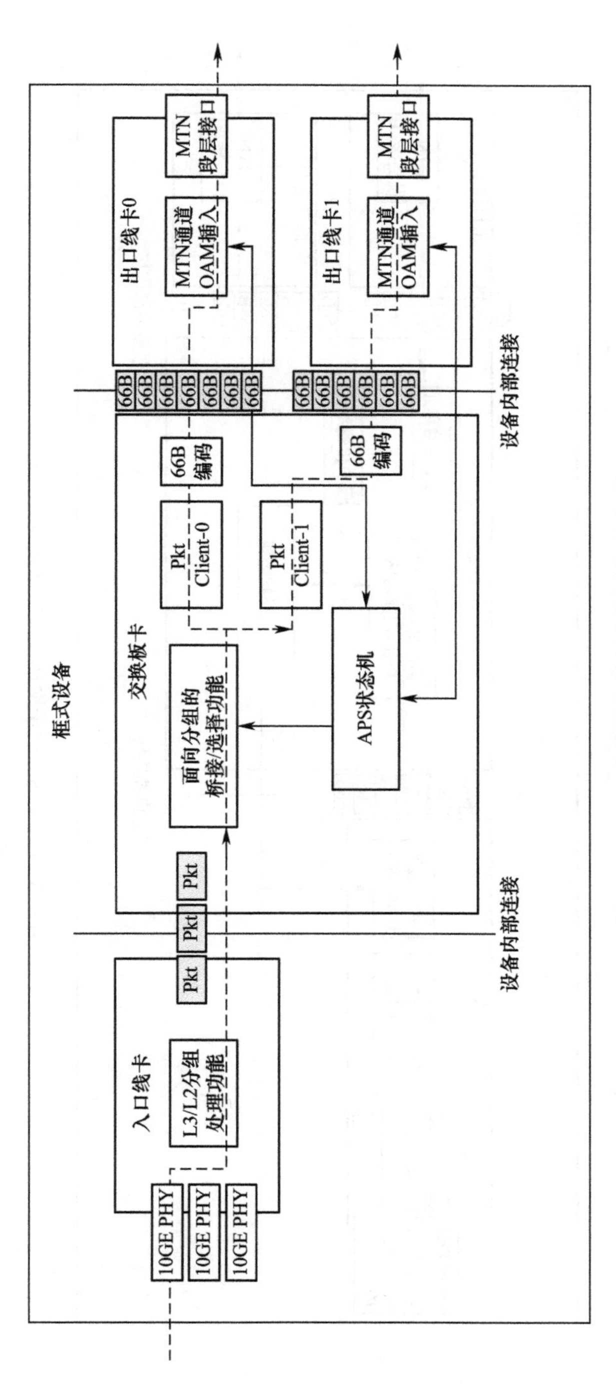

图 6-2　MTN 通道层路径保护框式设备实现

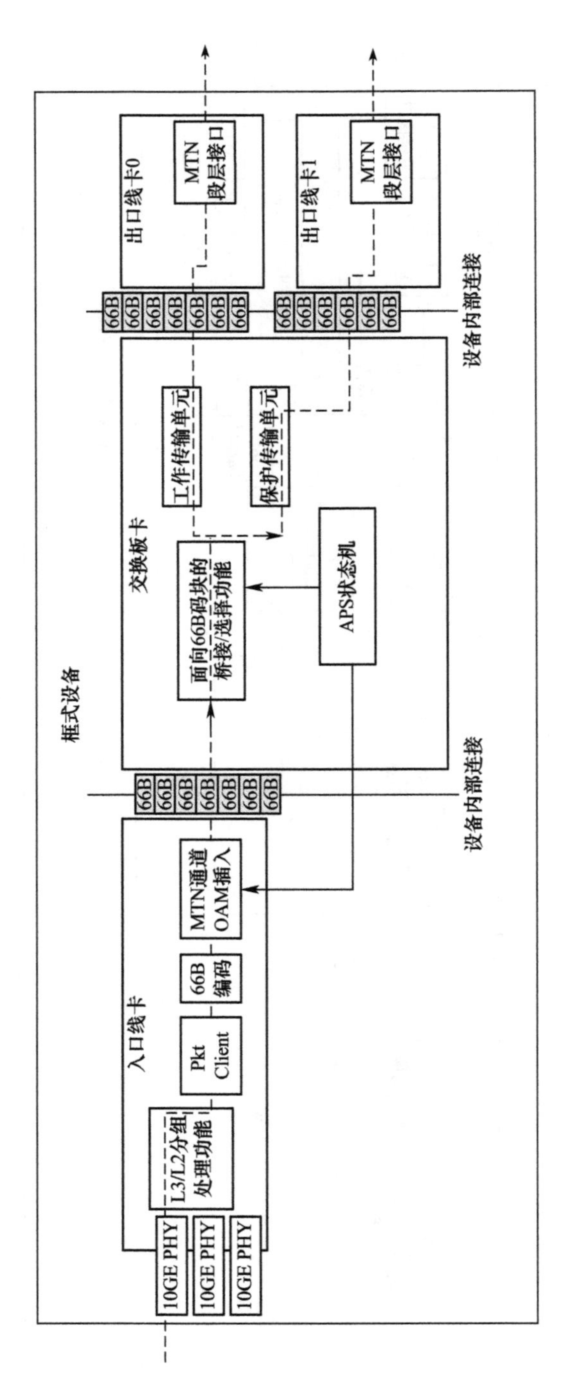

图 6-3　MTN 通道层子网连接保护框式设备实现

道，端点设备对这两个通道都进行周期性的检测，并通过 APS OAM 消息来互相传递故障条件以及保护倒换状态等信息，以便协调设备之间的保护倒换操作，实现线性保护功能。

APS 协议的报文净荷格式与协议各字段的定义如表 6-1 和表 6-2 所示。正常情况下，APS OAM 消息在 MTN 通道的端点设备之间互相传递，每秒发送 1 次，从而及时更新设备的 APS 状态。一旦检测到故障，端点设备会立刻以 65 536 个码块为间隔连续插入 3 个 APS OAM 码块，通知对端设备；在接收到第 1 个正确的 APS OAM 码块之后，对端设备就会触发相应的保护倒换。这样即使有一个或者两个 APS OAM 码块丢失或损坏，也能保证快速保护倒换。关于 APS OAM 消息的详细描述，请参见 4.3.5 节。

表 6–1 APS 协议的报文净荷格式

APS1								APS2								APS3								APS4							
8	7	6	5	4	3	2	1	8	7	6	5	4	3	2	1	8	7	6	5	4	3	2	1	8	7	6	5	4	3	2	1
请求 / 状态				保护类型				被请求信号								被桥接信号								预留							
				A	B	D	R																								

在表 6-2 中，能够触发 MTN 通道端点设备进行保护倒换的请求或状态信息，可以分为三大类：外部命令（LoP、FS、MS、EXER）、物理检测、OAM 请求（SF_P、SF_W、SD）以及保护状态（WTR、RR、DNR、NR）。需要说明的是，外部命令类型中还有一种信息是清除（Clear），它是由设备或者网络管理系统发出的外部强制指令，不会在协议层面上传输，因此在 APS 协议各字段里未定义。

在上述信息中，对检验 MTN 通道的数据传输质量起到关键作用的是通道信号失效（SF_P、SF_W）和信号劣化（SD）。通道信号失效表示当前通道发生了连通性故障，从而触发 MTN 通道端点设备切换传输数据的通道，该检验结果依赖 MTN 通道层 CV OAM 消息所实现的连通性校验功能（详情可参见 4.3.3 节）。通道信号劣化表示当前通道出现了误码，如果误码率超过了一定的阈值，就会触发 MTN 通道端点设备切换传输数据的通道，该检验结果依赖 MTN 通道层 Basic OAM 消息所实现的 BIP 功能（详情可参见 4.3.2 节）。

MTN 通道层保护机制遵循 ITU-T G.808.1，提供双向 1 + 1 线性保护、双向 1∶1 线性保护等保护模式。但由于双向 1∶1 线性保护模式应用很少，所以 1 + 1 线性保护成为事实上的标准模式。下面以 DNR 双向 1 + 1 线性保护模式为例，详细介绍一下该模式的实现原理。

如图 6-4 所示，在 DNR 双向 1 + 1 线性保护模式中，MTN 通道的端点设备上支持两个功能：信号桥接功能和信号选择功能。对于一个既定的数据传输方向，源端设备通过信号桥接功能将工作通道的信号复制一份给保护通道传输；宿端设备通过信号选择功能，从工作通道或者保护通道上选择一路信号接收。在正常情况下，宿端设备选择接收工作通道的信号，而一旦发生触发保护倒换的事件，则宿端设备改为接收保护通道的信号，从而保证客户信号传输的可靠性。

表 6-2　APS 协议各字段的定义

字段		数值	描述	优先级
请求 / 状态		1111	保护锁定（LoP）	最高 ↓ 最低
		1110	保护通道信号失效（SF_P）	
		1101	强制倒换（FS）	
		1011	工作通道信号失效（SF_W）	
		1001	信号劣化（SD）	
		0111	人工倒换（MS）	
		0110	已废止	
		0101	等待恢复（WTR）	
		0100	练习（EXER）	
		0010	反向请求（RR）	
		0001	非返回（DNR）	
		0000	无请求（NR）	
		其他保留	—	—
保护类型	A	0	不使用 APS 协议	—
		1	需要 APS 协议	—
	B	0	1 + 1（永久桥接）	—
		1	1 ：1（非永久桥接）	—
	D	0	单端倒换	—
		1	双端倒换	—
	R	0	非返回方式	—
		1	返回方式	—
被请求信号		0	无信号	—
		1	受保护的正常信号	—
		2~255	保留	—
被桥接信号		0	无信号	↓
		1	受保护的正常信号	↓
		2~255	无保护信息	↑

注：SF_P 为 Signal Fail for Protection，保护通道信号失效；SF_W 为 Signal Fail for Work，工作通道信号失效。

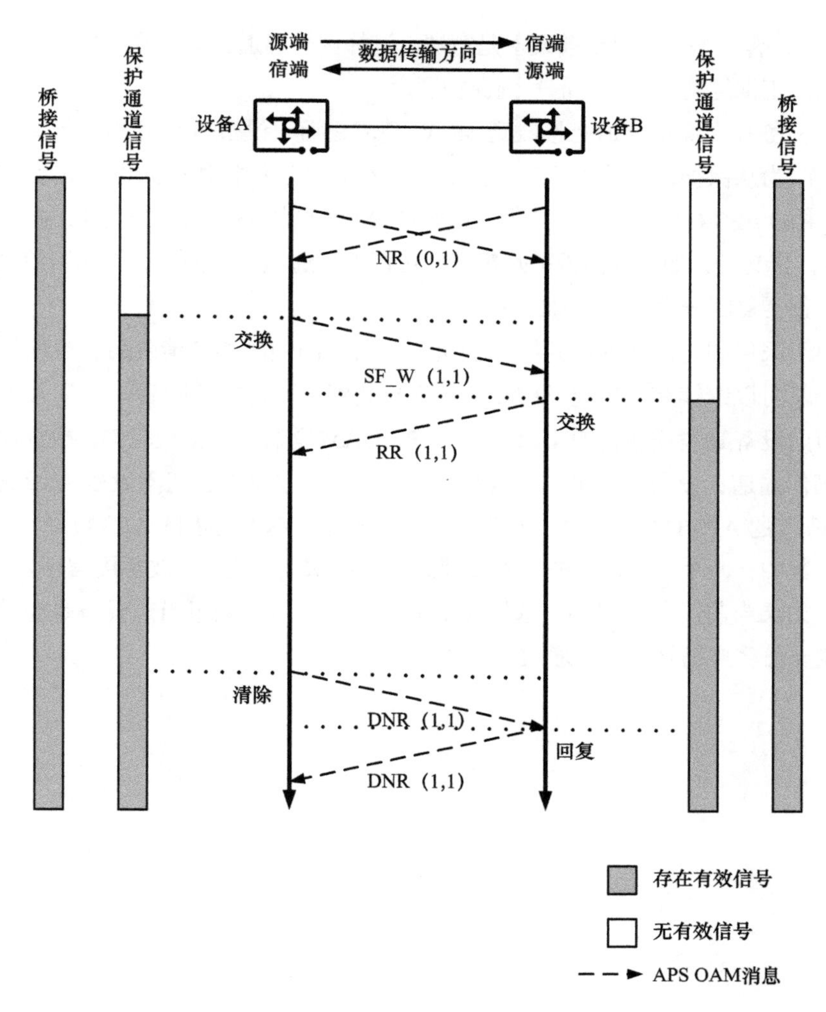

图 6-4　DNR 双向 1 + 1 线性保护

在 DNR 双向 1 + 1 线性保护模式下，MTN 保护通道上的消息交互过程如下。

在正常状态下，MTN 通道的两端设备在保护通道上无须执行任何保护倒换操作，只需在保护通道上按照 APS OAM 消息的发送周期，互相发送 NR 请求。此时，APS OAM 消息的被请求信号为 0，被桥接信号为 1，含义是：如果当前设备是宿端，不选择保护通道上的信号；如果当前设备是源端，正常复制一份客户信号到保护通道。

当设备 A 检测到工作通道信号失效（SF_W）事件时，设备 A 的信号选择功能模块改为从保护通道接收信号；同时，设备 A 在保护通道上向设备 B 发送包含 SF_W 请求的 APS OAM 消息。其中，APS OAM 消息的被请求信号为 1，被桥接信号为 1，含义是：如果当前设备是宿端，选择保护通道上的信号；如果当前设备是源端，正常复制一份客户信号到保护通道。

当设备 B 在保护通道上接收到 SF_W 请求之后，设备 B 也开始执行保护倒换操作，改为从保护通道接收信号；同时，设备 B 通过保护通道向设备 A 回送包含 RR 请求的 APS OAM 消息。其中，APS OAM 消息的被请求信号为 1，被桥接信号为 1，含义是：如果当前设备是宿端，选择保护通道上的信号；如果当前设备是源端，正常复制一份客户信号到保护通道。

由于采用的是“非返回式”保护机制，所以即使故障被清除后，被保护的数据流仍然可以继续在保护通道中传输。当检测到故障已被清除后，设备 A 通过保护通道向设备 B 发送包含 DNR 请求的 APS OAM 消息，告知设备 B，数据流不切换回工作通道；设备 B 在收到 DNR 请求后，也通过保护通道向设备 A 回送包含 DNR 请求的 APS OAM 消息，作为对收到的包含 DNR 请求的 APS OAM 消息的确认。其中，两个方向的 APS OAM 消息的被请求信号为 1，被桥接信号为 1，含义是：如果当前设备是宿端，选择保护通道上的信号；如果当前设备是源端，正常复制一份客户信号到保护通道。

第 7 章 MTN 的同步技术

通过物理层频率同步和 1588 时间同步技术，MTN 可以将高精度的时钟信息传递到末端基站，从而满足移动承载网的同步需求。本章首先描述 MTN 同步技术的总体设计思路，再描述移动承载网的同步需求，然后详细介绍 MTN 实现的同步架构和同步技术，这些技术用于适应移动承载网的应用场景。

7.1 MTN 同步技术设计思路

同步网是通信网络必不可少的重要组成部分，是决定网络定时性能质量的关键。3G/4G 以及 5G 通信网络的基站必须保持微秒级的高精度时间同步，当时间性能恶化时，基站间将不能正常通信。组建一张高质量可靠的同步网，对移动通信系统来说至关重要。

为了满足移动承载网的同步需求，有两种同步网部署方案。一种是分布式同步架构，每个基站安装卫星接收机，直接从空中的 GNSS [Global Navigation Satellite System，全球导航卫星系统，例如我国的北斗、美国的 GPS（Global Positioning System，全球定位系统）、俄罗斯的 GLONASS 或欧洲的“伽利略”] 获取频率和时间。另一种是每个基站通过移动承载网的传递来获取频率和时间。第一种方案简单直接，但是存在 GNSS 易受干扰、在室内等场景安装接收困难等问题。第二种方案成本较低，但需要承载网支持对时间和频率信息的传送。在同步架构的实际部署中，这两种方案也可以同时应用，互为备份，从而提升同步网的可靠性。

MTN 是面向 5G 承载网进行设计的，需要满足时间与频率同步传送的需求。

随着新业务不断发展，5G 移动通信希望能够支持更为严格的时间同步精度，所以 5G 承载网需要满足端到端 ±130 ns 的时间同步精度传送需求。

MTN 支持通过段层开销来传递同步消息，因此具备时分复用的消息传递特性，对时间同步信息的抽取与插入有可预见性，这一点对提高时间同步精度具有天然的优势。所以通过设计 MTN 同步技术，可以进一步提升单节点的时间同步性能需求，从而满足 5G 承载网的端到端时间同步精度需求。

时间同步源通过双频卫星接收，可将时间同步精度提升至 ±30 ns，以同步网一般不超过 20 跳来计算，应将单节点的时间同步精度提升至 ±5 ns。影响时间同步精度的有 3 个重要因素：节点间频率同步的精度、时间同步信息时间戳的精度以及节点间与节点内部时延的精确测量补偿。MTN 通过物理层频率同步、段层开销的时间同步信息传递以及超高精度的 1588 时间同步等同步技术达到了 ±5 ns 的单节点精度目标。

接下来将详细介绍 MTN 同步技术具体的需求来源、MTN 同步架构及其使用到的关键同步技术。

7.2 移动承载网同步需求

首先要明确同步的概念。这里的同步是指设备与设备，或者设备与标准同步源（例如卫星同步源、国家天文台等）的时间或者频率是相同的。当然，从严格意义上讲，两个对象的时间或者频率不可能绝对相同。因此，当设备与设备之间或者设备与标准同步源之间的时间差值或者频率差值小于某个特定的范围时，我们就称这样的同步为时间同步或者频率同步。

对移动承载网来说，同步是基站的基本需求，否则业务无法正常开展。假设不同基站之间不同步，一方面会造成终端用户在相邻基站间切换时出现业务中断的现象；另一方面也会导致不同基站之间的信号相互干扰，进而造成基站无法正常工作。如图 7-1 所示，基站和标准同步源（这里以卫星同步源为例）之间的时间差值和频率差值的范围要求，分别称为绝对时间同步要求和绝对频率同步要求；基站与基站之间的时间差值范围要求，称为相对时间同步要求。

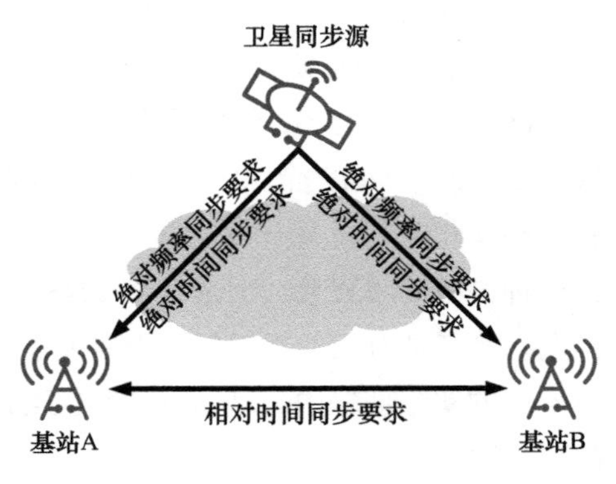

图 7-1　移动承载网基站同步要求

不同的移动通信制式对绝对时间同步、绝对频率同步和相对时间同步的精度提出了不同的要求。具体的精度要求如表 7-1 所示。

表 7–1　不同移动通信制式对同步精度的要求

移动通信制式		绝对频率同步要求	绝对时间同步要求	相对时间同步要求
2G	GSM	±0.05 ppm	无	无
	CDMA（Code-Division Multiple Access，码分多址）	±0.05 ppm	±3 μs	无
3G	WCDMA（Wideband Code-Division Multiple Access，宽带码分多址）	±0.05 ppm	无	无
	CDMA2000	±0.05 ppm	±3 μs	无
	TD-SCDMA（Time Division-Synchronous Code-Division Multiple Access，时分同步码分多址）	±0.05 ppm	±1.5 μs	无
4G	LTE FDD（Frequency Division Duplex，频分双工）	±0.05 ppm	无	无
	LTE TDD（Time Division Duplex，时分双工）	±0.05 ppm	±1.5 μs	无
5G	NR FDD	±0.05 ppm	无	无
	NR TDD	±0.05 ppm	±1.5 μs	无
	NR FR1 频段带内非连续载波聚合	无	无	3 μs
	NR FR1 频段带内连续载波聚合 NR FR2 频段带内非连续载波聚合	无	无	260 ns
	NR FR2 频段带内连续载波聚合	无	无	130 ns

注：FR1 频段和 FR2 频段是指无线电基站电磁波的频段，FR1 频段为 410 MHz ~ 7.125 GHz，FR2 频段为 24.25 ~ 52.6 GHz。

7.3　MTN 同步架构

本节着重介绍 7.1 节中提到的第二种方案所用的技术。

通过移动承载网传递频率和时间同步信息的方案，主要用到两种技术：物理层频率同步和 1588 时间同步。其中，物理层频率同步技术主要用于传递频率同步信息；1588 时间同步技术主要用于传递时间同步信息。本节仅描述这两种技术在 MTN 同步架构中的应用，而这两种技术本身的实现原理将在 7.4.1 节和 7.4.2 节中详细介绍。

如图 7-2 所示，各个 MTN 设备逐点传递频率同步或时间同步信息到末端基站。物理层频率同步技术的时钟源是频率服务器，可以是一个自由运行的高精度原子钟（例如铯钟等），也可以是一台跟踪到卫星的 BITS（Building -Integrated Timing Supply，大楼综合定时供给）设备，用于提供频率同步信息；1588 时间同步技术的时钟源则是时间服务器，一般是一台跟踪到卫星的 BITS 设备，用于提供时间同步信息。在实际部署时，频率服务器和时间服务器可以部署在不同位置，也可以部署在同一位置。当部署在同一位置时，通常只需部署一台 BITS 设备即可，该设备可同时提供频率和时间两种同步信息。

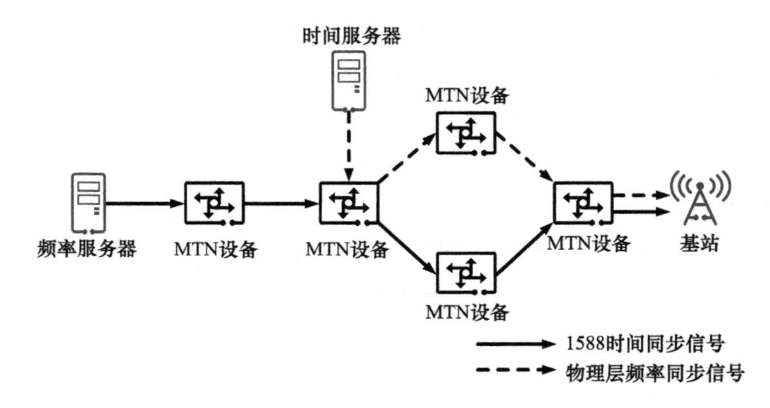

图 7-2　MTN 中的物理层频率同步技术和 1588 时间同步技术的应用

MTN 设备从时钟源或其他设备接收到时钟信息后，先将设备本地的时钟调整为与来源一致，然后再把同步后的时钟信息继续传递下去。MTN 设备从频率服务器接收频率信息的接口可以是专用时钟接口（例如 2 MHz 接口等），也可以是支持物理层频率同步功能的普通以太网接口。MTN 设备从时间服务器接收时钟信息，可以采用专用时间接口（例如秒脉冲时间接口等），也可以采用支持 1588 时间同步功能的普通以太网接口。而 MTN 设备从其他设备接收频率或者时钟信息，直接使用 MTN 接口即可，不需要额外的专用接口，同时不影响 MTN 接口传递正常的业务信息。在本书中，如无特别说明，MTN 接口是指使能 MTN 段层能力的普通物理接口。

另外，由于物理层频率同步技术和 1588 时间同步技术都有各自的路径选择算法，因此两种同步信息所经过的传递路径可能不一致。在经过一个 MTN 设备的传递之后，频率和时间同步信息的精度都会有所损失，经过多次传递之后，同步信息的精度可能无法满足基站的同步要求。因此，需要限定同步路径所途经的设备个数，目前的典型取值是 20，即从时钟源到末端基站，MTN 设备的个数不能超过 20 个。

7.4 MTN 同步技术

MTN 设备通过物理层频率同步技术和 1588 时间同步技术分别传递频率同步和时间同步信息，本节将详细介绍这两种同步技术的实现原理。

7.4.1 物理层频率同步技术

物理层频率同步技术早在 20 世纪 90 年代就已经应用于 SDH 设备上，其基本原理是：设备先在接收侧将接收到的业务比特码流恢复成时钟信息，然后依据此信息调整本地的物理层时钟，最后在发送侧用本地同步后的物理层时钟发送业务比特码流。这样，设备在发送业务的同时，也能把同步后的物理层时钟信息传递给下游设备。

如图 7-3 所示，MTN 设备所使用的物理层频率同步技术，原理与 SDH 设备类似，也是逐级传递物理层时钟信息。具体实现过程如下。

首先，MTN 设备从端口 1 接收到业务比特码流后，通过 CDR（Clock Data Recovery，时钟数据恢复）接收器将其中的物理层时钟信息恢复出来，并上送到物理层时钟模块。

然后，物理层时钟模块进行时钟噪声滤波处理，然后将处理后的时钟信息输送到端口 2。

最后，MTN 设备在端口 2 处，使用同步后的物理层时钟发送业务比特码流给另一台 MTN 设备。

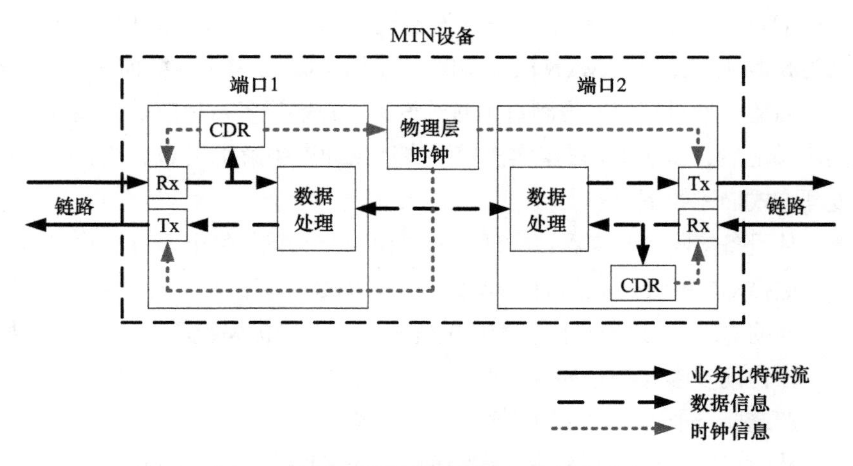

图 7-3　MTN 设备的物理层频率同步技术

经过上述过程，MTN 设备就完成了物理层时钟信息的传递。这里需要说明两点。

- ◆ MTN 设备的物理层时钟模块可以把滤波处理后的物理层时钟信息输送到任意一个端口，用于发送业务比特码流。例如，在图 7-3 中，物理层时钟信息除了会被输送到端口 2，还会被输送到端口 1 以及其他的普通端口（无论该端口是否使能了 MTN 功能）。
- ◆ MTN 设备的物理层时钟模块只会选择某个物理接口接收到的物理层时钟信息作为同步参考源，即“选源”，否则设备无法确定与哪一个时钟信息进行同步。例如，在图 7-3 中，端口 1 和端口 2 都会接收到业务比特码流，通过 CDR 接收器恢复出来的物理层时钟信息都会送到物理层时钟模块，但物理层时钟模块只会选择其中一个进行同步。

为了保证网络中的所有设备在选源时都采用统一的规则，MTN 引入了 SDH 和同步以太网都遵从的时钟选源协议 ITU-T G.781。这样，可以使 MTN 设备、SDH 设备和同步以太网设备在物理层频率同步技术层面支持混合组网。

根据 ITU-T G.781 的规定，设备在每个端口发送的业务比特码流里，还需携带物理层时钟的 QL（Quality Level，质量等级）信息。QL 由 SSM 和 eSSM（enhanced Synchronization Status Message，增强同步状态消息）两个字段构成，SSM 的取值由 ITU-T G.781 定义，eSSM 的取值由 ITU-T G.8264 定义。ITU-T G.781 定义了 3 种网络（即 Option 1、Option 2 和 Option 3）的 QL 等级，国内主要使用 Option 1 网络。表 7-2 以 Option 1 网络的物理层时钟 QL 为例，列举了每个 QL（从高到低）对应的 SSM 和 eSSM 取值。

根据 ITU-T G.8264 的定义，MTN 设备把 QL 的 SSM、eSSM 以及其他字段信息封装为 SSM 报文，写入 MTN 段层实例帧同步消息通道中（详细描述请参见 4.2.8 节），然后逐一通过端口发送到每个对端设备。对端设备从相应端口接收到 MTN 段层实例帧之后，从 MTN 段层实例帧同步消息通道中解析出 QL。物理层时钟模块的处理方式描述如下。

- ◆ 从设备接收方向来看：物理层时钟模块会比较从每个端口接收到的 QL，选择 QL 等级最高的时钟信息作为同步参考源；如果接收到多个等级相同的 QL，则进一步比较端口的优先级，选择优先级最高的端口时钟信息作为同步参考源；如果多个端口的优先级一样，则物理层时钟模块会任意选择一个端口的时钟信息作为同步参考源。
- ◆ 从设备的发送方向来看：在物理层时钟模块进行滤波处理之后，物理层时钟信息会输送到设备的各个端口上，用于发送业务比特码流。

这里需要特别说明的是：除了被选源的端口之外，设备其他端口发送比特码流所携带的 QL 应为同步参考源的 QL，这样就可以对外公布本设备所选择的等级最高的、唯一的物理层时钟同步参考源，从而通知下游设备在接收时参考。而被选源的端口发送比特码流所携带的 QL（即回送给上游设备）则必须设置为最低等级的 QL-DNU，以避免上下游设备之间互相参考彼此的物理层时钟信息，导致同步失效。如图 7-4 所示，端口 1 接收到的 QL 是 QL-ePRTC，端口 2 接收到的 QL 是 QL-eSEC。由于 QL-ePRTC 的等级高于 QL-eSEC，物理层时钟模块选择端口 1 接收到的时钟信息为参考源，并进行滤波处理；然后，同时将物理层时钟信息输送到端口 1 和端口 2。由于端口 2 不是被选源的端口，所以端口 2 发送业务比特码流所携带的 QL 应设置为 QL-ePRTC；端口 1 是被选源的端口，因此，端口 1 发送业务比特码流所携带的 QL 应设置为 QL-DNU。

表 7–2　Option 1 网络的物理层时钟 QL

QL	SSM 取值（二进制）	eSSM 取值（十六进制）	等级高低
QL-ePRTC	0010	0x21	最高 ↓ 最低
QL-PRTC	0010	0x20	
QL-ePRC	0010	0x23	
QL-PRC	0010	0xFF	
QL-SSU-A	0100	0xFF	
QL-SSU-B	1000	0xFF	
QL-eSEC	1011	0x22	
QL-SEC	1011	0xFF	
QL-DNU	1111	0xFF	

注：ePRTC 为 enhanced Primary Reference Time Clock，增强型基准定时参考时钟；ePRC 为 enhanced Primary Reference Clock，增强型基准参考时钟；SSU 为 Synchronization Supply Unit，同步支持单元；eSEC 为 enhanced Synchronous Equipment Clock，增强型同步设备时钟；DNU 为 Do Not Use，不可用。

在 MTN 中，每台设备都会遵循上述的时钟选源和同步规则，逐级把物理层时钟信息传递到末端基站，进而实现整个网络的物理层时钟同步。在物理层时钟信息的传递过程中，由于每台设备都会引入同步误差，所以，在经过长链传输之后，物理层时钟的同步精度不可避免会下降。因此，为了满足移动承载网的同步需求，一方面要限制物理层时钟传递链的跳数，另一方面要限制每台设备引入的同步误差。当前，ITU-T G.8262 定义了普通设备的物理层时钟指标要求，ITU-T G.8262.1

定义了增强型设备的物理层时钟指标要求，上述指标要求规定了传递链的跳数以及单台设备引入同步误差的限制。详细描述可参考具体标准的内容，这里不再赘述。

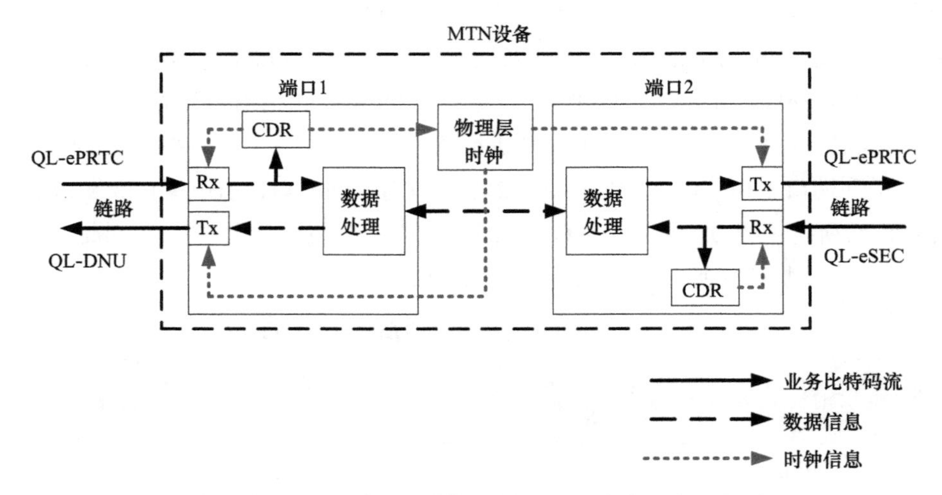

图 7-4　MTN 设备的物理层时钟 QL 的接收和发送示例

7.4.2　1588 时间同步技术

1588 时间同步技术源于 IEEE 1588 协议。IEEE 1588 协议当前的最新版本是 IEEE 1588-2019（即 IEEE 1588v2.1），早期版本还包括 IEEE 1588-2008（即 IEEE 1588v2）以及 IEEE 1588-2002（即 IEEE 1588v1）。IEEE 1588 协议主要用于网络设备之间的时间同步，支持 IEEE 1588 协议的设备可以把精确的时间传递给末端基站或者其他应用设备。支持 IEEE 1588 协议的 MTN 设备，可以通过 1588 同步消息在 MTN 段层实例开销帧的同步消息通道中逐级传递时间同步信息。IEEE 1588 协议定义了很多功能，本节将介绍 MTN 设备所使用的主要功能。感兴趣的读者可阅读 IEEE 1588 协议，详细了解更多技术细节。

IEEE 1588 协议采用主从同步方式，利用精确的时间戳来实现时间同步。IEEE 1588 协议还定义了两种 1588 报文传输机制：E2E 和 P2P（Peer to Peer，点到点）。如图 7-5 所示，以 E2E 机制为例，MTN 主设备（Master）和从设备（Slave）之间的 1588 报文交互过程描述如下（这里假设 Slave 的时间比 Master 超前 Offset）。

首先，Master 定期向 Slave 发送 Sync 报文，在发送 Sync 报文时，Master 依据自己的本地时间产生时间戳 $t1$，并写入 Sync 报文。

其次，经过链路时延 D 之后，Slave 收到 Sync 报文，同时 Slave 依据自己的本地时间产生时间戳 $t2$，并解析 Sync 报文，获得 $t1$。

接着，Slave 定期向 Master 发送 Delay_Req 报文（可以自主发送，也可以在收到 Sync 报文后发送），在发送 Delay_Req 报文时，Slave 依据自己的本地时间产生时间戳 $t3$，并保留在 Slave 本地。

然后，经过链路时延 D 之后，Master 收到 Delay_Req 报文，同时 Master 依据自己的本地时间产生时间戳 $t4$。

最后，Master 产生 Delay_Resp 报文，并把 $t4$ 写入 Delay_Resp 报文，发送给 Slave。

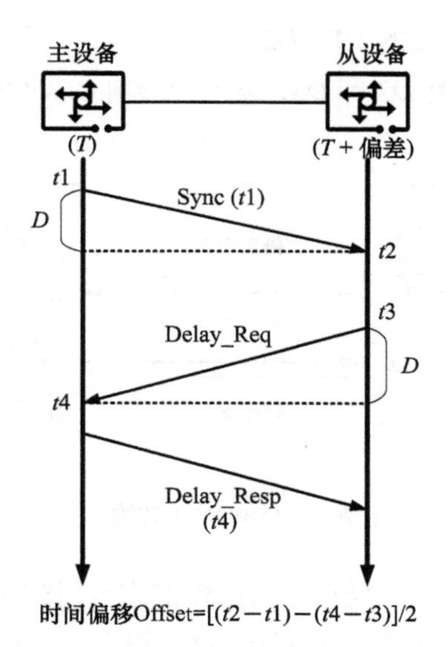

图 7-5　1588 时间同步技术 E2E 机制

Slave 在收到 Delay_Resp 报文之后，便可获取时间戳 $t1$、$t2$、$t3$ 和 $t4$，进而计算得到 Slave 和 Master 之间的时间偏差 Offset；然后，Slave 将本地时间减去 Offset，实现与 Master 的时间同步。每一次同步，Slave 在调整后的瞬间，其本地时间和 Master 的时间都是对齐的，但在长期运行之后，Slave 和 Master 之间又会产生新的时间偏差。因此，上述同步过程需要定期重复进行。当前，MTN 设备常用的 Sync/Delay_Req 报文发送频率为 16 Hz，即：每 1/16 s Slave 可以计算得到一次 Offset，调整自己的本地时间，从而保证与 Master 之间持续保持时间同步。

至此，MTN 设备 Master 和 Slave 之间的时间同步似乎已经完美实现。但是，仍有影响时间同步精度（即 Offset 计算精度）的因素需要关注，主要体现在以下几个方面。

第一，Sync 报文经过的正向链路时延应与 Delay_Req 报文经过的反向链路时延相等。如果不相等，Offset 的计算结果就会与实际存在偏差。因此，为了避免这种情况，需要尽量保证正、反向链路的时延相等，或者把正、反向链路时延的偏差告知 Slave，使 Slave 在计算 Offset 时进行适当修正。当然，如果链路时延不稳定，也会影响 Offset 的计算精度。MTN 设备的传输链路一般采用光纤，时延比较稳定。

第二，设备产生时间戳 *t*1/*t*2/*t*3/*t*4 的本地时刻会对 Offset 的计算精度有所影响。由于很难在设备与光纤连接的出、入口处记录报文真实的发送和接收时刻，所以，Master 产生的 *t*1/*t*4、Slave 产生的 *t*2/*t*3 与报文经过设备出、入口的真实时刻存在一定的时延，如图 7-6 所示的 *D*1、*D*2、*D*3 和 *D*4。但只要能保证这些时延是固定且对称的，即 $D1 = D4$ 且 $D2 = D3$，就不会影响 Offset 的计算精度。

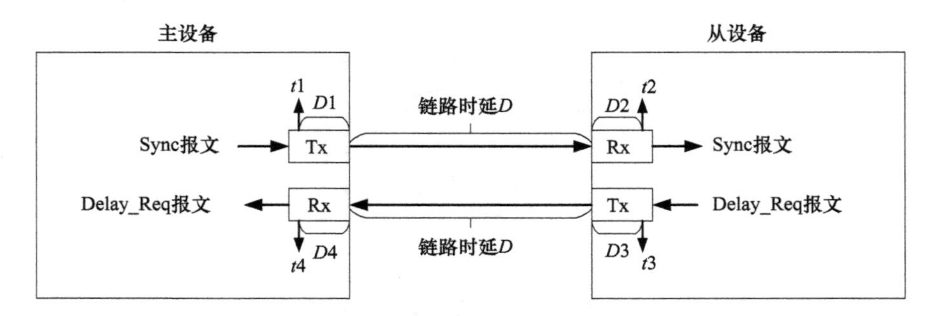

图 7-6　1588 时间戳的产生

对于 MTN 设备，为了保证产生时间戳的本地时刻是固定的，可以在报文非常靠近设备出、入口的时刻产生时间戳，即在报文经过 MTN 协议栈 PHY 的 PMA 子层时产生时间戳，如图 7-7 所示，因为介于 PMA 子层与 Medium 子层之间的 PMD 子层，其传输时延一般是稳定且对称的。

第三，设备采用 1588 报文哪个字节或者哪个比特来记录时间戳，同样会影响 Offset 的计算精度。如果 Master 采用 1588 报文第 1 个字节或者第 1 个比特穿越打戳位置（如图 7-7 所示的 PMA 和 PMD 的边界位置）的时刻来产生时间戳，而 Slave 采用 1588 报文最后 1 个字节或者最后 1 个比特穿越打戳位置的时刻来产生时间戳，那么对于 Offset 的计算结果将会产生 1 个 1588 报文长度时延的影响。因此，为了规避这种影响，MTN 设备需要统一定义采用 1588 报文的某个固定字节或者某个比特（例如第 1 个比特）来记录时间戳，即打戳点。另外，根据 4.2.8 节的描述，MTN 设备使用段层同步消息通道来传递 1588 报文。但是，每个 MTN 帧的段层同步消息通道只有 64 bit，即 8 Byte。如此一来，每个 1588 报文（长于 8 Byte）就需要通过多个 MTN 帧（即复帧）来传输。因此，对于 MTN 设备，比较合理的方式是：定义携带 1588 报文的 MTN 复帧起始码块的第 1 个比特为打戳点。

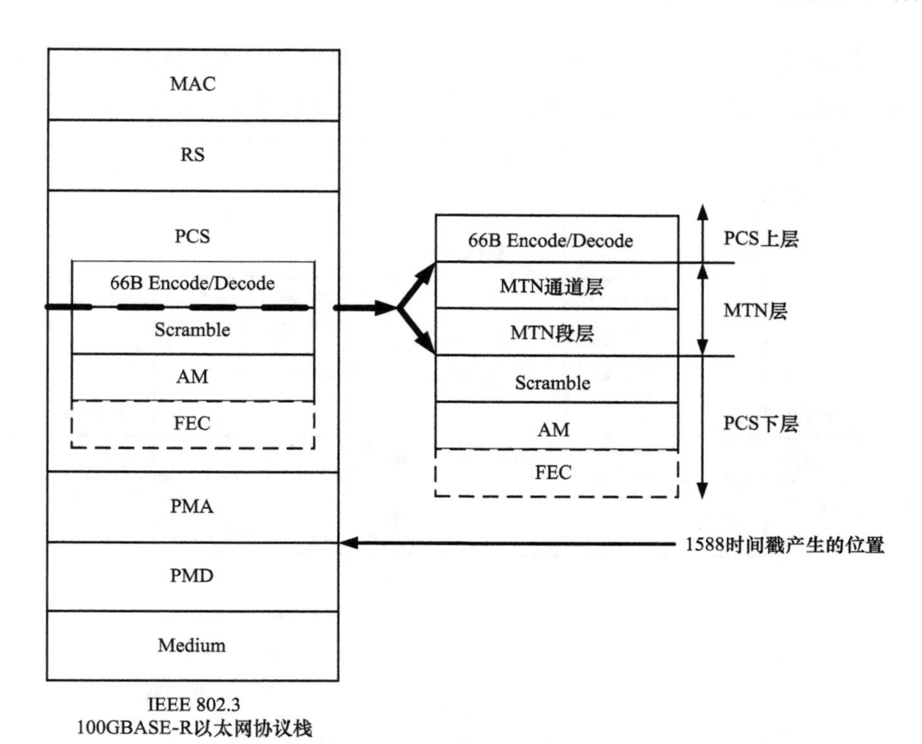

图 7-7　1588 时间戳产生的位置

通过分析上述 Offset 计算精度的 3 个影响因素，并且分别给出对应的解决方案，MTN 设备的 1588 时间同步技术可以达到非常高的精度。如图 7-8 所示，假设端口 1 为 Slave 端口，负责接收 Sync 报文、发送 Delay_Req 报文以及接收对端设备发来的 Delay_Resp 报文；端口 2 为 Master 端口，负责发送 Sync 报文、接收 Delay_Req 报文以及向对端设备回复 Delay_Resp 报文。于是，MTN 设备进行 1588 时钟信息同步的过程可以概括为：Slave 端口在收到 Sync 报文和 Delay_Resp 报文后，会获取 4 个时间戳（$t1$、$t2$、$t3$ 和 $t4$），然后上送给 1588 报文时间模块；1588 报文时间模块根据 4 个时间戳计算时间偏差 Offset（具体原理可参考图 7-5），并依据计算结果调整设备本地的 1588 时间；调整后的时间将用于各个端口接收和发送 1588 报文时产生时间戳。

那么，MTN 设备的 Master 和 Slave 端口是如何确定的呢？

IEEE 1588 协议定义了 1588 选源的 BMC（Best Master Clock，最优主时钟）算法，MTN 设备应用该算法在本地多个端口中选择一个端口为 Slave 状态，其他端口为 Master 状态。BMC 算法根据每个端口接收到的 Announce 报文中携带的 1588 QL 信息，选择最优的端口为 Slave 状态。如图 7-9 所示，端口 1 和端口 2 会把接收到的 Announce 报文中携带的 1588 QL 信息传递给 1588 选源模块；该模块运行 BMC 算法进行比较之后，确定端口 1 为 Slave 状态，端口 2 为 Master 状态。由于端口 2 为 Master 状态，端口 2 还会把端口 1 接收到的 1588 QL 信息记录到 Announce 报文中发送给其他设备。

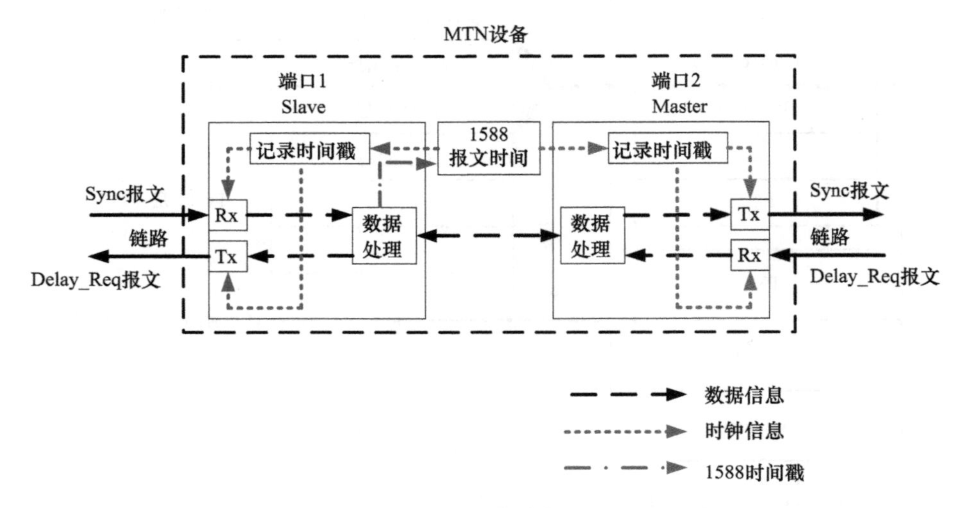

图 7-8　MTN 设备的 1588 时间戳产生以及 1588 时间同步

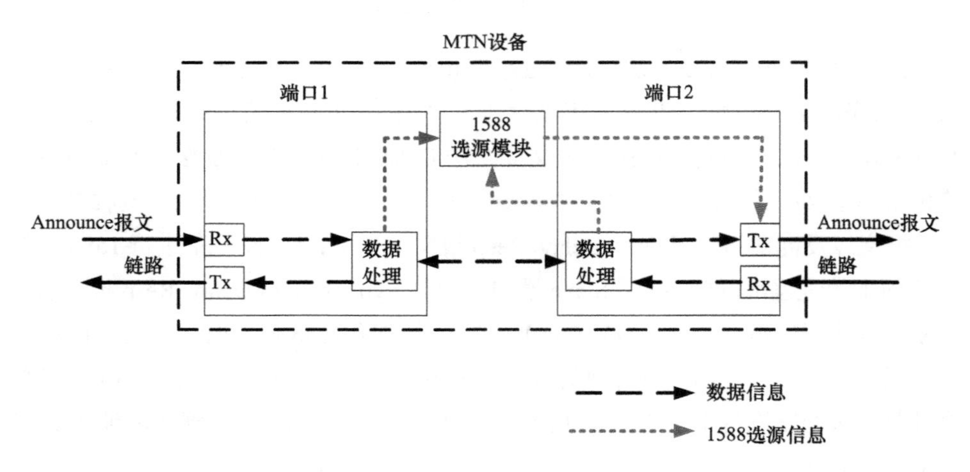

图 7-9　MTN 设备的 1588 选源过程

经过一次选源后，端口的 Master/Slave 状态确定了，但该状态不是一成不变的。Master/Slave 端口接收到的 Announce 报文中所携带的 1588 QL 信息会持续上送给 1588 选源模块（没有接收到 Announce 报文则不会上送或者上送空集），每次上送都会触发 1588 选源模块重新优选 Slave 状态的端口。

同样地，在 1588 时钟信息的传递过程中，由于每台设备都会引入同步误差，所以，在经过长链传输之后，1588 时钟的同步精度不可避免会下降。因此，为了满足移动承载网的同步需求，一方面要限制 1588 时钟传递链的跳数，另一方面要限制每台设备引入的 1588 时间同步误差。当前，ITU-T G.8273.2 定义了 MTN 设备的 1588 时钟精度要求，其中规定了传递链的跳数以及单台设备引入 1588 时间同步误差的限制。详细描述可参考具体标准的内容，这里不再赘述。

第 8 章

MTN 的管理与控制

MTN 采用集中化的管理和控制平台（下文简称管控系统），实现对网络全局的集中管理、控制和分析。相较于传统分组传送网络，MTN 新增了控制器集中的控制面和设备分布式控制面，从而大幅提升了业务调度灵活性以及业务生存能力。本章将介绍 MTN 集中式管控系统以及网络切片管控能力。

8.1 管控系统设计理念

传统分组传送网具备分组转发内核、端到端管道连接、电信级 OAM 检测及保护、面向传输的运维体验等特点，同时针对其静态业务发放和运维需求，配套设计了集中管理面，其在 2G/3G/4G 移动通信回传业务、政企专线业务、家庭宽带业务的承载中发挥了重要作用。

在 ICT（Information and Communication Technology，信息通信技术）融合的大背景下，运营商网络亟须提升面向客户的服务能力，控制成本，增加效益，向灵活、智能、开放、软件化的方向转型。2006 年，SDN 诞生于美国斯坦福大学，其核心理念是采用标准化的开放协议，将网络的控制面与转发面分离、解耦，实现网络流量灵活控制，使网络管道更加智能。同年，SDN 之父马丁·卡萨多（Martin Casado）博士在一系列论文的基础上，提出了一个逻辑上集中控制的企业安全解决方案 SANE（Secure Architecture for the Networked Enterprise，面向网络化企业的安全架构），打开了集中控制解决安全问题的大门。2011 年，SDN 的权威国际标准化组织 ONF（Open Networking Foundation，开放网络基金会）成立，目标是推动 SDN 的标准化和广泛应用。原生态 SDN 主要面向企业网络，不满足电信级可用性的要求，可扩展性、可靠性较差，其 OAM、QoS 保障等机制不够完善，因此难以在运营商网络中大规模应用。为了解决 SDN 在电信网络中的应用问题，推进运营商网络向信息服务化架构和智能化网络运维转型，业界对电信级 SDN 架构及应用展开了一系列探索和实践，其中 PTN 与 SDN 架构结合，取得了良好的应用效果，得到了业界的一致认可。

随着 5G 核心网基站的云化分布式部署，以及无线基站间协同（即东西向连接）需求进一步增强，承载网的业务敏捷发放、灵活连接以及生存能力等方面都需要满足更高的要求。面对 5G 网络和业务新需求，MTN 的管控系统设计一方面采用电信级 SDN 集中化管控架构，另一方面融合电信级的传输运维管理。MTN 通过 SDN 集中控制面提供网络开放、业务敏捷发放、网络高效运维的能力，支持业务部署和运维的自动化，及时感知网络状态并进行业务实时优化，具备面向 5G 承载、5G 切片等新业务的 SDN 集中控制能力，同时兼具电信级传输网络集中管理运维的能力。

此外，网络切片作为 5G SA（5G Stand Alone，5G 独立组网）的最关键特性之一，可基于物理网络划分为不同的逻辑网络，从而满足千行百业的差异化需求。MTN 管控系统的设计需满足端到端网络切片功能架构和管理架构的要求，支持基于 MTN 承载的网络切片的下发、调整以及 MTN 软硬切片能力管理等。

8.2　管控系统概述

MTN 管控系统引入了 SDN 控制面。区别于传统网络中的各个路由转发节点各自为政、独立工作的现状，SDN 引入了中枢控制节点——控制器，用来统一指挥下层网络设备的数据发往何处，下层网络设备只需遵照执行即可。这样一来，网络就像有了大脑一样，可以实现控制和转发分离，物理网络具有了开放、可编程的特征，支持未来各种新型网络体系结构和新型业务的创新。MTN 集中式控制面完成网络拓扑和资源统一管理、网络抽象、路径计算、策略管理、业务编排和网络协同等功能，相对传统的基于网元、网络、业务的管理模式，增强了端到端管理协同和网络实时控制能力，提高了动态服务和变化的响应能力，并进一步提供了智能运维、开放型运营能力。

MTN 管控系统架构如图 8-1 所示，由如下部分组成。

- 统一的云化平台：依托统一的基础平台，支持统一的安装、升级以及补丁管理机制；支持统一的控制器系统监控和维护；支持统一鉴权管理。
- 统一的数据管理：具有统一的数据资源模型、统一的数据资源分配系统、

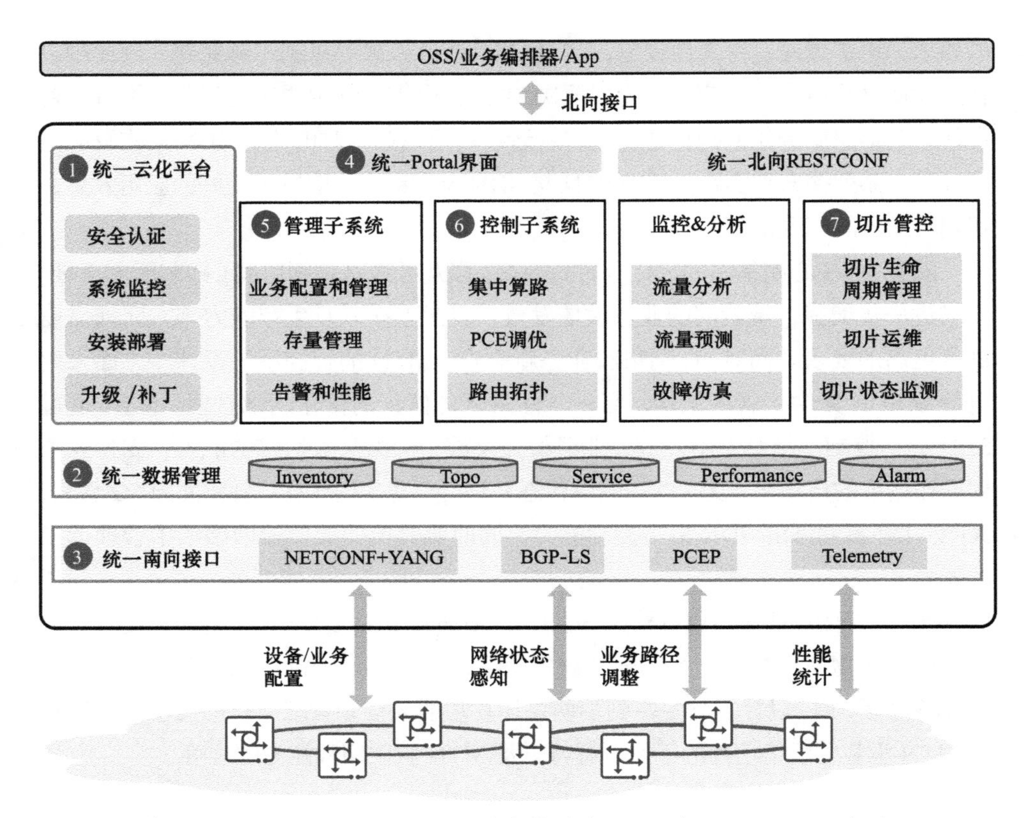

注：OSS 为 Operation Support System，运营支撑系统；App 为 Application，应用；BGP-LS 为 Border Gateway Protocol-Link State，BGP 链路状态（协议）；Topo 为 Topology，拓扑；RESTCONF 为 Representational State Transfer Configuration，描述性状态转移配置（协议）；NETCONF 为 Network Configuration，网络配置（协议）；PCE 为 Path Computation Element，路径计算单元；PCEP 为 Path Computation Element Communication Protocol，路径计算单元通信协议；Telemetry 为遥感勘测。

图 8–1　MTN 管控系统架构

统一的数据库系统、统一的存储格式和存取接口、统一的数据备份和恢复机制。

- 统一的南向接口：具有统一的南向接口框架，统一的南向协议连接，统一的南向数据模型。南向接口大多数是由设备商自己开发，自己的网络管理系统管理自己的设备。统一的南向接口支持网络管理系统对第三方设备的对接。
- 统一的 Portal 界面：具有统一的界面入口和界面风格、统一的北向协议连接及数据建模。南向接口和北向接口介绍详见 8.3 节。
- 管理子系统：集中统一业务管理、拓扑管理、网络维护、监控、告警排障等管理功能，详见 8.3 节。

- 控制子系统：包含集中式控制面和网络设备的分布式控制面，实现业务动态算路能力；8.4 节将重点讲述控制子系统如何针对业务要求实时计算网络路径。
- 切片管控：切片生命周期管理、切片运维、切片状态监测能力，8.5 节将重点讲述网络切片管控架构和应用。

8.3　管控系统接口

在万物互联的智能世界里，开放更多的接口、更快地开放接口，意味着能与其他网络更快建立连接，网络开放不但能够为设备网络带来变革，还可以进一步细分产业链，从而带来新的产业发展机遇。

南向接口、北向接口的定义是相对分层系统而言的，一般上层系统提供给下层系统的接口称为南向接口，下层系统提供给上层系统的接口称为北向接口。

北向接口是通过管控系统向上层业务应用开放的接口，管控向上提供资源抽象，实现软件可编程控制的网络架构，上层的网络资源管理系统或者网络应用可以通过管控的北向接口，全局把控整个网络的资源状态，并对资源进行统一调度。南向接口是管控系统与被管理的网元之间直接的接口，通过该接口，管控系统可对网元进行管理。

网络北向接口随着网络技术和网络本身的发展不断演进。这个演进过程类似于手机与充电器之间的接口演进，从最早的圆形充电接口，演进到 Mini USB 接口，到 Micro USB 接口，再到现在各大厂商标配的 Type-C 接口。Type-C 接口本身拥有多种技术优势（接口设计更薄、充电速度更快、传输速率更快、扩展功能更强大），从而获得了各大厂商的青睐，大家都按照这套标准设计充电口，因此同一个 Type-C 接口充电器可以给多种品牌的手机充电。同样地，管控系统需要与各种各样的上层 OSS 或者友商完成对接，因此它们也需要一套相同的“充电口”，即满足一定的协议 / 标准。

北向接口是一个管理接口，与传统设备提供的管理接口的形式和类型一致，只是提供的接口内容不同。传统设备提供单个设备的业务管理接口，而网络运维所产生的数据，都需要相应的承载方式或者表现形式。对管控而言，网络上的所有事物都可被抽象为资源，每个资源都有一个唯一的 URI（Uniform Resource Identifier，统一资源标识符）。也就是说，管控系统提供的接口面向网络业务。例如，客户在网络中部署一个虚拟网络业务，无须关心网络内部如何实现，这些实现由控制器内部程序完成。MTN 的管控系统建议采用 RESTCONF 接口，简化了北向 API（Application Program Interface，应用程序接口），实现了网络能力三级开放。

- 生态开放：支持与业界主流云平台对接，通过 20 多家行业合作伙伴的继承或者测试认证，对外开放开放者社区、创新工具和远程实验室。
- 北向开放：统一 API，统一认证、转发和注册；提供 300 多个原子 API，提供场景化 API，简化 OSS/App 开发。
- 南向开放：提供 NETCONF、Telemetry 等接口，如表 8-1 所示。

表 8–1　MTN 管控系统南向接口

接口协议	接口作用
NETCONF + YANG	NETCONF 是一种基于 XML 的网络配置管理协议，兼具监控、故障管理、安全验证和访问控制功能，基于单网元的连接，主要用于控制器 / 网络管理与设备间接口；YANG 是 NETCONF 的数据建模语言，用于 NETCONF 协议的基本操作
BGP-LS	BGP-LS 是 BGP（Border Gateway Protocol，边界网关协议）的扩展。BGP-LS 汇总 IGP IS-IS（Intermediate System to Intermediate System，中间系统到中间系统）收集的拓扑信息上报给控制器，控制器根据这些信息进行集中算路。这样无须 SDN 控制器具备 IGP（Interior Gateway Protocol，内部网关协议）处理能力，并且 BGP 直接将完整的拓扑信息上传给控制器，使拓扑上送协议归一化，有利于路径选择和计算
PCEP	PCEP 主要用于控制器调整隧道路径，PCE 能够基于网络拓扑图计算网络路径或者路由实体（网元或者应用）。PCE 功能可以由控制器完成，也可以单独设立。PCEP 是面向连接的协议，可以构建起双向通道，通过 PCEP 通道，链路状态协议状态变更可以即时上报控制器进行调整，效率高
Telemetry	网络设备和业务性能采集

8.4　管控系统智能算路

管控系统提供了许多算路策略，如基于带宽、时延、链路质量等因子的算路，从而实现全网优化资源、保障业务的 SLA。

如图 8-2 所示，管控系统的控制单元（图 8-2 中的控制器）实时采集网络拓扑，进行端到端集中算路，进而配合使用路由集中策略和分布式协议，有效降低网元转发设备的配置复杂度。

MTN 的集中管控系统支持对网络拓扑的自动发现和更新能力，对 SR-TP 采用集中式的静态路由发布、标签配置等管控方式；对 SR-BE（Segment Routing Best Effort，段路由尽力而为）支持基于 IGP 的 IS-IS 的分布式动态管理方式。如图 8-3 所示，MTN 采用分布式 + 集中式管控面。

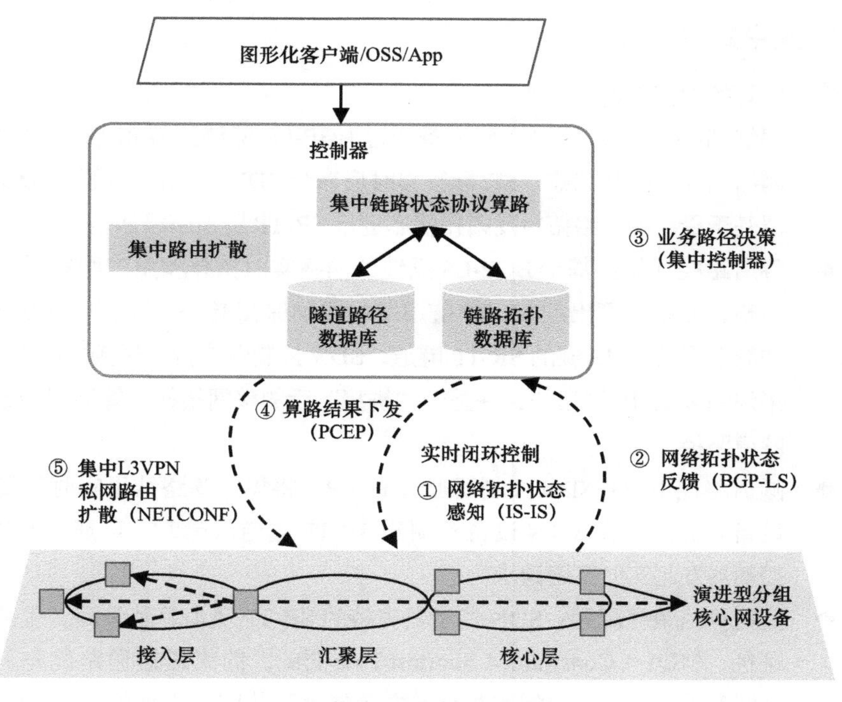

图 8–2　端到端集中算路

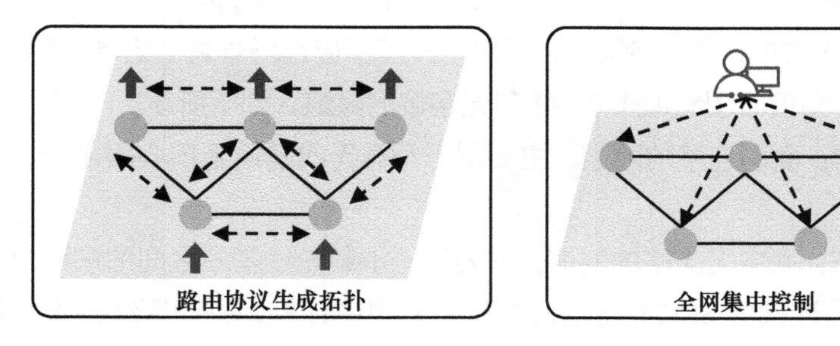

图 8–3　分布式 + 集中式管控面

1. 分布式管控面

MTN 设备通过域内路由协议 IS-IS 发现网络拓扑，并实时感知拓扑状态变化，为集中式控制面提供网络拓扑状态感知能力。

MTN 可以通过 IS-IS 分域部署，从而减小网络状态扩散范围并加快网络收敛速度；通过 IS-IS for SR 协议扩展支持 SR-BE 隧道本地保护功能 [TI-LFA（Topology-Independent Loop-Free Alternate，拓扑无关无环路备份）]，实现任意拓扑的电信级（保护倒换时间小于 50 ms）故障保护能力。

2. 集中式管控面

集中式管控面实现如下功能。

◆ 网络拓扑状态反馈：MTN 设备通过 BGP-LS 协议，将 IS-IS 域内发现的网络拓扑、拓扑状态、SR 标签实时反馈给 SDN 控制器，确保 SDN 控制器基于最新的网络拓扑及拓扑状态进行 SR-TP 隧道路径调整。

◆ 隧道路径计算：基于 BGP-LS 反馈的网络实时拓扑和用户配置隧道算路策略，即新计算出的 SR-TP 隧道路径要确保在 IS-IS 域内 IP 路由可达。如需部署跨 IS-IS 域的 SR-TP 隧道，SDN 控制器支持“拼接”BGP-LS 搜集到的多 IS-IS 域拓扑，并基于“拼接”后的整网拓扑计算端到端 SR-TP 隧道路径。

◆ 隧道路径下发：SDN 控制器通过 PCEP，将集中算路结果实时下发 SPN 设备。此外，在 MTN 设备检测到 SR-TP 隧道故障时，可通过 PCEP 向控制器发起实时算路请求。

◆ 隧道算路策略配置：SDN 控制器支持的 SR-TP 隧道算路策略，包括最短路径、CSPF（Constrained Shortest Path First，约束最短通路优先）、必经路径 / 节点、双向隧道共路、主备隧道不共路等算路策略。SDN 控制器能够从北向接口获取上层系统（如控制器、App、OSS 或协同器）下发的 SR-TP 隧道算路策略，以便用户基于应用场景灵活定制算路算法。

SR 隧道技术可同时提供面向连接和无连接的隧道，如下所述。

◆ SR-TP：面向连接的隧道，主要用于承载无线基站至核心网之间的南北向流量。

◆ SR-BE：面向无连接的隧道，主要用于承载无线基站之间的东西向流量。

其中，面向连接的 SR-TP 隧道由控制单元集中计算，将计算结果（到各目的地的隧道标签信息）通过 PCEP 下发给隧道的边缘节点，中间节点只需按照标签转发即可。

8.5 切片管控

众多垂直行业将在 5G 时代完成数字化转型，这既要求承载网满足基本的连接需求，又对承载网实现灵活按需、弹性扩展、租户隔离等服务能力提出了要求。如何为合作伙伴提供一张按需定制、独立运维、稳定高效的承载网，成了亟须解决的问题。

MTN 的管控系统支持网络切片管理，即将一张物理网络虚拟出多个独立的逻辑切片网络，并为逻辑切片网络分配网络资源，以实现对所承载业务的 SLA 隔离。如图 8-4 所示，面向 5G 应用场景，可分为四大行业网络切片，类似交通系统划分 BRT（Bus Rapid Transit，快速公交系统）、非机动车专用通道等，网络切片根据网络要求划分了“车道”和流量管理。

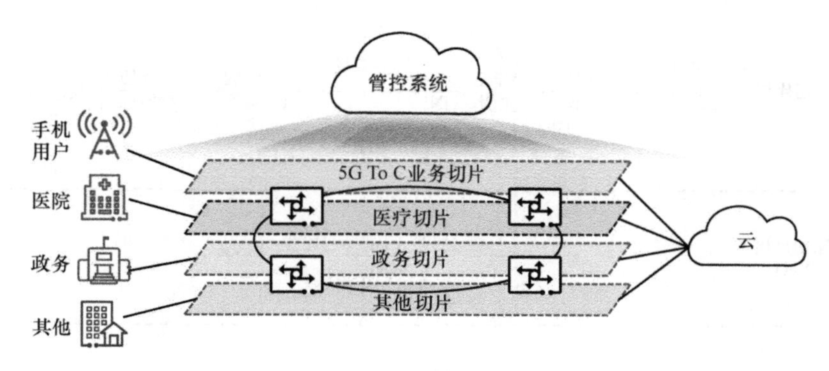

图 8–4　行业网络切片

网络切片主要有两个作用。第一个是隔离。有些行业（如金融行业）对安全隔离的诉求比较高，通过网络切片可以实现可靠的安全隔离，消除客户对传统 IP 网络统计复用带来的安全顾虑。第二个是网络切片带来的确定性的保障。在大部分客户的印象中，IP 网络就是不稳定的，时延、抖动大，而通过网络切片这种新技术，可以实现确定性的时延、带宽、抖动等。

与传统的不同业务建设不同物理网络的模式相比，网络切片不仅降低了建设多张专网的成本，而且可根据业务需求提供高度灵活的按需调配的网络服务，从而提升运营商的网络价值和变现能力，并助力各行各业的数字化转型。

1. 网络切片管控架构

网络切片涉及无线网、承载网和核心网，需要实现端到端协同管控。因此，网络切片管理分为无线网、承载网、核心网几个子切片，它们分工合作，完成重任。网络切片划分为纵向和横向两个维度，先在纵向的无线网、承载网、核心网子切片上完成自身的管理功能，再在横向上组成各个功能端到端的网络切片，即横向协同，纵向到底。

网络切片的实现分为转发面和控制面。转发面分为 MTN 通道层硬隔离转发面与 MTN 段层联合层次化 QoS 调度转发面两种。控制面实现各切片间不同的逻辑拓扑以及智能选路。网络切片端到端架构如图 8-5 所示。

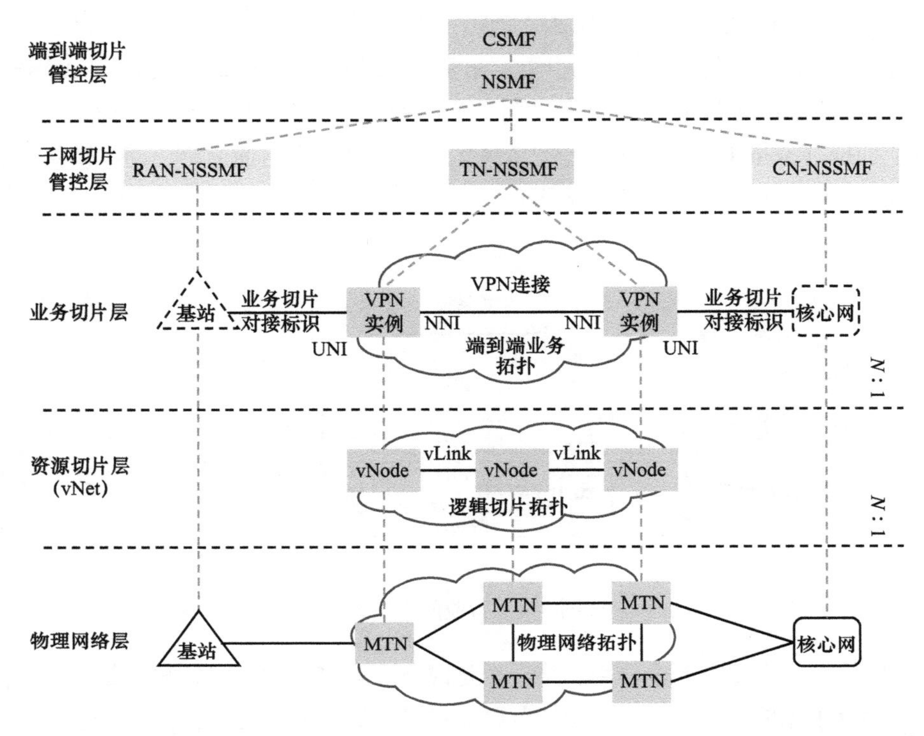

注：UNI 为 User-Network Interface，用户—网络接口；NNI 为 Network-Network Interface，网络—网络接口；vLink 为虚拟链路；CN-NSSMF 为 Core Network-Network Slice Subnet Management Function，核心网网络切片子网管理功能；vNet 为虚拟网络；vNode 为虚拟节点。

图 8-5　无线网、承载网和核心网协同的网络切片端到端架构

网络切片端到端架构主要包括如下几个关键功能。

- CSMF（Communication Service Management Function，通信服务管理功能）是切片设计的入口，负责将通信业务相关需求转化为网络切片相关需求，并传递到 NSMF 进行网络设计。CSMF 功能一般由运营商 BSS（Business Support System，业务支撑系统）集成改造提供。
- NSMF（Network Slice Management Function，网络切片管理功能）负责端到端的切片管理与设计。CSMF 接收端到端网络切片需求后，产生一个切片的实例，根据网络的能力，进行分解和组合，将网络的部署需求传递到 NSMF。NSMF 功能一般由跨域切片管理器提供。通常，MTN 的管控可以为网络切片提供独立的 App 界面，实现切片可视化运维。
- TN-NSSMF（Transport Network–Network Slice Subnet Management Function，承载网网络切片子网管理功能）负责承载网网络的切片管理与设计，一般是

NCE（Network Cloud Engine，网络云化引擎）。TN-NSSMF 将子网的能力上报给 NSMF，得到 NSMF 的分解部署需求后，实现子网内的自治部署和使能，并在运行过程中，对子网的切片网络进行管理和监控。

CSMF、NSMF 和 NSSMF 的分解与协同，实现了端到端切片网络的设计和实例化部署，属于网络切片的控制面。

基于 MTN 实现的网络切片由物理网络层、虚拟网络层、业务切片层组成，其端到端架构如图 8-6 所示。

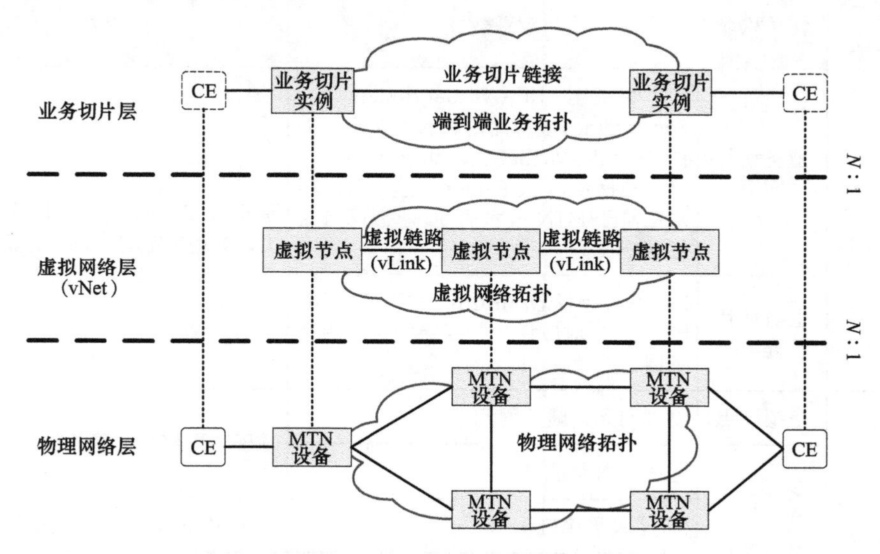

图 8–6　基于 MTN 实现的网络切片端到端架构

物理网络层： SPN 物理网络，包括 MTN 设备之间的物理链路。

虚拟网络层： 对物理网络及资源进行逻辑抽象及虚拟化，将物理网元虚拟化成一个或多个虚拟节点（vNode），物理链路虚拟隔离成多个虚拟链路（vLink），进而将一张物理网络内的虚拟节点和虚拟链路组合成多张虚拟网络（vNet = vNode + vLink）。虚拟网络层为上层业务切片层提供业务的 SLA 隔离服务。

业务切片层： 运行于虚拟网络环境内，通过提供 L3 VPN、E-Line（Ethernet Line，以太网专线）、E-Tree、E-LAN（Ethernet Local Area Network，以太网局域网）等业务服务，满足 5G To C、5G To B、集团客户专线等业务场景的承载需求。

为了降低网络切片多层次嵌套形成的管理模型复杂度，简化运维部署，可将 MTN 通道抽象为 MTN 资源切片层的底层虚拟链路进行管理，而不对 MTN 通道经过的逻辑节点和逻辑链路进行网络切片建模。网络切片功能由业务切片层和虚拟网络层共同完成，通过业务切片层接入客户业务，然后承载于虚拟网络层。

当同一虚拟网络承载多个业务切片层的 VPN 业务时，VPN 业务间具备分组软隔离能力；当不同虚拟网络承载不同的业务切片层的 VPN 业务时，VPN 业务间具备虚拟网络间硬隔离能力。

业务切片层接入客户业务，通过虚拟网络层承载客户业务，这属于网络切片的转发面。如表 8-2 所示，不同承载技术对应的切片能力不同。

表 8–2　基于 MTN 技术的 5G 承载网的网络切片构成及对应的承载技术

<table>
<tr><th>切片层次</th><th>切片构成</th><th>对应承载技术</th><th>切片能力</th></tr>
<tr><td rowspan="2">业务切片层</td><td>业务切片实例</td><td>L3VPN 业务 VRF（Virtual Routing and Forwarding，虚拟路由和转发）、E-LAN 业务 VSI（Virtual Switch Interface，虚拟交换接口）、E-Line 业务 VPN 等，对应基于 MTN 技术的 5G 承载网分组层客户业务</td><td rowspan="2">基于分组 VPN 的切片隔离能力，如地址空间、QoS 资源等</td></tr>
<tr><td>业务切片连接</td><td>MPLS 隧道（PW/MPLS-TP/SR-TP/SR-BE）等，对应切片分组层的网络传送子层</td></tr>
<tr><td rowspan="5">虚拟网络层</td><td>虚拟节点</td><td>物理网元，虚拟网元</td><td rowspan="2">基于物理接口的硬隔离</td></tr>
<tr><td rowspan="4">虚拟链路</td><td>普通以太网接口</td></tr>
<tr><td>MTN 段层接口</td><td>基于 MTN 段层接口的硬隔离</td></tr>
<tr><td>VLAN 子接口</td><td>基于 VLAN 的隔离</td></tr>
<tr><td>MTN 通道层</td><td>基于 MTN 通道层的硬隔离</td></tr>
</table>

如图 8-7 所示，MTN 设备从技术能力上能够支持硬切片和软切片，通过 MTN 通道实现切片硬隔离；通过 MTN 设备中的分组转发面，实现基于分组报文的包交换，再通过 QoS 实现切片软隔离，具体介绍如下。

默认切片：通过调整 DSCP（Differentiated Services Code Point，区分服务码点）优先级保障优先通过，适用于对切片要求不高的用户（例如，采用 MPLS-TP 且对资源不敏感的中小企业专线，采用 3GPP LTE 技术的 L2/L3 业务，5G 的普通用户业务）。

分组转发 + MTN 段层接口切片：不同的 L3VPN 切片用户通过 VPN 实现隔离，通过 CIR（Committed Information Rate，承诺信息速率）配置保障带宽，适用于对切片要求较高的用户（例如，政府和大型企业的分组专线业务，政府和大型企业的 L2/L3 专网业务，5G To B 的行业用户业务）。

MTN 通道切片： 通过一条端到端独享的 MTN 通道，提供 TDM 隔离、超低时延和带宽等各项功能保障，适用于对切片要求很高的用户（例如金融、银行等）。

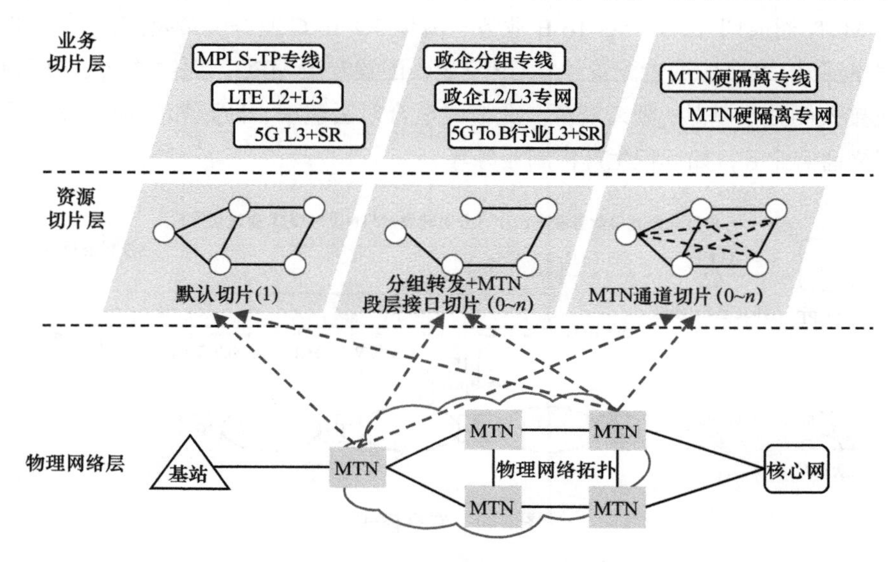

图 8–7　MTN 的网络切片承载实现方式

2. 网络切片应用

基于 MTN 承载网切片的实现方式，配合不同的 5G 无线网络资源使用策略，运营商可以为用户提供以下 3 种不同模式的典型服务。

优享模式： 满足 5G To B 业务使用的最低要求，与海量 5G To C 业务流量隔离，如图 8-8 所示。承载网段采用分组转发 + MTN 段层接口切片，将 5G To B 业务与海量 5G To C 业务流量隔离；5G 核心网侧共享 UPF 资源，只做逻辑隔离；无线接入侧共享基站 / 频谱资源。此模式适合自身对独立网络资源不敏感的中小企业。

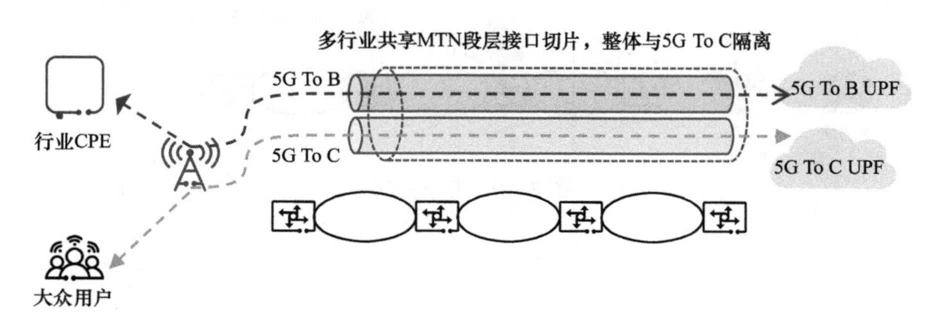

注：CPE 为 Customer Premises Equipment，用户驻地设备，业界常称客户终端设备。

图 8–8　优享模式

专享模式：适用于单行业独立管道，或单行业中关键业务做独立管道的情形，保障丢包率和时延，如图 8-9 所示。承载网段采用分组转发 + MTN 段层接口切片或者 MTN 通道切片，将 5G To B 业务与海量 5G To C 业务流量隔离；5G 核心网侧共享部分 CP 资源或者配置独立 CP 资源，配置专用 MEC，提供独立 UP 资源；无线接入侧独享基站 / 频谱资源。此模式适合对丢包率、时延和抖动有较强要求的网络通信业务，如远程生产控制业务等。

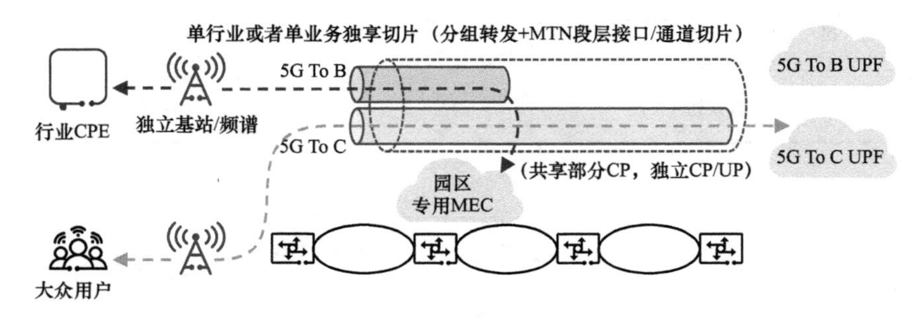

图 8–9　专享模式

尊享模式：在专享模式的基础上，提供更严格的安全隔离服务，如图 8-10 所示。承载网段采用 MTN 通道切片或者独立设备，将 5G To B 业务与海量 5G To C 业务流量隔离；5G 核心网侧共享部分 CP 资源或者配置独立 CP 资源，配置专用 MEC，提供独立 UP 资源；无线接入侧独享基站 / 频谱资源。此模式适合涉及人身安全、核心价值、强体验、金融类的业务。

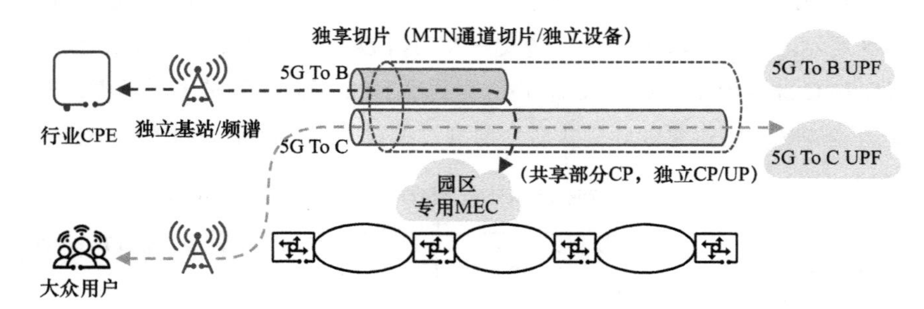

图 8–10　尊享模式

第9章 MTN的设备

应用MTN技术的移动承载网或任何网络都可以称为MTN，组成MTN中的一个个网元设备被称为MTN设备。移动承载网一般可分为接入网、汇聚网和核心网，运营商对处于移动承载网中不同位置的网元有不同的设备性能要求。接入网设备性能要求最低，设备尺寸最小，设备高度为1~2 U（1 U=4.45 cm），称为盒式设备；核心网设备性能要求最高，设备高度为14~18 U，称为框式设备。虽然MTN设备在尺寸、形态和性能方面有差异，但是核心功能是一致的，主要负责业务接入、转发、网络保护、网络性能监视、网络控制和时间同步等。相比于典型的分组交换设备，MTN设备有其独特的要求和特点，主要体现在功能模型和告警指示上。

本章主要针对MTN设备功能模型的平面划分、数据处理与交互流程以及告警指示的产生与清除条件进行详细介绍。

9.1 MTN设备的功能模型

MTN设备主要由业务接口、数据转发面、控制面、管理面和DCN（Data Communication Network，数据通信网）等功能组件构成，如图9-1所示。

在数据转发面，MTN设备通过UNI和NNI与其他设备相连；在管理面和控制面，MTN设备通过带外管理接口、控制接口与网络管控系统相连，或通过UNI和NNI的带内DCN与其他设备相连。接下来分别介绍MTN设备的主要功能组件。

1. 业务接口

在由MTN设备搭建而成的承载网络中，业务流量通过边缘设备的UNI侧接口以分组数据的形式接入；经过设备处理之后，业务流量再通过 NNI 侧的 MTN 接口以 66B 码块流的形式传输到承载网络内部。关于 UNI 侧接口与 NNI 侧的 MTN 接口的具体描述如下。

UNI 侧接口主要用于 MTN 设备与其他类型网络、其他厂家或其他领域的设备对接，通常采用以太网接口、传统 SDH 接口等。其中，以太网接口支持 FE、GE、10GE、25GE、40GE、50GE、100GE、200GE 和 400GE 等接口类型。

NNI 侧的 MTN 接口主要用于切片网以太网设备之间的互连，或者用于 MTN 通道穿越其他传送网设备，可采用以太网接口或 MTN 接口。其中，以太网接口支持 FE、GE、10GE、25GE、40GE、50GE、100GE、200GE、400GE 等接口类型；MTN 接口支持的物理层速率包括 50GE、100GE、200GE、400GE。

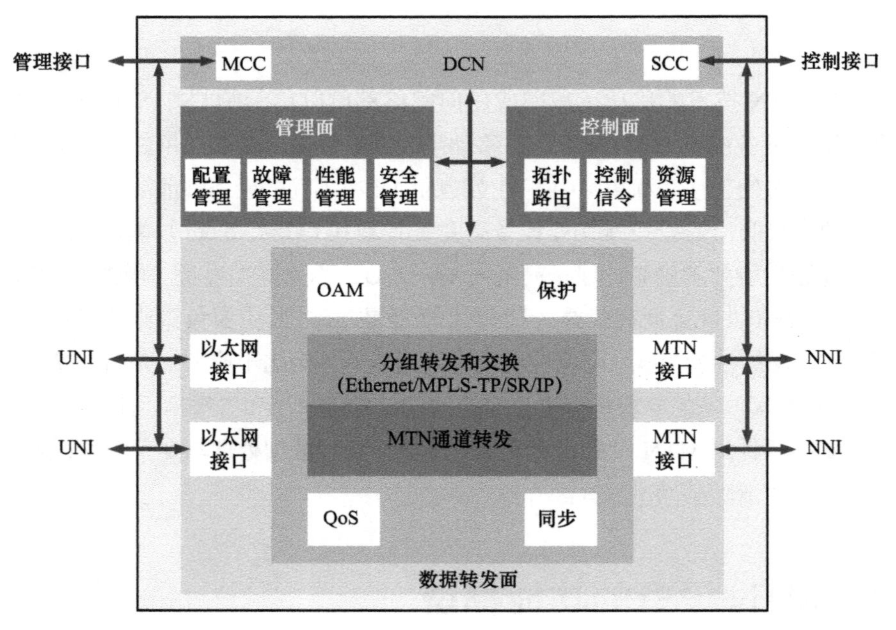

注：SCC 为 Service Control Center, 业务控制中心。

图 9-1　MTN 设备功能模型

另外，在 MTN 设备内部，还有一些其他类型的接口用于数据转发面、控制面和管理面等功能组件之间的互连。

2. 数据转发面

MTN 设备的数据转发面由分组转发和交换、MTN 通道转发、OAM、保护、QoS 和同步六大功能模块组成，主要负责设备业务流量的接入、转发与恢复。其中，恢复有两层含义：一是在保护倒换或回切时恢复业务流量的正常传输；二是业务流量中往往包含着配置信息（例如端口号、VLAN ID 等），此时数据转发面会把这些配置信息恢复出来，用于相关协议的处理。

如图 9-1 所示，数据转发面的核心功能模块是分组转发和交换模块以及 MTN 通道转发模块，前者的主要工作是对分组报文进行高速、无阻塞的交换操作，包括报文识别、流分类、封装、解封装、流标记、流统计等各种处理；后者主要负责 MTN 通道层码块流的转发及交换操作，包括 MTN 通道层码块流交叉连接、OAM 监测、保护倒换等一系列处理。当 MTN 设备作为承载网的边缘节点时，两大核心功能模块会配合 OAM 模块和保护模块，对流量报文中携带的 OAM 和保护消息进行提取及下发操作，共同配合完成故障感知、保护倒换等动作；配合 QoS 模块，识别和更新流量报文中的调度信息，从而完成流量的调度处理；配合同步模块，提取流量报文中承载的时钟信息和其他协议报文，并上送给相应的处理单元，实现时钟同步、协议状态更新等一系列功能。

数据通过 MTN 通道转发模块时，通道和通道之间数据无干扰，数据调度采用严格的 TDM 轮询机制。当单个网络切片承载于 MTN 通道中并独享该 MTN 通道带宽时，该网络切片也被称为硬切片。

数据通过分组转发和交换模块时，由于共享分组调度资源，带有统计复用特征，不同客户信号之间的数据有可能彼此间产生影响。当单个网络切片承载于包含分组转发和交换模块的管道（隧道）时，该网络切片也被称为软切片。

MTN 可以根据业务的 SLA 要求，通过管控系统配置硬切片或者软切片，为业务提供承载服务。

3. 控制面

MTN 设备的控制面一般采用轻量化的分布式控制面，主要包括拓扑路由、控制信令和资源管理等功能模块，各模块的作用可以概括如下。

- 拓扑路由模块：主要负责网络拓扑状态收集以及拓扑状态变化通告，并通过 DCN 控制接口与集中控制器交互信息，辅助控制器实现对业务路径的实时控制。
- 控制信令模块：主要负责处理从数据转发面上送来的信令消息，经过解析后，将相关指令传递到 MTN 设备的具体单元，触发预期的动作。
- 资源管理模块：主要负责统一调配和管理 MTN 设备的各类软硬件资源，接受并响应其他功能模块对资源的请求，支撑其他功能模块完成各自的任务。

4. 管理面

MTN 设备的管理面主要由配置管理、故障管理、性能管理和安全管理等模块组成，主要作用是支撑 MTN 设备在网元级和网络级两个层面实现相应的管理功能。此外，管理面还负责通过 DCN 管理协议通道、DCN 管理接口实现与 NMS（Network Management System，网络管理系统）的互通，完成管理信息的上送和下发。其中，DCN 管理协议通道支持 3 种实现方式：采用基于分组业务的以太网 VLAN；采用基于 MTN 段层开销的管理通道；当 MTN 段层组上承载了多个 MTN 通道时，可指定其中一个通道充当 DCN 管理协议通道。

5. DCN

DCN 是指集中控制器或 NMS 与网元设备之间互相传递各类管理、控制以及 OAM 消息的网络。DCN 分为控制面 DCN 和管理面 DCN 两种实现方式。

控制面 DCN 是指 DCN 报文在控制面直接完成转发的实现方式。在该方式下，网元设备的寻址在控制面中完成，DCN 报文的目标地址为控制面的 Node ID。控制面 DCN 报文可直接在单板硬件中完成转发，不需要上送设备 CPU 处理，转发效率较高。MTN 设备连接集中控制器的 DCN 控制接口是控制面 DCN 的模块。

管理面 DCN 是指 DCN 报文在管理面完成转发的实现方式。在该方式下，网元设备的寻址在管理面中完成，DCN 报文的目标地址为网元 IP。管理面 DCN 报文需要上送设备 CPU 完成转发，其转发效率不如控制面 DCN 高。但是，管理面 DCN 部署简单，可以实现网元设备的即插即用。MTN 设备连接 NMS 的 DCN 管理协议通道和 DCN 管理接口都是管理面 DCN 的模块。

9.2　MTN 设备的业务处理流程

MTN 设备的业务处理主要包括配置信息初始化、业务流量处理与转发、性能管理、故障检测和保护倒换等。如图 9-2 所示，我们结合一个具体的例子介绍 MTN 设备是如何在网络管理系统的协同下完成上述业务处理流程的。

1. 配置信息初始化

在图 9-2 中，MTN 设备 PE1、P 和 PE2 在上电之后，首先通过管理面的配置管理模块与 NMS 建立逻辑连接（即建立 DCN 管理协议通道）；然后，网络管理系统向 3 台设备下发对应的业务配置表，其中包含 Flow ID（标识 MTN 段层）、入接口、

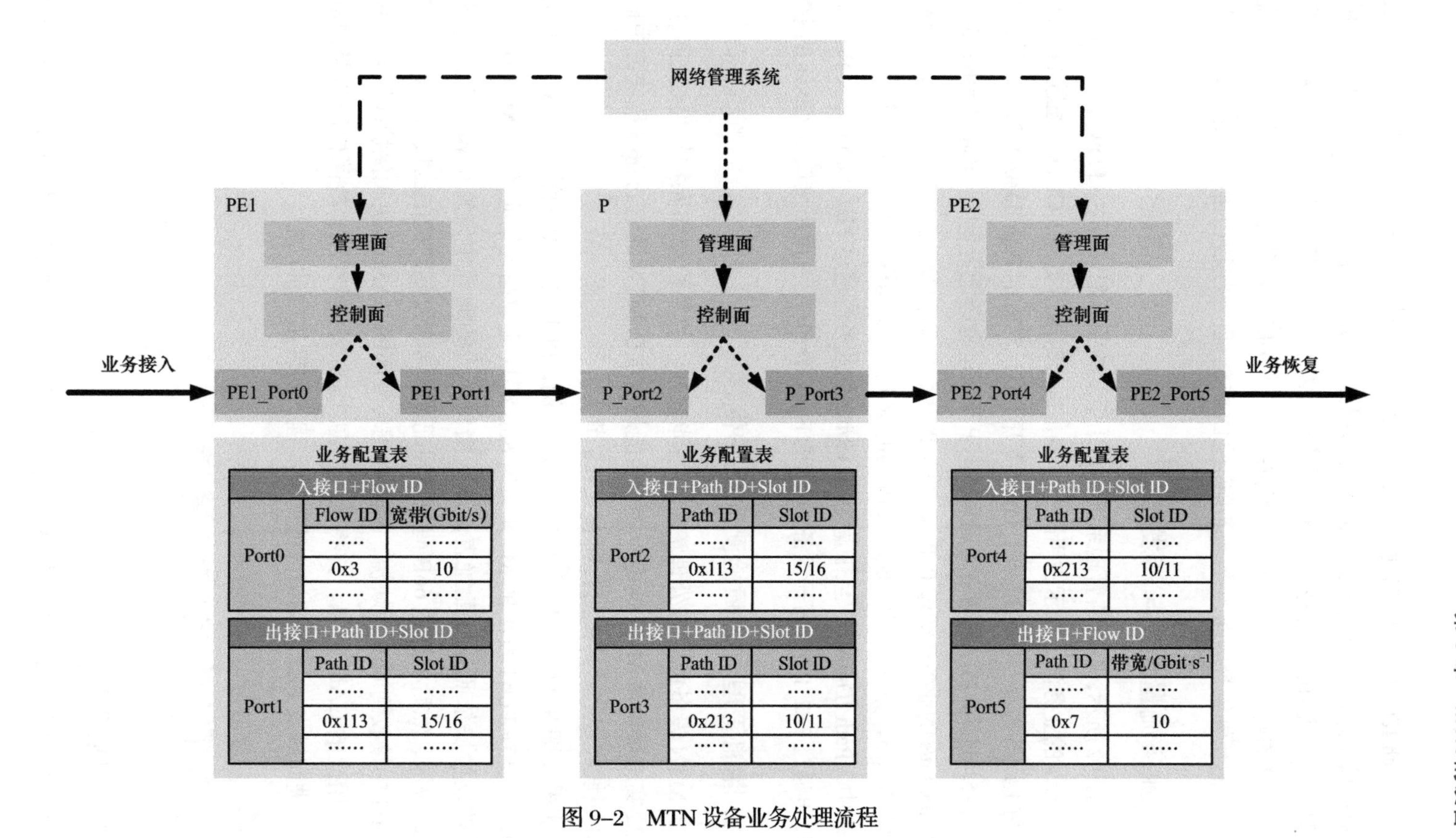

图 9-2　MTN 设备业务处理流程

出接口、Path ID（标识 MTN 通道）、Slot ID（标识接口所在的单板槽位）等关键配置信息；接下来，3 台设备的管理面将业务配置表发送给控制面；最后，控制面的资源管理模块确认当前设备是否具备配置信息所需的时隙、带宽等资源，如果有，则控制面将具体的配置信息下发到设备相应的出、入接口，如果没有，则控制面会将配置失败的信息反馈给管理面，管理面再通过 DCN 管理协议通道上报给网络管理系统。

2. 业务流量处理与转发

如图 9-2 所示，在网络管理系统向 PE1 下发的业务配置表中，Flow ID=0x3 且带宽为 10 Gbit/s 的业务流（表示占用两个时隙，每个时隙带宽是 5 Gbit/s）通过 PE1_Port0 进入 PE1 设备内部，再通过 PE1_Port1 离开 PE1，对应的 Path ID=0x113，占用出接口的时隙 15 与时隙 16。在网络管理系统向 P 下发的业务配置表中，Path ID=0x113 且带宽为 10 Gbit/s 的业务流通过 P_Port2 进入 P 设备内部，再通过 P_Port3 离开 P，对应的 Path ID=0x213，占用出接口的时隙 10 与时隙 11。在网络管理系统向 PE2 下发的业务配置表中，Path ID=0x213 且带宽为 10 Gbit/s 的业务流通过 PE2_Port4 进入 PE2 设备内部，再通过 PE2_Port5 离开设备，对应的 Flow ID=0x7，占用出接口 10 Gbit/s 的带宽。

3. 性能管理、故障检测和保护倒换

在 MTN 设备的业务处理流程，性能管理、故障检测和保护倒换这三项功能的主要实施对象是 MTN 通道。上述功能是通过在 MTN 通道的 66B 码块流中插入 OAM 码块实现的（详细过程可参见 4.3 节）。

这里以图 9-2 中 PE1 到 PE2 的方向为例，PE1 数据转发面的 OAM 模块和保护模块，会在 Port1 发出的 MTN 通道 66B 码块流中插入相应的 OAM 码块；P 的通道转发模块依照业务配置表，从入接口相应的时隙中恢复出属于不同业务的 66B 码块流，然后将这些 66B 码块按照配置信息转发到对应的出接口时隙上；PE2 从 Port4 中接收到 66B 码块流，然后数据转发面的 OAM 模块和保护模块会从其中提取出相应的 OAM 消息，并将这些消息上送给性能管理、故障检测和保护倒换模块，进而触发 PE2 启动相应的处理流程，实现相应的功能。

9.3 MTN 设备的告警指示

1. 告警定义及分类

当设备发生故障或由于某些原因进入不正常的工作状态时，MTN 设备能够快

速检测故障并上报告警信息给管控系统，以便网络管理员及时感知和处理。告警信息可按照不同维度进行分类，如按照告警产生的领域分类、按照告警的严重程度分类等。

如表 9-1 所示，按照产生领域的不同，MTN 设备的告警可以分为通信告警、业务质量告警、处理出错告警、环境告警以及设备告警。

表 9-1　MTN 设备的告警类型

告警类型	说明
通信告警	由信息传输失败引起，包括 MTN 设备之间、MTN 设备与 OMC（Operation and Maintenance Center，运行与维护中心）之间以及 MTN 设备与其他网络设备之间的通信失败导致的告警，例如：信号丢失、信号劣化、通信协议状态错误等
业务质量告警	由业务质量退化引起，包括流量发生拥塞、性能下降、资源占用率高、带宽减小等业务质量降低事件导致的告警
处理出错告警	由软件或业务处理过程错误引起，包括软件错误、内存溢出、版本不匹配、程序异常中止等出错事件导致的告警
环境告警	由 MTN 设备所处的环境发生变化引起，包括温度、湿度、通风等不符合 MTN 设备正常工作要求导致的告警
设备告警	由 MTN 设备物理资源故障引起，包括电源、风扇、处理器、时钟、输入 / 输出接口等硬件模块故障导致的告警

如表 9-2 所示，按照告警的严重程度不同，MTN 设备的告警又可以分为紧急告警、重要告警、次要告警以及提示告警。

表 9-2　MTN 设备的告警级别

告警级别	定义	告警影响
紧急告警	具有全局性的影响或者会导致网元瘫痪的故障告警和事件告警	需紧急处理，否则整网或设备有瘫痪的风险
重要告警	导致局部范围内的单板或线路失效的故障告警和事件告警	需及时处理，否则会影响网络或设备的重要功能实现
次要告警	一般性的、描述各单板或线路非正常工作的故障告警和事件告警	发送此类告警的目的是提醒网络管理员及时排查告警原因，消除故障隐患
提示告警	不会影响系统性能和用户业务，但设备或资源的服务质量可能会受到潜在影响，其中包括设备恢复正常的提示信息	一般不需要处理，用于协助网络管理员及时了解网络和设备的运行状态

2. 告警指示

MTN 设备的告警总共分为五个层次：物理层告警、MTN 段层实例告警、MTN 段层组告警、MTN 通道告警以及 MTN 通道 OAM 告警。每一层都包含若干告警指示，如图 9-3 所示。下一层的告警可能会进一步触发上一层告警，也就是说下一层告警可能是根因告警。因此，为了减少不必要的告警数量，当下一层告警和上一层告警同时产生时，MTN 设备可以只上报下一层告警，从而达到告警抑制的目的。

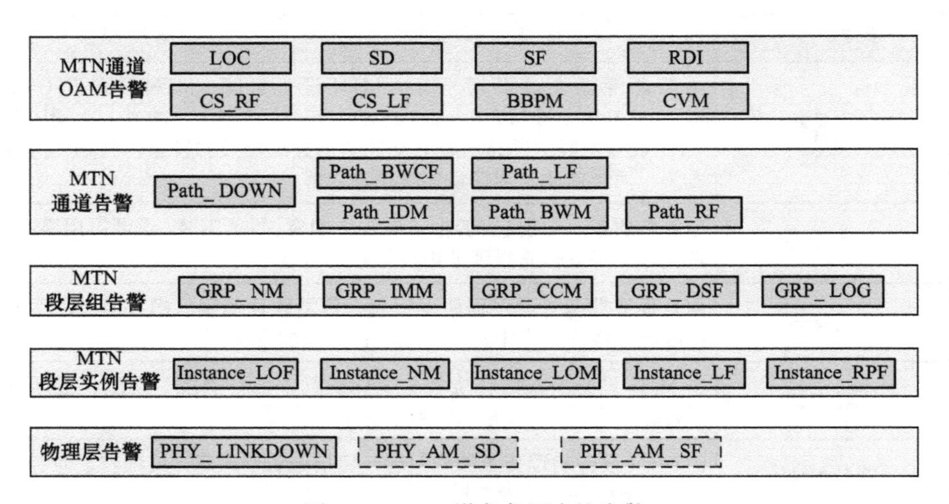

图 9–3　MTN 设备各层次的告警

如表 9-3 所示，MTN 设备的物理层告警通常有 3 种。其中，PHY_AM_SF 和 PHY_AM_SD 告警可能进一步触发 PHY_LINKDOWN 告警；另外，PHY_AM_SF 和 PHY_AM_SD 告警只适用于 100GBASE-R PHY。因此，这两个告警在 MTN 设备的告警指示定义中是可选的。

表 9–3　物理层告警

告警简称	告警英文全称	告警中文全称	告警产生原因和清除条件
PHY_LINKDOWN	PHY LINKDOWN	MTN 设备物理接口链路故障	66B 码块失锁、AM 码块失锁、AM 码块不对齐、误码率高、误符号率高。当设备物理层出现上述任意一个事件时，触发 PHY_LINKDOWN 告警。当上述触发事件都不存在时，该告警清除

续表

告警简称	告警英文全称	告警中文全称	告警产生原因和清除条件
PHY_AM_SD	PHY AM BLOCK SIGNAL DEGRADE	MTN 设备物理接口 AM 码块信号劣化	当物理接口的 AM 码块经过 BIP 校验得到的误码率大于等于信号劣化告警的产生门限时，触发 PHY_AM_SD 告警；当误码率低于 SD 告警清除门限时，该告警清除
PHY_AM_SF	PHY AM BLOCK SIGNAL FAIL	MTN 设备物理接口 AM 码块信号失效	当物理接口的 AM 码块经过 BIP 校验得到的误码率大于等于信号失效告警的产生门限时，触发 PHY_AM_SF 告警；当误码率低于 SF 告警清除门限时，该告警清除

MTN 段层实例告警有 5 种，具体介绍如表 9-4 所示。

表 9-4 MTN 段层实例告警

告警简称	告警英文全称	告警中文全称	告警产生原因和清除条件
Instance_LOF	Instance LOSS OF FRAMER	MTN 设备段层实例帧丢失	本端设备在接收 MTN 段层实例的开销帧时，如果连续 5 帧没有接收到正确的开销帧头码块，触发 Instance_LOF 告警；在实例帧丢失的状态下，如果本端设备连续两帧接收到正确的开销帧头码块，该告警清除
Instance_NM	Instance NUMBER MISMATCH	MTN 设备段层实例编号不匹配	本端设备在接收 MTN 段层实例的开销帧时，如果接收到的实例编号与本端设备配置的预期值不一致，触发 Instance_NM 告警；如果接收到的实例编号与预期值一致，该告警清除

续表

告警简称	告警英文全称	告警中文全称	告警产生原因和清除条件
Instance_LOM	Instance LOSS OF MULTIFRAME	MTN 设备段层实例复帧丢失	本端设备在接收 MTN 段层实例复帧时，如果连续收到 CRC-16 校验正确的开销帧，但是在预期出现 MFI 比特变化（从 0 变为 1 或者从 1 变为 0）的位置没有检测到变化，触发 Instance_LOM 告警；在复帧丢失的状态下，如果本端设备在连续接收到的两个 CRC-16 校验正确的开销帧中，都检测到 MFI 比特正常变化，该告警清除
Instance_LF	Instance LOCAL FAULT	MTN 设备段层实例本地故障	当 MTN 物理层产生 PHY_LINKDOWN 告警，或者 MTN 段层实例产生 Instance_LOF、Instance_LOM 等告警时，触发 Instance_LF 告警；当上述根因告警都清除时，该告警清除
Instance_RPF	Instance REMOTE FAULT	远端 MTN 设备段层实例故障	本端设备在接收到 MTN 段层实例的正确开销帧时，如果检测到 RPF 比特为 1，触发 Instance_RPF 告警；如果检测到 RPF 比特为 0，该告警清除

MTN 段层组告警有 5 种，具体介绍如表 9-5 所示。

表 9-5　MTN 段层组告警

告警简称	告警英文全称	告警中文全称	告警产生原因和清除条件
GRP_NM	GROUP NUMBER MISMATCH	MTN 段层组编号不匹配	在本端设备作为宿端时，如果 MTN 段层组从任意一个成员接口开销帧中接收到的段层组编号与本端的配置值不一致，触发 GRP_NM 告警；如果 MTN 段层组从所有成员接口开销帧中接收到的段层组编号均与本端的配置值一致，该告警清除

续表

告警简称	告警英文全称	告警中文全称	告警产生原因和清除条件
GRP_IMM	GROUP Instance MAP MISMATCH	MTN 段层组物理接口映射表不匹配	在本端设备作为宿端时，如果 MTN 段层组从任意一个成员接口的开销复帧中接收到的物理接口映射表与本端的配置值不一致，触发 GRP_IMM 告警；如果 MTN 段层组从所有成员接口的开销复帧中接收到的物理接口映射表均与本端的配置值一致，该告警清除
GRP_CCM	GROUP CALENDAR CONFIG MISMATCH	MTN 段层组时隙配置表不匹配	在本端设备作为宿端时，如果 MTN 段层组从任意一个成员接口的开销复帧中接收到的时隙配置表与本端的预期值不一致，触发 GRP_CCM 告警；如果 MTN 段层组从所有成员接口的开销复帧中接收到的时隙配置表均与本端的预期值一致，该告警清除
GRP_DSF	GROUP DESKEW FAIL	MTN 段层组偏移对齐失败	当 MTN 段层组多个成员接口之间的时延差大于配置的阈值而导致偏移对齐失败时，触发 GRP_DSF 告警；当多个成员接口之间的时延差小于配置的阈值时，该告警清除
GRP_LOG	GROUP LOSS OF GROUP	MTN 段层组丢失	当 MTN 段层组产生了 GRP_NM、GRP_CCM、GRP_DSF 中的任意一个告警，或者段层组的任意一个成员接口产生了 PHY_LINKDOWN 或其他导致物理接口不能正常工作的告警时，触发 GRP_LOG 告警；当上述根因告警都清除时，该告警清除

MTN 通道告警有 6 种，具体介绍如表 9-6 所示。

表 9–6 MTN 通道告警

告警简称	告警英文全称	告警中文全称	告警产生原因和清除条件
Path_BWM	Path BANDWIDTH MISMATCH	MTN 通道带宽不匹配	在本端设备作为宿端时，如果 MTN 通道配置的带宽值与本端接收到的时隙配置表中的带宽值不一致，触发 Path_BWM 告警；如果 MTN 通道配置的带宽值与本端接收到的时隙配置表中的带宽值一致，该告警清除
Path_IDM	Path ID MISMATCH	MTN 通道 ID 不匹配	在本端设备作为宿端时，如果接收到的 MTN 通道 ID 与本端配置的预期值不一致，触发 Path_IDM 告警；如果接收到的 MTN 通道 ID 与本端配置的预期值一致，该告警清除
Path_BWCF	Path BANDWIDTH CONFIG FAIL	MTN 通道带宽配置失败	在本端设备作为源端时，如果本端发出的 MTN 通道带宽配置请求，在特定时间（默认为 1 s）内没有收到相应的配置确认回应，认为配置失败，触发 Path_BWCF 告警；如果配置成功，该告警清除
Path_LF	Path LOCAL FAULT	MTN 通道本地故障	以连续 128 个 66B 码块作为一个滑动窗口，当本端设备在任意一个窗口期内检测到 4 个 LF 码块时，触发 Path_LF 告警；告警产生之后，当任意一个滑动窗口期内都没有检测到 LF 码块时，该告警清除
Path_RF	Path REMOTE FAULT	MTN 通道远端故障	以连续 128 个 66B 码块作为一个滑动窗口，当本端设备在任意一个窗口期内检测到 4 个 RF 码块时，触发 Path_RF 告警；告警产生之后，当任意一个滑动窗口期内都没有检测到 RF 码块时，该告警清除

续表

告警简称	告警英文全称	告警中文全称	告警产生原因和清除条件
Path_DOWN	Path DOWN	MTN 通道失效	当满足下列条件之一时，触发 Path_DOWN 告警： ◆ 当前 MTN 通道相关的任意一个 PHY 发生了故障； ◆ 当前 MTN 通道依赖的 MTN 段层组产生了 GRP_LOG 告警； ◆ 当前 MTN 通道产生了 Path_BWM 和 Path_IDM 告警。 当上述所有条件都不满足时，该告警清除

MTN 通道 OAM 告警有 8 种，具体介绍如表 9-7 所示。

表 9-7　MTN 通道 OAM 告警

告警简称	告警英文全称	告警中文全称	告警产生原因和清除条件
LOC	LOSS OF CONTINUITY	MTN 通道连通性丢失	当本端设备连续 3.5 个配置周期未接收到 Basic OAM 码块时，触发 LOC 告警；当本端设备在连续 3.5 个配置周期内接收到 Basic OAM 码块数量大于或等于 3 个时，该告警清除
SD	SIGNAL DEGRADE	MTN 通道信号劣化	在指定时间窗内，当 MTN 通道基于 BIP8 校验产生的误码率大于或等于 SD 告警的产生阈值时，触发 SD 告警；当 MTN 通道基于 BIP8 校验产生的误码率低于 SD 告警的清除阈值时，该告警清除
SF	SIGNAL FAIL	MTN 通道信号失效	在指定时间窗内，当 MTN 通道基于 BIP8 校验产生的误码率大于或等于 SF 告警的产生阈值时，触发 SF 告警；当 MTN 通道基于 BIP8 校验产生的误码率低于 SF 告警的清除阈值时，该告警清除

续表

告警简称	告警英文全称	告警中文全称	告警产生原因和清除条件
RDI	REMOTE DEFECT INDICATION	MTN 通道远端缺陷指示	在远端设备检测到 MTN 故障后，远端设备在回给本端设备的 Basic OAM 码块中将 RDI 置为 1，当本端设备接收到这样的 Basic OAM 码块时，触发 RDI 告警；当本端设备接收到的所有 Basic OAM 码块中 RDI 都没有置为 1 时，该告警清除
CS_LF	CLIENT SIGNAL LOCAL FAULT	MTN 通道客户信号本地故障	当 MTN 通道源端设备在其客户侧接口检测到 LF 码块时，源端设备在发给宿端设备的 Basic OAM 码块中将 CS_LF 置为 1，如果宿端设备接收到了这样的 Basic OAM 码块，则触发 CS_LF 告警；如果宿端设备接收到的所有 Basic OAM 码块中 CS_LF 都没有置为 1，该告警清除
CS_RF	CLIENT SIGNAL REMOTE FAULT	MTN 通道客户信号远端故障	当 MTN 通道源端设备在其客户侧接口检测到 RF 码块时，源端设备在发给宿端设备的 Basic OAM 码块中将 CS_RF 置为 1，如果宿端设备接收到了这样的 Basic OAM 码块，则触发 CS_RF 告警；如果宿端设备接收到的所有 Basic OAM 码块中 CS_RF 都没有置为 1，该告警清除
BBPM	BASE BLOCK PERIOD MISMATCH	MTN 通道 Basic OAM 码块周期不匹配	当本端设备接收到的 Basic OAM 码块中携带的 Period 值与本端的配置值不一致时，则触发 BBPM 告警；当本端设备接收到的所有 Basic OAM 码块中携带的 Period 值都与本端的配置值一致时，该告警清除

续表

告警简称	告警英文全称	告警中文全称	告警产生原因和清除条件
CVM	CONNECTIVITY VERIFICATION MISMATCH	MTN 通道标识符不匹配告警	当本端设备接收到的 CV OAM 消息与预期的不一致，触发 CVM 告警；当本端设备接收到的 CV OAM 消息与预期一致时，该告警清除

第 10 章
MTN 的应用

本章将介绍 MTN 技术的典型应用场景，包括 5G 移动承载与城域综合承载。5G 移动承载是 MTN 技术的重要应用场景，MTN 为 5G 无线通信系统，以及 5G 定义的 eMBB、mMTC、URLLC 等业务提供硬隔离、确定性低时延的承载服务。同时，MTN 在城域综合承载范围内有广泛的应用，MTN 设备可以作为多种业务的接入点，为不同类型的业务提供城域范围内的综合承载服务。

10.1 MTN 的差异化能力

SPN/MTN 具备超低时延、超高时间同步精度和硬隔离三大差异化能力。中国移动 2017 年在博瑞琪实验室开展了 SPN/MTN 技术与 PTN、OTN 技术的性能对比测试。在 P 节点转发时延方面，测试结果如图 10-1 所示，采用 MTN Channel 交叉的 SPN 单节点转发时延低至 2.784 μs；而 PTN 单节点转发时延为 24.780 μs，OTN 单节点转发时延为 55.400 μs。以 SPN/MTN 设备作为 P 节点，单节点转发时延较 PTN 下降约 89%，较 OTN 下降约 95%。

在单节点时间同步精度方面，测试结果如图 10-2 所示，SPN/MTN 可达到 ±3.90 ns，优于 ±5 ns；而同期测试的 PTN 为 ±12.20 ns，OTN 为 ±10.77 ns。SPN/MTN 较 PTN 下降约 68%，较 OTN 下降约 64%。

在切片隔离能力方面，测试结果如图 10-3 所示，采用 MTN Channel 交叉的 SPN 设备在网络拥塞前后，业务抖动约 0.277 μs，几乎不受影响；而采用传统分组交换技术的设备在网络拥塞前后，业务抖动可达 20 μs。

因此，MTN 在时延、时间同步精度和隔离性方面有较大技术优势，适合有确定性低时延、超高时间同步精度和硬隔离需求的承载业务。中国移动针对该类应用场景，在中国移动信息港实验室进行了 SPN/MTN 承载电网业务、承载实时游戏业务，以及 SPN 超高精度时间同步网支撑精准室内定位的演示。

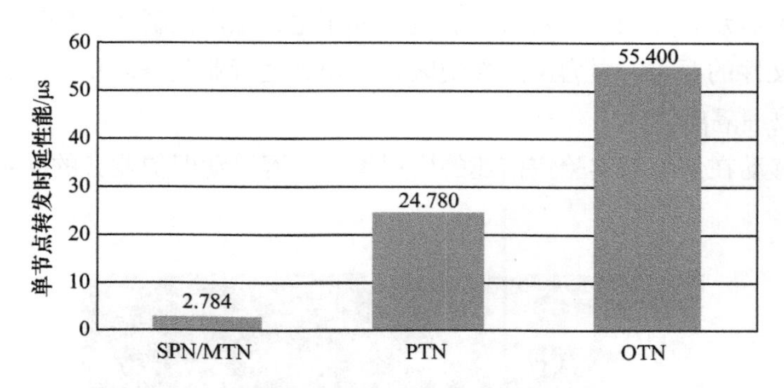

图 10–1　单节点转发时延测试结果

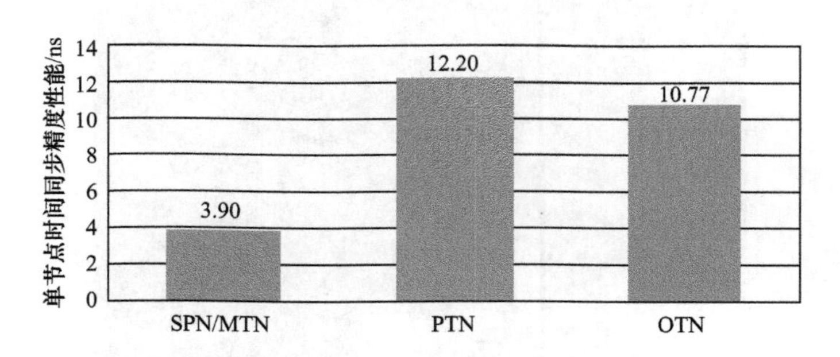

图 10–2　单节点时间同步精度测试结果

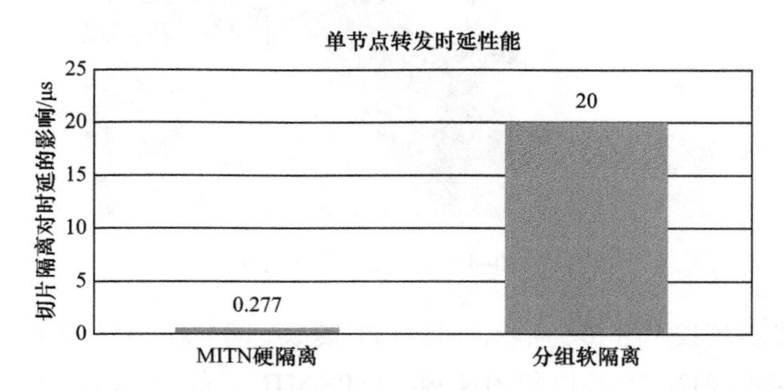

图 10–3　MTN 硬隔离和分组软隔离对时延性能的影响对比

1. SPN/MTN 承载电网业务场景演示

差动保护是一种在高压输电网中成熟应用的电网技术，它有很多类型。其中，电流差动保护技术通过差动保护终端比较两端或多端同一时刻的电流值（矢量），从而判定故障状态，并及时执行差动保护动作，隔离故障线路，快速切换备用线路，保障线路安全。根据差动保护的要求，保护装置之间需实现实时通信，端到端通信时延要求不大于 20 ms，且差动保护业务属于电力生产控制区（安全 I 区）业务，按照相关文件的要求，电力生产控制区必须和其他行业业务以及电力管理信息区业务实现物理隔离。

中国移动在信息港实验室搭建的模拟承载电网差动保护业务的演示环境如图 10-4 所示。

图 10–4　信息港的演示环境

演示业务场景如图 10-5 所示，两端 CPE 模拟电网中需支持差动保护的设备，PTN 7900E-24、PTN 7900E-12 和 PTN 980 为 SPN/MTN 设备，测试仪表模拟电网 DTU（Digital Trunk Unit，数字中继单元）发包和背景流。有两条业务流路径，说明如下。

差动保护业务路径：测试仪端口 1 ⟷ CPE1 ⟷ 基站 ⟷ PTN 980 ⟷ PTN 7900E-12 ⟷ PTN 7900E-24 ⟷核心网⟷ PTN 7900E-24 ⟷ PTN 7900E-12 ⟷ PTN 980 ⟷ 基站 ⟷ CPE 2 ⟷ 测试仪端口 2。

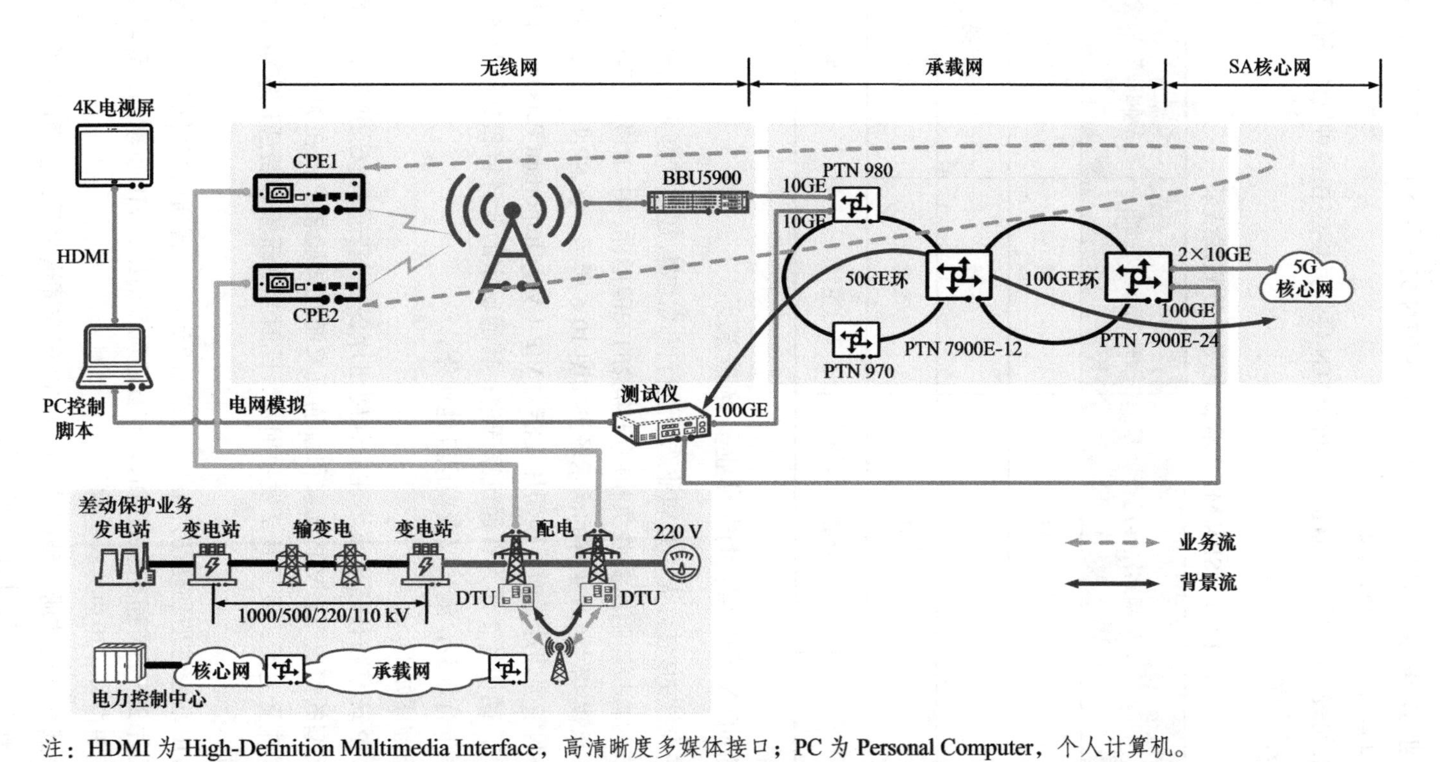

注：HDMI 为 High-Definition Multimedia Interface，高清晰度多媒体接口；PC 为 Personal Computer，个人计算机。

图 10–5　中国移动信息港实验室 SPN/MTN 承载电网差动保护业务场景

背景流业务路径：测试仪端口 3 ⟷ PTN 980 ⟷ PTN 7900E-12 ⟷ PTN 7900E-24 ⟷ 测试仪端口 4。

测试结果如表 10-1 所示，验证了 SPN/MTN 硬切片能够在各种网络条件下很好地实现业务间的硬隔离。

表 10–1 SPN/MTN 承载电网业务测试结果

差动保护业务是否部署硬切片	网络路径是否拥塞	差动保护性能	故障隔离情况
否	否	正常	正常
	是	下降	无法隔离
是	否	正常	正常
	是	正常	正常

2. SPN/MTN 承载实时游戏业务场景演示

随着电子竞技的兴起，无论是职业选手进行正式比赛，还是普通用户日常娱乐，游戏时延都成为直接影响比赛胜负和用户体验的关键指标。中国移动在实验室搭建 SPN/MTN 承载实时游戏业务的演示场景如图 10-6 所示，在 SPN 上划分硬切片 1 和硬切片 2 两条硬切片通道，硬切片 1 作为 VIP（Very Important Person，重要客户）玩家通道，硬切片 2 作为普通玩家通道；普通玩家的业务将和其他业务一起在硬切片 2 里混合承载，测试仪表模拟其他业务。

测试现象描述如下。

- 当 VIP 玩家和普通玩家均注册到硬切片 2——普通玩家通道时，在网络无拥塞的情况下，VIP 玩家和普通玩家游戏体验较好；在测试仪表发送背景流量之后，硬切片 2 发生拥塞，此时 VIP 玩家和普通玩家游戏发生卡顿。
- 当 VIP 玩家注册到硬切片 1——VIP 玩家通道，普通玩家仍在发生拥塞的硬切片 2——普通玩家通道时，与普通玩家相比，VIP 玩家的时延较小，画面更流畅，用户体验更好。
- 当普通玩家也注册到硬切片 1——VIP 玩家通道之后，普通玩家的时延变小，画面变流畅，用户体验变好。

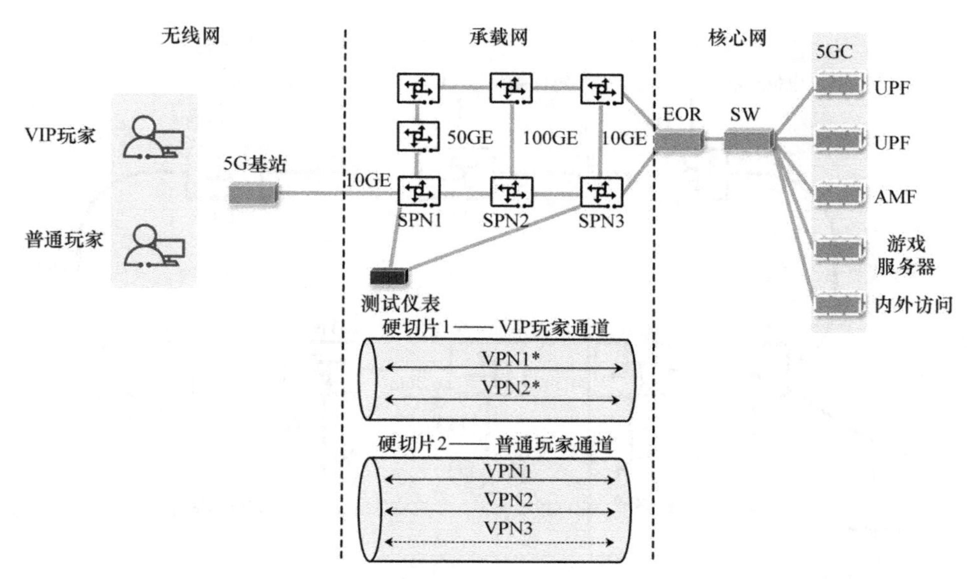

注：5GC 为 5G Core，5G 核心网；AMF 为 Access and Mobility management Function，接入和移动性管理功能；EOR 为 End Of Row，列末（交换机）；SW 为 Switch，（普通）交换机。

图 10–6　中国移动实验室 SPN/MTN 承载实时游戏业务场景

测试结果表明，玩家在拥塞的普通玩家通道时，时延达 113 ms，胜率低于 30%；而玩家在 VIP 玩家通道时，时延仅为 9 ms，胜率高于 70%。这里验证了 SPN/MTN 硬切片可以大幅提升用户的实时游戏体验。

3. SPN/MTN 超高精度时间同步网支撑精准室内定位场景演示

无线终端通过 5G 无线基站使用 OTDOA（Observed Time Difference of Arrival，观察到达时间差）定位法在室内进行定位。OTDOA 定位法需要基站之间具备严格的时间同步，理论上要满足 1 m 的定位精度，基站间的时间同步误差不应超过 3 ns。图 10-7 展示了室内搭建的演示环境，8 台级联的 MTN 设备为 6 个 5G 无线基站提供时间同步信号。选择共视时间源作为高稳源提供时钟输出。8 台 MTN 设备都支持 1588 物理层时间戳以及高精度锁相环。8 台 MTN 设备采用环形组网，光纤总长度超过 10 km，模拟移动承载网商用环境。测试仪逐一与两台相邻的 MTN 设备连接，测试设备之间的时间同步误差。

测试结果如图 10-8 所示，8 台级联的 MTN 设备之间的时间同步误差达到了 ± 800 ps。800 ps 的误差满足 OTDOA 定位方法所要求的 3 ns 以内的时间同步误差要求。演示结果表示，即使在复杂的室内环境下，MTN 也能够支撑 5G 无线基站实现亚米级定位精度。

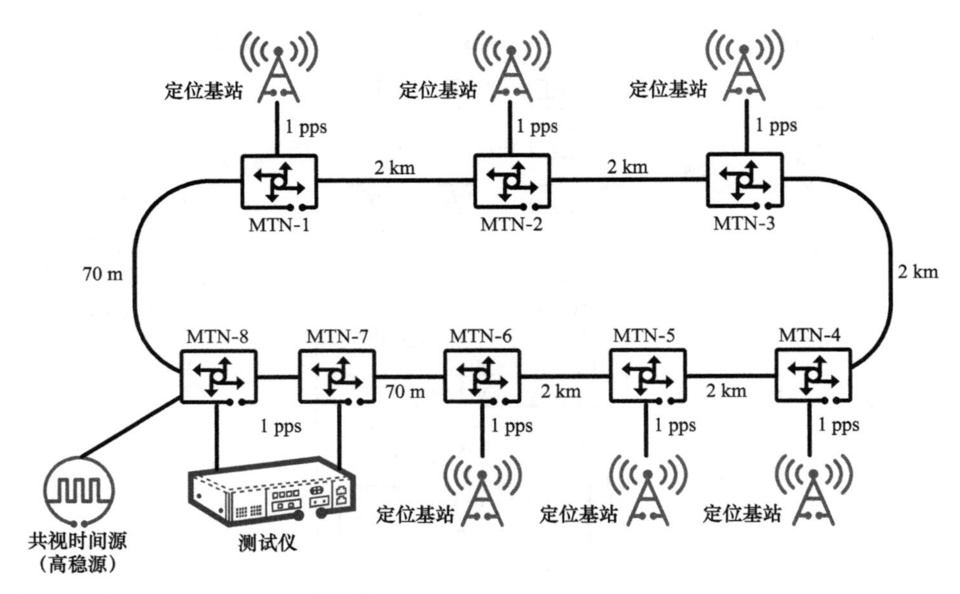

注：pps 为 pulse per second，秒脉冲。

图 10–7　MTN 超高精度时间同步网演示环境

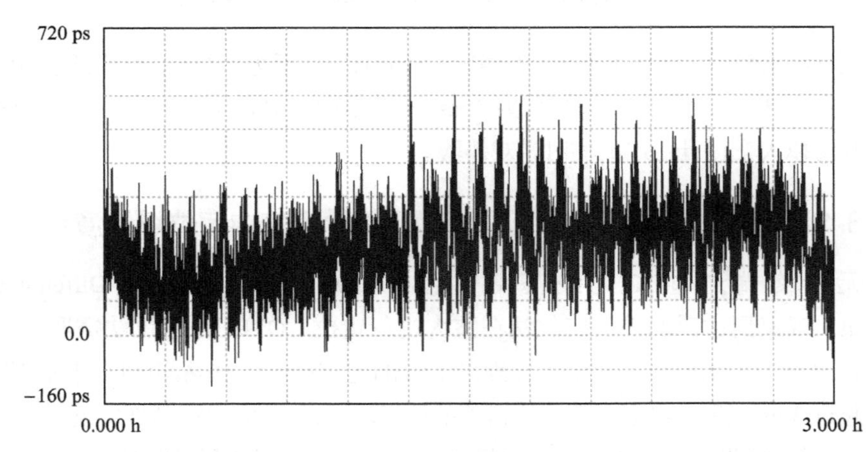

注：ps 为 picosecond，皮秒；h 为 hour，小时；横坐标每格代表 15 min；纵坐标每格代表 80 ps。

图 10–8　SPN/MTN 超高精度时间同步网演示的测试结果

10.2　5G 移动承载

4G 改变人们的沟通与生活方式，主要承载人与人的“联接”；5G 使能智能社会，使万物互联。不同类型的 5G 业务会带来千差万别的服务要求，在带宽、时延、可靠性和移动性等方面都存在极大的差异。

10.2.1　5G 承载网切片

垂直行业是 5G 的重要业务场景，各种垂直行业对网络提出了具有明显差异化且十分严苛的要求。不同于传统 4G 网络“一条管道、尽力而为”的形式，5G 网络旨在基于统一的基础设施和统一的网络架构提供多种端到端的网络切片，即逻辑上的“专用网络”，从而满足垂直行业用户的各种业务需求。网络切片技术作为“5G + 垂直行业”的基础使能技术，可以满足不同行业、不同业务 SLA 承载的需求，同时也可以满足业务安全、可靠性隔离的需求。因此，5G 承载网的切片能力将成为行业应用部署的关键因素。

目前，中国移动已采用 MTN 技术方案部署了 5G 承载网。在基于转发面的网络切片能力上，MTN 设备同时支持软切片隔离和硬切片隔离。软切片隔离技术主要包括 VPN 和 QoS 队列隔离技术，从而实现基于分组隧道和不同优先级报文维度的业务逻辑隔离。硬切片隔离技术支持基于物理层的 TDM 时隙隔离能力。基于 MTN 技术的 5G 承载网支持物理设备隔离、物理接口隔离、MTN 接口隔离能力，以及基于 MTN 通道进行端到端硬隔离的能力。基于 MTN 技术的 5G 承载网的切片隔离能力如表 10-2 所示。

表 10–2　基于 MTN 技术的 5G 承载网的切片隔离能力

切片类型	网络切片服务类型	网络切片的传输资源隔离和复用特性			适用的 5G 网络切片场景示例
		硬隔离的网络资源	分组层软隔离的网络资源	硬隔离和软隔离的传输资源复用关系	
尊享切片	最高优先级的硬隔离网络切片	MTN 通道	专用 SR 分组隧道 + 专用 VPN	1 对 1	VIP 行业客户最高隔离度和低时延要求的专网切片
专享切片	高优先级的软、硬隔离网络切片	MTN 接口	专用 SR 分组隧道 + 专用 VPN	1 对多	VIP 行业客户的专网业务切片
5G To B 优享切片	中优先级的软隔离网络切片	MTN 接口	专用 SR 分组隧道 + 专用 VPN	1 对多	普通行业客户的专网业务切片
5G To C 优享切片	低优先级的软隔离网络切片	MTN 接口	SR 分组隧道 + VPN	1 对多	公网的 eMBB 业务切片

基于 MTN 技术的 5G 承载网在网络接口侧进行网络切片资源规划时，支持以下 4 类网络切片资源及其组合。

- 物理层支持基于不同的以太网物理接口（50G/100G/200G/400G）或者 MTN 段层组实现基于 L1 的网络资源硬隔离。
- MTN 层支持基于 MTN 接口或者 MTN 通道，实现基于 L1 TDM 通道的网络资源硬隔离，带宽可灵活配置 $N\times5$ Gbit/s。
- 在每个 MTN 接口或 MTN 通道内部，可基于分组层的不同分组转发隧道（如 SR 隧道），实现 L2VPN/L3VPN 的网络资源软隔离。
- 在分组层的每个分组转发隧道内，支持基于专用或共享的 L2VPN/L3PVN 以及 QoS 调度机制，实现网络资源的软隔离。

10.2.2 5G 垂直行业

MTN 应用于“5G + 垂直行业”承载网的典型方案，以不同行业的承载需求为基础，结合不同切片方案的隔离特性和网络覆盖范围，选择适用于该行业的切片类型，并确定相关的带宽颗粒、保护、服务质量检测等机制。

1. MTN 在 5G To B 智能电网中的应用

根据 MEC/UPF 部署位置的不同，智能电网典型组网分为区域集中、多点分布和变电站本地组网三类场景。

区域集中式组网：MEC/UPF 部署在核心节点或汇聚节点，电力安全Ⅰ、Ⅱ、Ⅲ和Ⅳ区的所有业务在核心节点或汇聚节点的电力调度中心处终结，多个电力切片的业务终结点相同，一般为一个城市的区域中心。

多点分布式组网：适用于以城市为单位的大区域组网场景，MEC/UPF 分别部署在核心节点和汇聚节点的调度中心、变电站，安全Ⅰ、Ⅱ区业务在调度中心处理，安全Ⅲ、Ⅳ区业务在某个变电站终结，多个电力切片的业务终结点不同。

变电站本地组网：MEC/UPF 下沉到变电站，可以作为承载网的接入节点、核心节点或汇聚节点，主要用于变电站电力视频监控类业务的本地处理。

不同的组网方式会影响电力切片的部署位置和覆盖范围。

如图 10-9 所示，基于智能电网三类典型组网，给出了 5G To B 智能电网承载方案的整体组网架构。

按照电网的分区隔离要求，安全Ⅰ、Ⅱ区与安全Ⅲ、Ⅳ区业务之间分别采用两个 MTN 通道进行硬隔离，在安全Ⅰ区和Ⅱ区之间、Ⅲ区和Ⅳ区之间，业务采用专用 VPN 的软隔离方案。结合具体电网业务，MTN 承载方案如表 10-3 所示。

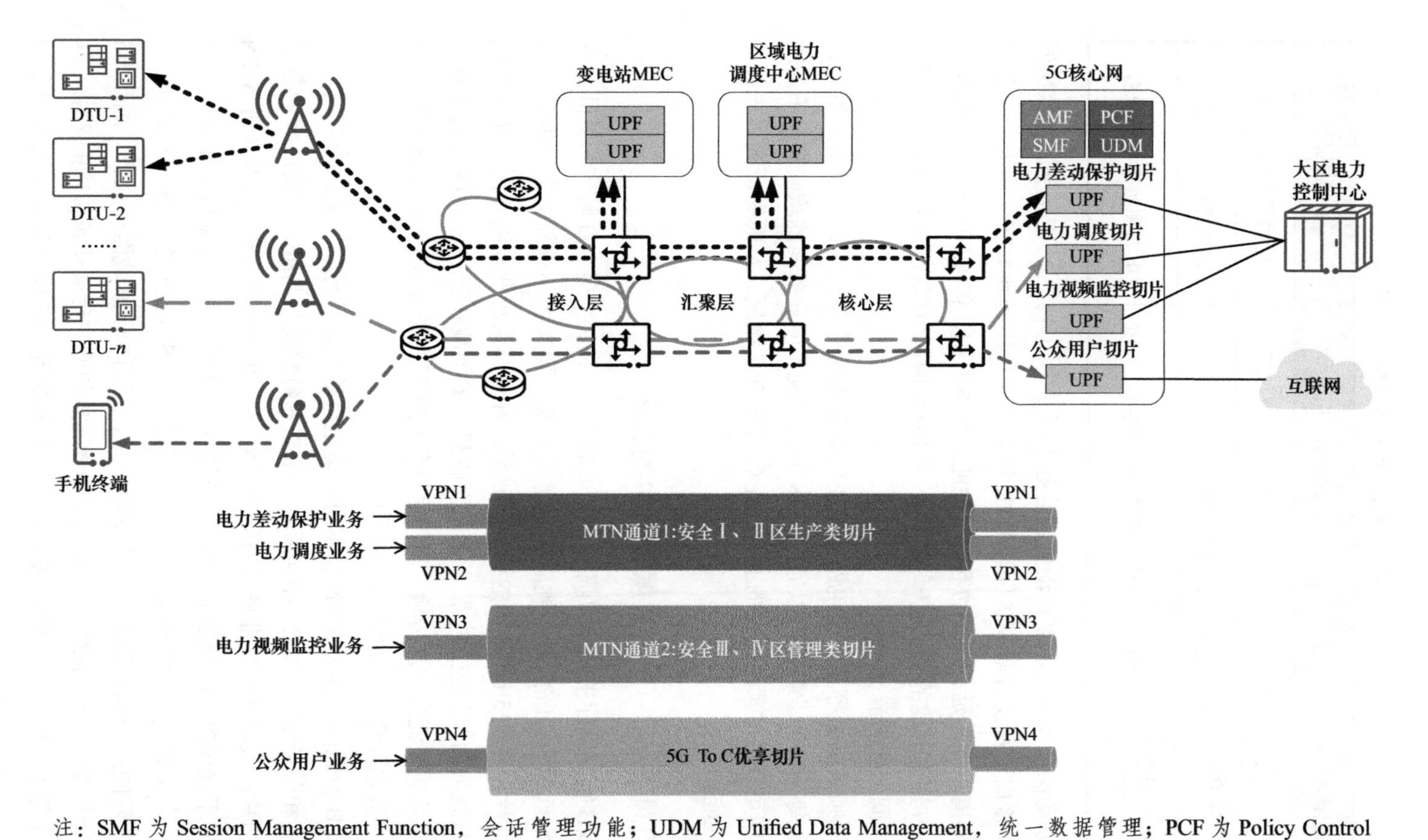

注：SMF 为 Session Management Function，会话管理功能；UDM 为 Unified Data Management，统一数据管理；PCF 为 Policy Control Function，策略控制功能。

图 10–9 5G To B 智能电网承载方案的整体组网架构

表 10–3　5G To B 智能电网 MTN 承载方案

业务类型	切片类型	隔离能力	典型应用
生产控制类（安全Ⅰ、Ⅱ区）业务	专享切片	MTN 通道 /MTN 接口	电力差动保护业务
	专享切片	MTN 通道 /MTN 接口	电力调度自动化业务
信息管理类（安全Ⅲ、Ⅳ区）业务	专享切片	MTN 通道 /MTN 接口、VPN	电力视频采集类业务

电力差动保护和电力调度自动化类业务采用专享切片独立承载，通过 MTN 通道或 MTN 接口进行切片隔离，保证 DTU 等继电保护设备到 UPF（电力专用）之间的安全隔离及低时延、低抖动等传输性能。在本书中，如无特别说明，MTN 接口是指 MTN 通道形成的一个逻辑端口，一个 MTN 通道可以提供多个 MTN 接口，从而引入不同的业务流。

电力视频采集类等业务是电网的重要信息管理类业务，通过专享切片承载，视频、采集等不同的业务流可以通过 VPN 方式实现不同业务间的软隔离，不同的 VPN 业务间可以通过预先设置的业务优先级实现 QoS 调度，从而保证高优先级业务的传输性能。

2. MTN 在 5G To B 智慧医疗中的应用

5G To B 智慧医疗主要分为院内、院间和院前三大类业务。在院内和院间业务的应用中，承载网面临的最大挑战是低时延和安全隔离性，承载网需要提供硬隔离的网络切片，保证 5 ms 以内的稳定低时延，并且做到行业专网专用。在院前业务（医疗紧急救助）的应用中，承载网面临最大的挑战在于快速灵活地创建专用通道，随时随地保证高质量传输。基于医疗行业的三大类业务，5G To B 智慧医疗承载方案的整体组网架构如图 10-10 所示。

5G To B 智慧医疗通过 MTN 技术对网络进行端到端切分，保证医疗专网的业务安全隔离和服务质量。如表 10-4 所示，根据业务移动性特征，可将医疗业务划分为两类切片：院内和院间业务具有局域移动性，可分别通过专享切片（即 MTN 通道）内的不同 VPN 实现隔离；院前业务具有广域移动性，需要和公众用户业务承载在同一个 MTN 通道和 VPN 内，此时需要通过 QoS 高优先级来保证 SLA 性能。

院内和院间业务承载网提供医疗专享切片，专门用于承载医疗业务，满足 5G 终端等医疗设备到院内 MEC 之间的数据安全隔离和低时延高质量传输的需求，并保证院内业务不出院区。院前业务需要网络全城覆盖，承载网采用公网公用型切

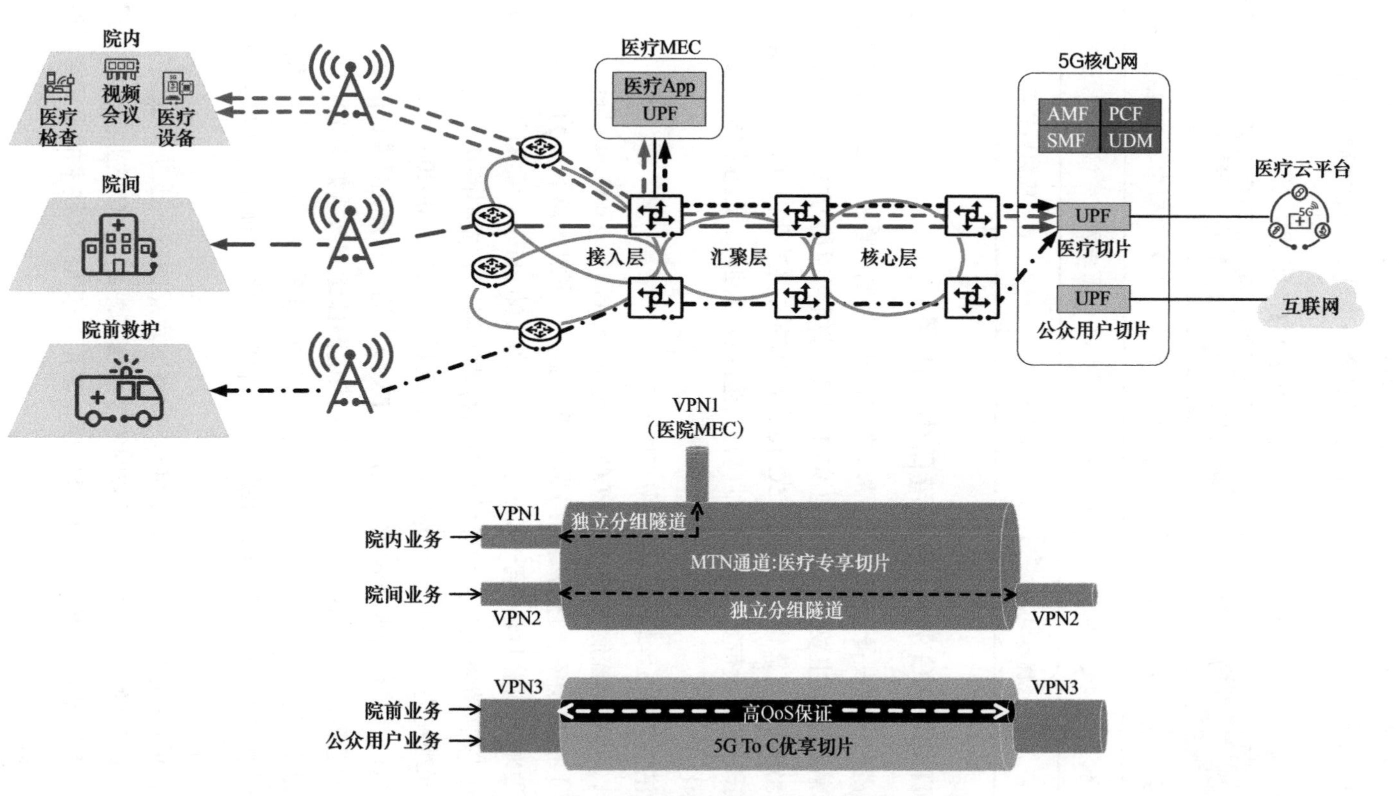

图 10-10　5G To B 智慧医疗承载方案的整体组网架构

片（优享切片）方式来承载业务，在默认切片中通过 QoS 高优先级实现隔离，动态解决救护车等医疗设备到 5G 核心网之间安全隔离和高质量传输的问题。

表 10–4　5G To B 智慧医疗 MTN 承载方案

业务类型	切片类型	隔离能力	典型应用
院内业务	专享切片	MTN 接口、VPN	移动查房、无线监护等
院间业务	专享切片	MTN 接口、VPN	无线远程会诊、远程手术示教
院前业务	优享切片	QoS 高优先级	应急救护车

3. MTN 在 5G To B 智慧港口中的应用

现代港口大型设备众多，联网需求丰富，包括控制、监控和融合通信等。目前，传统港口解决方案主要采用光纤与 Wi-Fi 互联等组网通信方式，存在建设和运维成本高、稳定性与可靠性差等问题。5G To B 智慧港口将工业控制和 5G 网络相结合，利用 5G 低时延、大带宽和高可靠的特点，通过视频回传、远程控制等技术实现港口的智能化。

智慧港口对 5G 承载网的典型需求如下。

第一，以吊车控制为代表的 PLC（Programmable Logic Controller，可编程逻辑控制器）控制业务。它需要网络具备低时延、高可靠的承载能力。其中，一台吊车控制要求端到端时延小于 18 ms，带宽为 50~100 kbit/s，可靠性达到 99.999%。

第二，以高清摄像头为代表的视频监控类业务。它需要网络具备大带宽、较低时延的承载能力。其中，一台高清视频监控要求带宽为 30~200 Mbit/s。

针对港口差异化的业务需求，应用 MTN 技术的 5G 承载网通过网络切片承载不同类型的业务。5G To B 智慧港口承载方案的整体组网架构如图 10-11 所示。

面向港口远程操控、监控和巡检等业务，5G 承载网基于 MTN 技术划分网络切片，提供具有针对性的差异化承载服务。智慧港口切片分类建议如表 10-5 所示，具体说明如下。

第一，远程操控类业务。通过 5G 进行港区定点覆盖，通过 MEC 下沉保证控制的实时性以及数据不出园区，承载网需要负责基站到 MEC 的业务承载。操控类业务的安全和可靠性要求高、对时延敏感，采用基于 MTN 技术的专网专用型切片进行独立承载。

第二，视频监控类业务。通过 5G 进行港区全覆盖，带宽较大，对时延较为敏感，

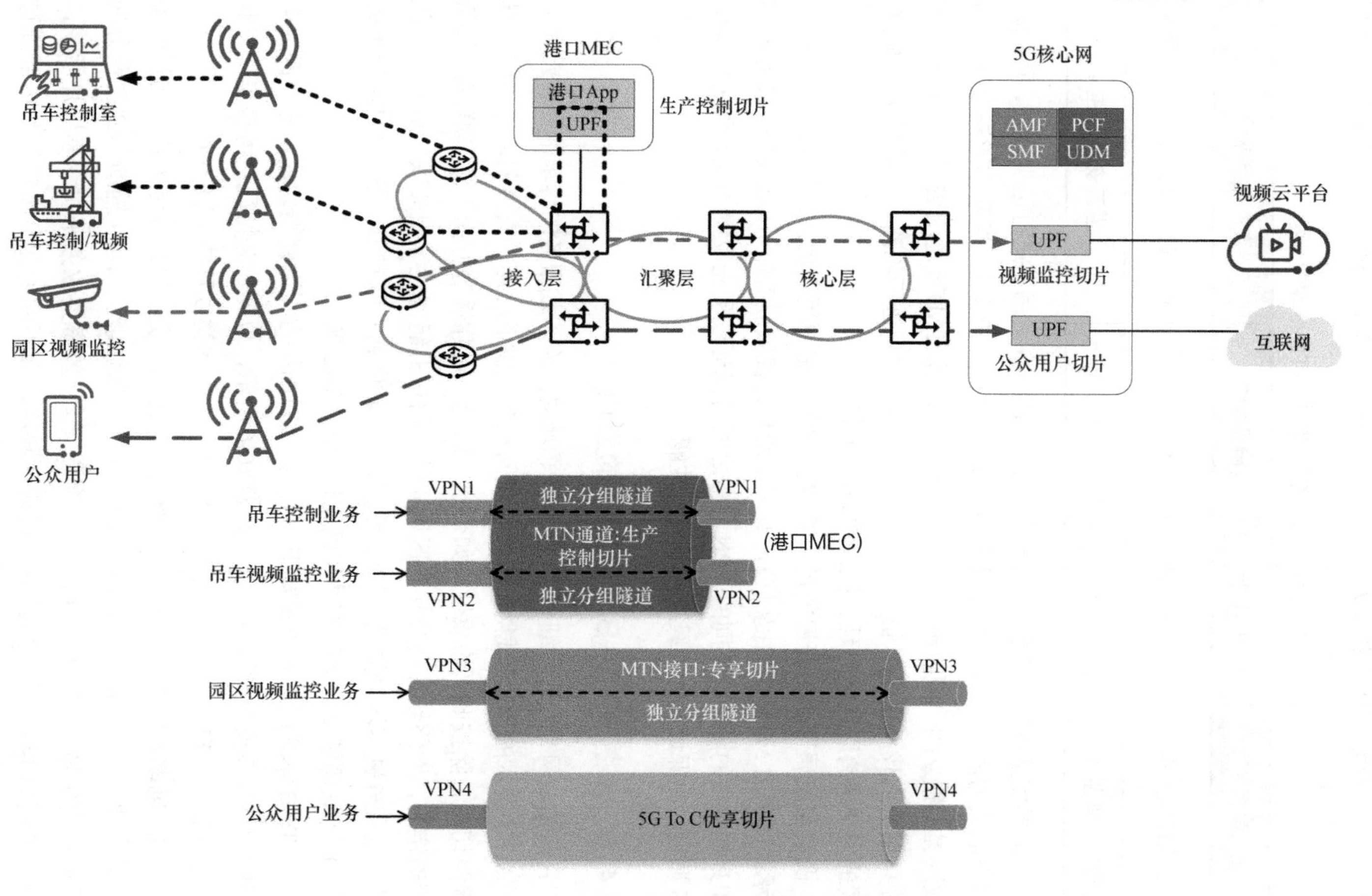

图 10–11　5G To B 智慧港口承载方案的整体组网架构

可靠性要求低于远程操控类业务，可采用基于MTN技术的公网专用型切片进行承载。

表 10–5　5G To B 智慧港口 MTN 承载方案

业务类型	切片类型	隔离能力	典型应用
远程操控类业务	专网专用型切片	MTN 通道	吊车远程控制、无人驾驶集卡
视频监控类业务	公网专用型切片	MTN 接口、VPN	港区安全监控

吊车操控是港口最主要的生产类业务，通过 5G 对吊车进行远程控制，可以大幅度降低人力成本，同时也可以改善劳动人员的工作环境，提升作业安全性。5G 承载网提供独立的、硬隔离的专网专用型切片，通过 MTN 通道进行切片隔离。该切片只用于承载吊车控制业务，与其他业务通过时隙进行隔离，保证吊车与 MEC 之间的安全隔离以及低时延、低抖动等传输性能。

视频监控属于较为普遍的港口管理类业务，主要用于港口园区的安全监控。5G 承载网利用 MTN 端口提供公网专用型切片，视频业务流可以通过 VPN 方式实现和其他业务的隔离，不同的 VPN 业务之间可以通过预先设置的业务优先级实现 QoS 调度，以保证高优先级业务的传输性能。

4. MTN 在 5G To B 车联网中的应用

目前车联网存在众多细分领域，每个领域对网络承载服务的诉求都存在差异。基于 MTN 技术的 5G 承载网可以为车联网业务提供低时延、安全隔离保障的差异化网络切片，除按照网络属性（如带宽、时延、可靠性等方面）对车联网进行承载策略定制，网络切片还支持与区域属性、用户群组属性等相关联，从而为编队行驶、远程驾驶等场景提供低时延互联保障，并做到专网专用。基于 MTN 技术的 5G To B 车联网承载方案的整体组网架构如图 10-12 所示。

5G To B 车联网承载方案基于 MTN 技术对网络进行端到端切片划分，保证车联网的业务隔离安全和服务质量。如表 10-6 所示，根据业务特征，可将车联网业务划分为三类：自动 / 辅助驾驶类、交通安全 / 效率类以及信息服务类。

自动 / 辅助驾驶类业务采用尊享切片独立承载，通过 MTN 通道进行切片硬隔离，保证业务安全隔离、低时延、低抖动等传输性能。自动 / 辅助驾驶类业务的典型应用有编队行驶、远程驾驶等。交通安全 / 效率类业务采用专享切片承载，通过 MTN 接口与其他类型业务进行切片隔离，而不同的业务流在切片内部通过 VPN 方式实现软隔离。交通安全 / 效率类业务的典型应用有绿波通行（指当规定

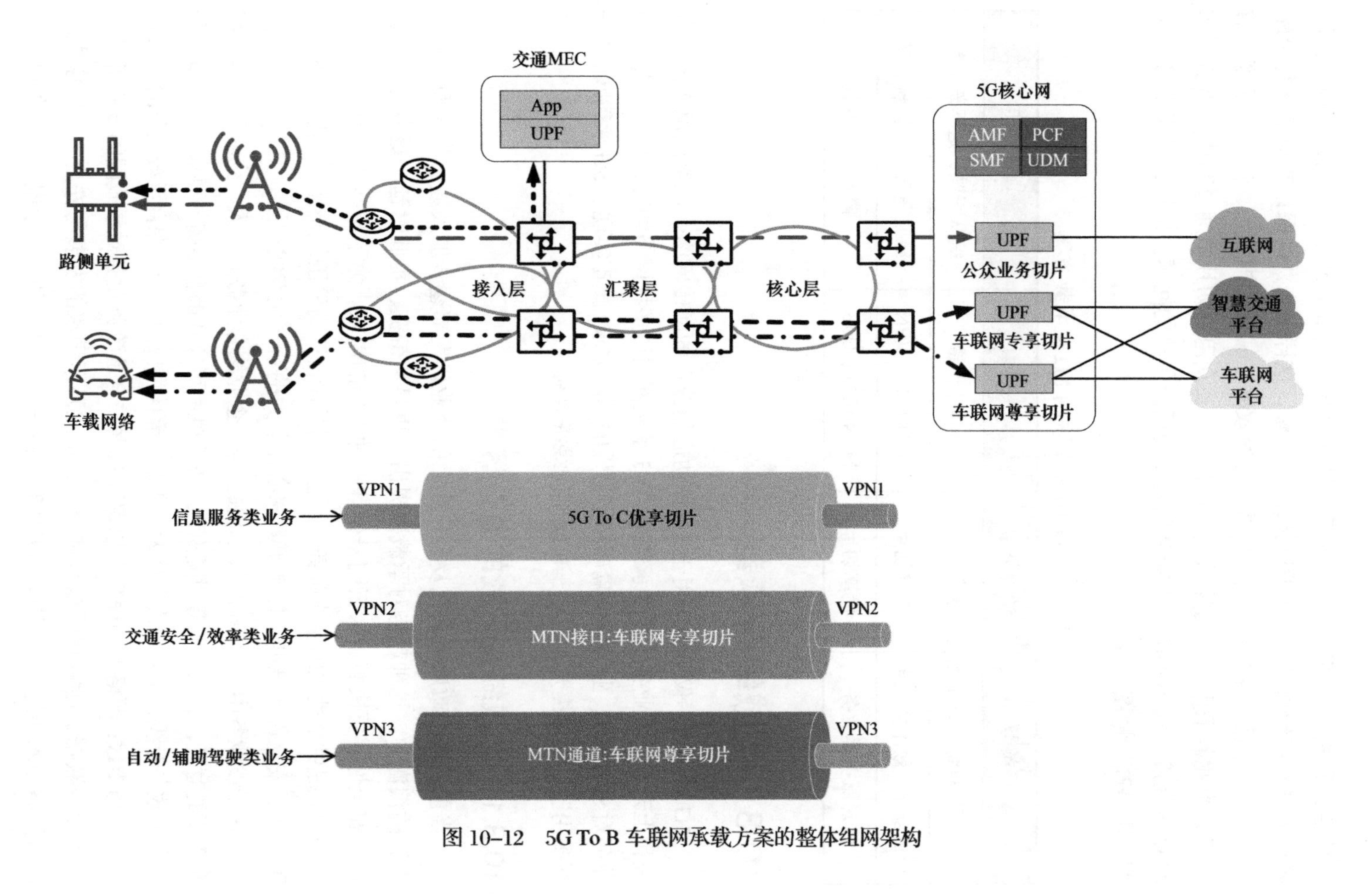

图 10-12　5G To B 车联网承载方案的整体组网架构

好特定交通线路上某路段的车速后，要求信号控制机根据路段距离，把该车流所经过的各路口绿灯的起始时间做相应的调整，这样一来，确保该车流到达每个路口时，正好遇到“绿灯”，从而提高交通效率、减少碳排放）、告警疏导等。信息服务类业务采用优享切片承载，在默认的公众用户切片中通过高优先级队列实现 QoS 调度，动态解决业务安全隔离和高质量传输的问题。信息服务类业务的典型应用是高清地图下载。

表 10–6　5G To B 车联网 MTN 承载方案

业务类型	切片类型	隔离能力	典型应用
自动 / 辅助驾驶类业务	尊享切片	MTN 通道	编队行驶、远程驾驶等
交通安全 / 效率类业务	专享切片	MTN 接口、VPN	绿波通行、告警疏导等
信息服务类业务	优享切片	MTN 接口、QoS	高清地图下载

10.3　城域综合承载

5G 承载网不仅可以应用于 5G 移动通信业务的回传网络，也可以用作政企专线和上云专线等业务的综合承载网。5G 承载网通过多种网络切片技术，满足各类业务对 SLA 保障、业务安全隔离和可靠性的不同需求，真正实现了 5G 承载网的“一网多用”，显著提升了网络基础设施的经济效益。

10.3.1　城域综合承载的业务诉求

当前，各类政府机构以及各行业中的企业代表都逐步加入数字化转型、业务上云的浪潮中，这种趋势对承载网提出了更灵活带宽、更低时延、更高可靠性、更强安全性、更快服务、云网一体等多种多样的需求。为了精准匹配政企客户的新需求，提供个性化的专线服务，各运营商及设备厂商需围绕带宽、隔离性、时延、可靠性、安全性等维度，打造更具核心竞争力的新一代专线产品。

在专线业务中，政务业务、金融业务、企业核心业务对个人、企业乃至国家都有重要的意义，这三类业务对隔离性、安全性和可靠性都有很高的要求。下面重点分析一下政务专线、金融专线以及大企业专线等典型应用场景对综合承载服务的诉求。

政务专线：严格的物理隔离以保障数据安全是政务业务对承载网的核心诉求，政务业务数据的泄露将严重影响个人、企业乃至国家的发展与安全。《国家电子政务网络技术和运行管理规范（GB/T 21061—2007）》和《国家电子政务外网安全等级保护实施指南（GW0104—2014）》均明确要求国家电子政务网应采用具备硬隔离能力的 SDH/MSTP 技术。

金融专线：高安全性和高可靠性是金融业务对承载网最基本、最核心的诉求。金融业务数据与个人、企业和国家的经济利益紧密相关，一旦发生泄露，后果不堪设想。《中国银联银行卡联网联合技术规范 V2.1》对银联网络的基本架构以及接入方式都做了明确的规定，要求直接接入机构（商业银行总行）和间接接入机构（商业银行分行）均采用运营商具备硬隔离能力的 SDH/MSTP 线路接入银联网络。

大企业专线：大企业专线客户主要指大型国有企业、跨国企业以及大型互联网企业等，是运营商最重要的客户之一。大企业专线客户的业务种类很多，主要包括云业务、语音 / 视频类业务、办公类业务、生产类业务等，其中生产类业务是大企业的核心业务，对承载网的安全性、隔离性要求较高。随着企业大量应用上云，生产类业务的上云应用也呈现快速增长，这种趋势对承载网的隔离性、时延、可靠性等方面同样提出了较高的要求。

综上所述，政务业务、金融业务和部分大企业业务均有与其他业务严格物理隔离的诉求。另外，金融的生产交易类业务对承载网的低时延也有较强烈的诉求。

10.3.2　MTN 在城域综合承载中的应用

由于 SDH/MSTP 设备已逐步退网，因此，运营商亟须提供与 SDH/MSTP 技术一样，能够实现关键业务与其他业务严格物理隔离的新一代承载技术。MTN 技术恰逢其时，以 MTN 技术为架构底座的 SPN 设备及其组网方案，具备政企专线和上云专线等业务的综合承载能力。SPN 承载网作为综合承载网，可通过具有 TDM 硬隔离特性的 MTN 通道承载政务业务、金融业务和部分大企业业务，通过 MTN 通道内的分组隧道承载无硬隔离需求的一般企业专线业务，利用灵活的软、硬切片技术提供差异化的承载服务。

1. MTN 在组网专线中的应用

下面以金融专线承载方案为例，介绍 MTN 技术在组网专线中的应用。当前，运营商提供的与 SDH/MSTP 等效的 SPN 承载方案如图 10-13 所示。

金融机构对组网专线的主要诉求如下。

高可靠性：网络不稳定以及中断会导致证券、期货等交易无法正常进行，影响用户的投资和收益，给用户造成经济损失。因此，一般金融机构要求专线网络可用率指标不能低于 99.99%，且要求 24 小时业务丢包率接近 0。

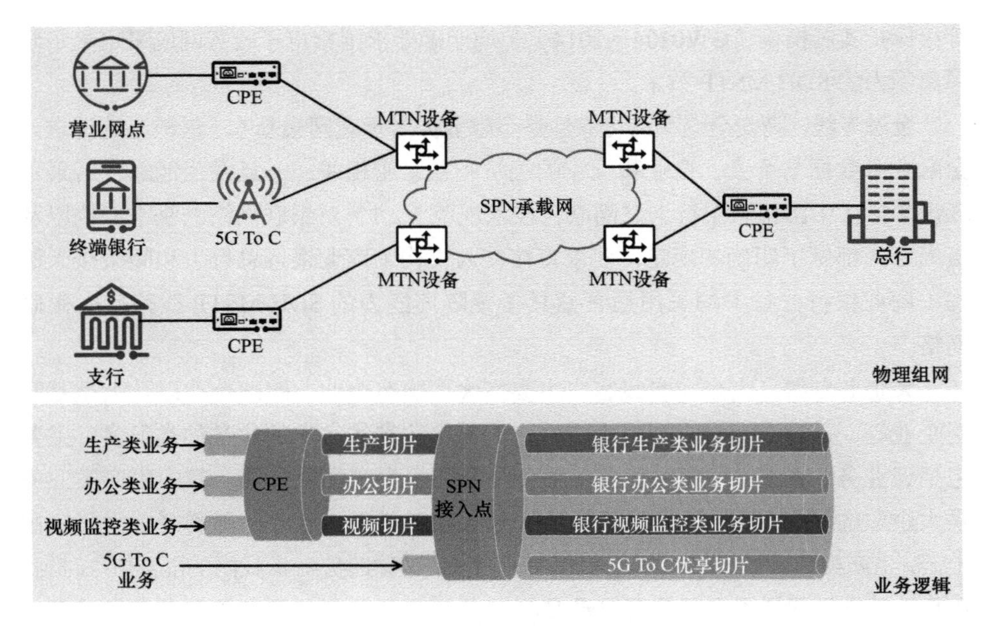

图 10–13　金融专线承载网方案

高安全性： 承载网的数据泄露可能直接影响用户的财产安全。因此，金融业务专线要求与其他业务专线实现物理隔离，确保为金融业务提供高安全性的专线传输服务。此外，部分金融机构的客户还有业务加密的特殊诉求，这就要求金融机构的专线网络也支持加密功能。

可保证带宽： 由于金融交易往往是金融机构客户的最高优先级业务，所以金融机构的专线网络必须具备提供可保证带宽的能力。

稳定的超低时延： 网络时延以及时延抖动会直接影响到金融交易的速度。更低、更稳定的时延能为证券、期货等业务带来更快交易的优势，进而带来更高的利润。因此，金融机构的客户对网络时延的要求是政企客户中最高的，同时也更愿意为稳定的超低时延买单。

为了满足上述诉求，金融专线建议采用 MTN 承载方案，具体描述如表 10-7 所示。

2. MTN 在云网专线中的应用

随着云业务的兴起，越来越多的政府机构和企业将自己的 ICT 系统迁移到云上。政企 ICT 系统云化是一个巨大的市场，2016 年，企业应用上云的比例约为 20%，根据 IDC（International Data Corporation，国际数据公司）的研究报告预测，到 2025 年，无论是大中型企业还是小微企业都会连接上云，而且大量的政企应用会部署在云上。

表 10-7 金融专线的 MTN 承载方案

业务类型	切片类型	隔离能力	典型应用
银行生产类业务	尊享切片	MTN 通道	转账、汇款等金融交易类生产业务
银行办公类业务	专享切片	MTN 接口	云桌面、文档编辑存档、邮件等办公类业务
银行视频监控类业务	优享切片	MTN 接口	视频监控安全管理类业务

应用上云并不影响政府机构和大型企业对网络专线的品质要求，稳定的低时延、高可用率、高安全性仍是其关注的焦点。为了满足云网专线业务发展的需要，积极迎合未来的趋势，云网专线承载网需要具备可保证带宽、高安全性、高可用率、低时延等特点。运营商可提供的基于 MTN 技术的云网专线承载方案如图 10-14 所示。

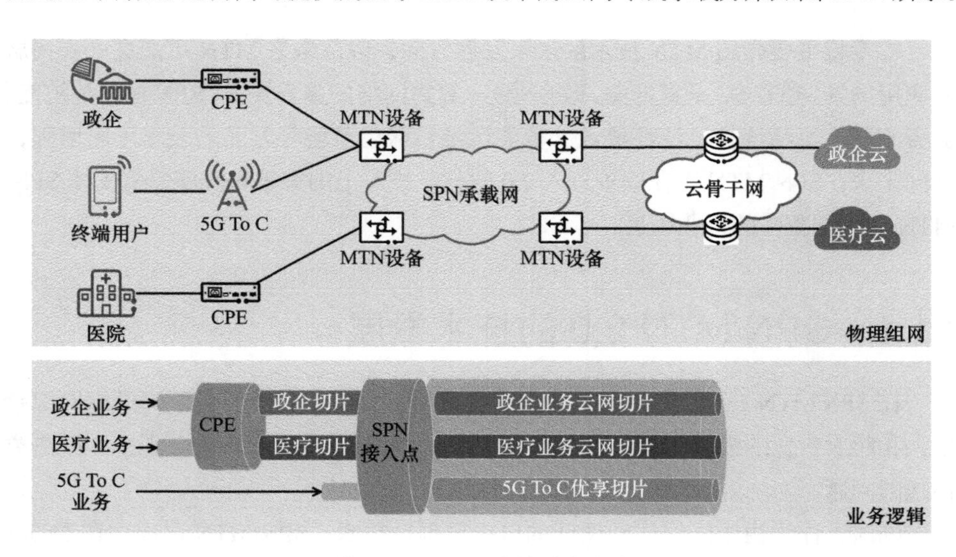

图 10-14 云网专线承载方案

云网专线建议采用的 MTN 承载方案的具体描述如表 10-8 所示。

表 10-8 云网专线的 MTN 承载方案

业务类型	切片类型	隔离能力	典型应用
医疗业务	专享切片	MTN 接口	影像上云、远程会诊等
政企业务	专享切片	MTN 接口	医保结算、卫健委公共卫生服务等
5G To C 切片	优享切片	MTN 接口	5G To C 用户上网、视频等

第 11 章 MTN 的发展与展望

本章将主要介绍 MTN 技术的未来发展方向，以及未来 MTN 可能进一步拓展的应用场景。随着 5G 垂直行业、政企业务、算力网络的蓬勃发展，SPN 在切片粒度、业务感知、灵活连接、泛在接入、智能运维、绿色节能等方面的技术不断增强，面向未来，SPN/MTN 正在逐步迈入 2.0 时代。技术上的突破和发展，将支撑 SPN/MTN 应用到更多的行业场景。

11.1 SPN/MTN 2.0 的技术发展

在 SPN/MTN 1.0 时代，SPN 技术通过重用以太网产业链实现了降低组网综合投入和超大带宽的需求，解决了面向 5 Gbit/s 大颗粒的端到端高效、无损、硬隔离传送的问题。

同时，作为由中国提出和设计的自主原创性技术，SPN/MTN 已成功在 ITU-T 完成 8 个系列标准立项，以及四大核心标准的制定和发布，成为继 SDH、OTN 之后的新一代传送网技术体系。中国确立了在 5G 传送网技术方面的国际领先地位，为我国 5G 承载和应用打下了坚实的技术基础。

随着 5G 网络的规模部署，新应用、新业务不断向深度和广度扩展。5G + 垂直行业、政企专线、云网业务等应用场景对 SPN 承载网提出了确定性时延、高安全性、1 Gbit/s 以下切片带宽等一系列新的需求，如何满足以上需求将是 SPN/MTN 技术发展的重要方向。

SPN/MTN 2.0 在 SPN/MTN 1.0 基础上做了进一步技术拓展，引入了面向综合承载的 SPN 小颗粒技术以及提升网络覆盖和接入能力的小型化 SPN 设备，增强了面向用户的智能运维能力以及面向“双碳”目标的节能机制等。如图 11-1 所示，在 SPN/MTN 2.0 时代，将致力于打造“高效、融合、智能、低碳”的新一代综合业务承载网。

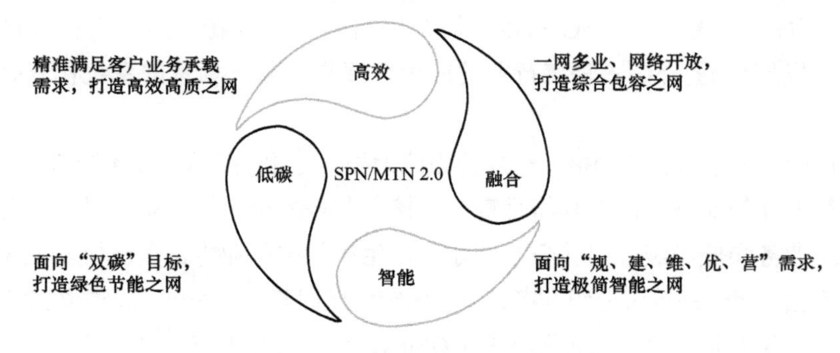

图 11–1　SPN/MTN 2.0 的核心理念

高效网络：精准满足客户业务承载需求，打造高效高质之网。灵活匹配各类业务带宽需求，实现带宽精细化；高效满足各类客户隔离要求，达到隔离精细化；高质保证 99.999% 可靠性，确保管理精细化；毫秒级时延和微秒级抖动，网络性能确定性高；在线无损带宽调整，需求调整灵活性高。

融合网络：一网多业、网络开放，打造综合包容之网。通过丰富设备形态和灵活组网能力，实现无线基站、垂直行业、政企专线、家庭宽带、云网业务的综合承载；通过规范化接口模型和组网方式，实现边缘网络异厂家灵活组网；通过开放第三方接口，实现网络可视化与客户自助服务。

智能网络：面向“规、建、维、优、营”需求，打造极简智能之网。基于对历史数据的搜集分析、管控系统等，实现网络规划与仿真、业务快速创建、自动运维自动化等能力。

低碳网络：面向“双碳”目标，打造绿色节能之网。通过网元级和网络级技术优化，实现 SPN 低碳运营；通过强化业务调度能力，助力数据中心降耗节能。

SPN/MTN 2.0 以“切片粒度更精细、业务连接更丰富、设备组网更灵活、网络运维更智能、在线运营更低碳”为核心设计理念，基于 SPN/MTN 小颗粒、小型化接入 SPN 新型设备形态、随流检测、SDN、AI 等技术，全方位、高质量实现 SPN/MTN 面向综合承载的精细化能力、面向云网融合的承载能力、面向泛在覆盖的组网能力、面向客户的运维能力和面向“双碳”目标的节能能力。

1. SPN/MTN 小颗粒技术

（1）小颗粒业务应用场景和需求分析

在新基建背景下，5G 作为一项通用型技术，将推动世界数字经济迈入新阶段。5G 与垂直行业的融合创新，将进一步推动物联网、大数据、人工智能、云计算等信息技术手段与行业服务相结合。5G + 智能电网、5G + 工业互联网、5G + 智慧交通、5G + 智慧医疗、5G + 智慧城市等行业应用百花齐放，为相关产业带来巨大的发展机遇。5G + 垂直行业的应用也逐步从单一场景向系统化复杂场景发展。

垂直行业中通信业务的接口一般分为两大类：分组接口和 TDM 接口。由分组接口承载的通信业务，根据其与垂直行业核心业务的相关性，可以进一步分为高等级分组业务和低等级分组业务。例如，在生产制造行业中，负责机器人生产控制的分组业务属于高等级分组业务，保证确定性低时延、高安全、硬隔离、高可靠，这些高等级分组业务的带宽通常小于 1 Gbit/s；而负责生产园区的普通办公分组业务则属于低等级分组业务，对时延、安全、隔离以及可靠性要求较低。随着垂直行业的数字化转型和 ICT 技术的引入，垂直行业中的终端设备呈现了 IP 化的趋势，通信业务向分组化、以太化的方向发展。由于行业生产制造相关技术的演进与网络通信技术的 IP 化演进节奏并不一定一致，所以垂直行业的网络通信业务中仍保留着一部分的非分组化、非以太化的 TDM 接口业务（例如 E1、STM-1）。当前，TDM 类接口一般承载生产控制类业务，通常认为 TDM 类接口业务为高等级业务。例如，在电力行业中，差动保护是保障电力高可靠供电、实现区域内电力持续供应的关键技术，而当前差动保护的通信接口采用的是速率为 2.048 Mbit/s 的 E1 接口。

除了 5G + 垂直行业运营商会采用 TDM 接口，全球很多运营商所拥有的 SDH 网络也存在相当数量的 TDM 接口。由于历史原因，这些 TDM 接口为 SDH 接口，承载了语音、短信、政务和金融专线等高等级业务。SDH 技术本身设计为刚性管道，对后期分组业务的演进支持能力较弱。此外，随着大容量、高速率业务的发展，大带宽刚性管道转向 OTN 承载，SDH 芯片产业不再演进。因此，SDH 的应用范围和产业链逐渐萎缩，运营商希望采用能够持续演进且面向未来的新型网络技术设备来替代 SDH 设备，用另外一张网络来接管 SDH 网络所承载的语音、短信和专线等业务。

此外，政企和金融机构也逐步加入行业数字化转型的浪潮中，绝大多数政企专线带宽集中在 1 Gbit/s 以下，迫切需要灵活带宽、高安全、高可靠、具备核心竞争力的新一代专线产品，为政企客户提供个性化专线服务，满足不同客户不同业务的需求。

从上面的需求分析中可以看出，5G + 垂直行业、政企专线的应用和 SDH 设备的逐渐退网，预示未来将涌现大量满足小带宽、软硬隔离结合、确定性低时延、高安全性和高可靠性等一系列承载需求的业务。作为面向未来的 5G 移动承载技术，MTN 技术需要突破 5 Gbit/s 粒度的硬切片单元，向 Mbit/s 级别的硬隔离切片平滑演进。

（2）SPN/MTN 小颗粒技术的目标与愿景

SPN/MTN FGU（Fine Granularity Unit，小颗粒技术）聚焦构建端到端高效、无损、柔性带宽、灵活可靠的通道和承载方式，将硬切片的粒度从 5 Gbit/s 细化为 Mbit/s 级别，以满足 5G ＋垂直行业应用和专线业务等场景中小带宽、高隔离性、高安全性等差异化业务的承载需求。为了支持 Mbit/s 级别的硬切片，MTN 技术需要具备以下特征和能力。

第一，带宽精细化，高效匹配各种类型业务的带宽需求。MTN 通道能够支持 Mbit/s 级别的带宽粒度，从而实现灵活的任意 $N \times P$ Mbit/s（P Mbit/s 为最小带宽步进粒度）的带宽划分。可匹配 Mbit/s 级别到 Gbit/s 级别各类型业务的带宽需求，实现对业务的高效承载。

第二，严格 TDM 刚性隔离，确定时隙分配。Mbit/s 级别的 MTN 通道通过独享确定的时隙保证严格的 TDM 特性，通道沿途任一节点的出端口和入端口时隙通过管控层提前分配并固定。

第三，低时延和低抖动特性。网络的中间节点按照时隙数据到达的先后遵循严格 TDM 调度，不感知客户信号层面的报文信息，保证确定性低时延。这样可实现客户信号独占 TDM 通道时隙资源，抖动远小于 1 μs。

第四，每条 Mbit/s 级别的 MTN 通道提供独立和完善的 OAM 能力。OAM 码块随路插入每条 Mbit/s 级别的 MTN 通道中，提供该通道的连通性检测、故障和性能监测能力，保证 50 ms 以内的保护倒换。

第五，MTN 通道的带宽支持业务无损的在线调整能力。在保证用户业务正常传输的同时，支持对 Mbit/s 级别 MTN 通道带宽的增大或者减小进行在线调整，使带宽和时隙资源分配更加灵活。

（3）SPN/MTN 小颗粒关键参数设计

在小颗粒技术方案制定过程中，首先要解决的是容器做多大的问题，这就好比一个家庭选择买五座车还是七座车一样。考虑到现网还有大量 E1 业务，因此 2 Mbit/s 容器是比较合理的，但综合考虑 10 $\text{Mbit}\cdot\text{s}^{-1}$/100 $\text{Mbit}\cdot\text{s}^{-1}$ 业务的带宽发展趋势、芯片和设备的复杂度，SPN/MTN 小颗粒技术方案最终选择采用 10 Mbit/s 作为业务调度的最小颗粒度，这一建议已被 ITU-T 所采纳。值得一提的是，容器越大，时延越低，SPN 采用 10 Mbit/s 管道承载 E1 业务，SDH 采用 2 Mbit/s 管道承载 E1 业务，SPN 设备的单节点转发时延约为 SDH 设备的 1/5，SPN 为 E1 业务提供了超高的时延性能。

另外一个关键设计是交织粒度的选择。这就好比有多少乘客才发车，如果交织粒度过大，则等待时间过长；如果交织粒度过小，则中间节点需要额外的“总线拼包”，占用额外的时延和资源。SPN/MTN 小颗粒技术采用 8 个码块作为交织粒度，既能与数据总线位宽保持匹配，又保证了效率，实现了端到端时延最优。

（4）SPN/MTN 小颗粒帧结构设计

目前，大量部署的 MTN 设备构成了 5G 承载网，而 5G 承载网作为重要的社会基础设施，需要充分发挥其综合经济效益。小颗粒技术作为 MTN 未来的发展方向之一，需要考虑前向兼容已部署的现网设备。如图 11-2 所示，小颗粒技术可能的路线有两种。

层次化：在原有 5 Gbit/s 的时隙内进一步做时隙划分。

扁平化：在物理接口 PHY 上直接划分出 Mbit/s 级别的时隙粒度。

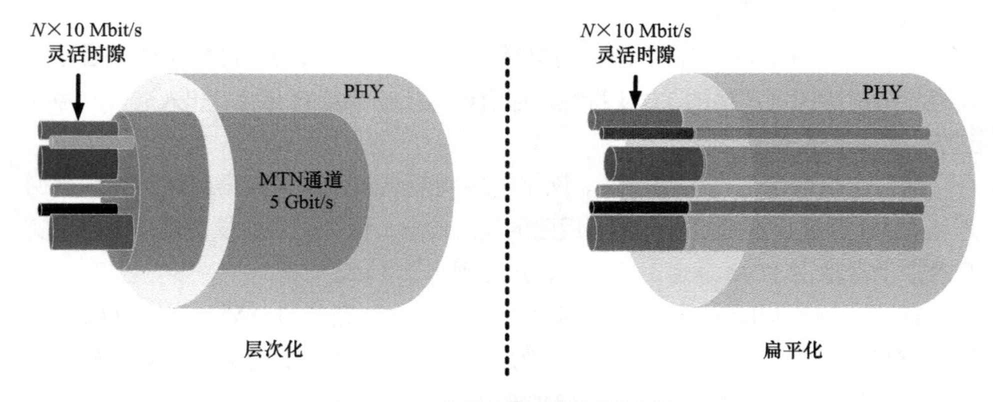

图 11–2　小颗粒技术的两种路线

小颗粒层次化的技术路线，需要在现有的 MTN 通道层上，再定义一层新的通道层网络，包含客户信号接入、小颗粒通道层信号交换以及小颗粒通道层信号复用进入 MTN 通道层。小颗粒技术的典型应用场景如图 11-3 所示[15]，在同一个城域网内，企业分支和企业分支之间创建 MTN 小颗粒通道，连接城域接入网上的两个节点；企业分支和企业总部之间创建 MTN 小颗粒通道，连接城域接入网和城域汇聚网上的两个节点。从图中可以看出：第一，专线业务的起点和终点可以是城域承载网中的任意节点；第二，小颗粒通道会穿越现有 $N\times5$ Gbit/s 的 MTN。

起点和终点可以是网络中任意节点，这意味着层次化的小颗粒技术必须支持小颗粒的数据交换面，而不是单一做小颗粒通道信号的汇聚。穿越现有 $N\times5$ Gbit/s 的 MTN，要求层次化小颗粒通道信号和现有 $N\times5$ Gbit/s 的 MTN 分组类客户信号有相似性；否则就要改造现有 $N\times5$ Gbit/s 的 MTN 及其设备。

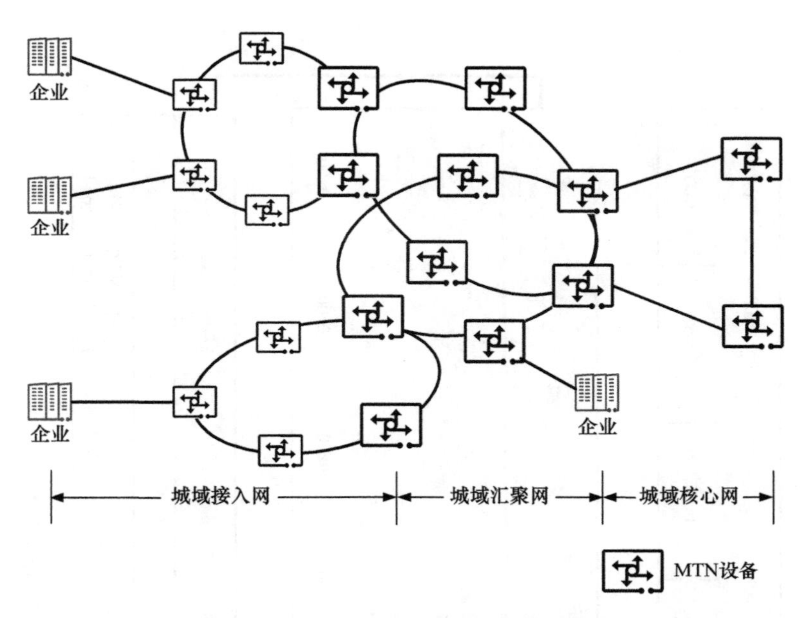

图 11-3　基于 MTN 技术的城域综合承载网企业专线场景

现有 $N\times5$ Gbit/s 的 MTN 的客户信号只定义了以太网帧（Ethernet MAC frame）这种客户信号的映射。根据 5.2 节的介绍，以太网帧在映射进入 MTN 通道后，会被编码成一串 66B 码块序列。在 66B 码块序列中的原始以太网帧被编码为若干个数据码块，且被界定在一个起始码块和一个结束码块之间。在层次化技术路线下，小颗粒层位于 $N\times5$ Gbit/s 的 MTN 通道层之上，因此，为了保持与 $N\times5$ Gbit/s 的 MTN 一致的以太网透明性，小颗粒通道信号在 $N\times5$ Gbit/s 时隙内的复用帧结构需由起始码块加若干数据码块再加结束码块组成。

为了高效承载 10 Mbit/s 小颗粒硬切片业务，SPN 小颗粒技术构建了与以太网 PCS 兼容的"S + D + T"码块序列的 10 Mbit/s 容器，并以此为基础，设计了 SPN/MTN 2.0 的帧结构，即 FGU，如图 11-4 所示。小颗粒时隙复用结构在编码前由 7 Byte 开销与 1560 Byte 净荷组成，编码后由 1 个起始码块、195 个数据码块和 1 个结束码块构成；业务净荷在以 66B 为长度的 D 码块中承载，S 和 T 码块作为 FGU 的起始和结束标识；当前复用结构和下一个复用结构之间可能会插入空闲码块；复用结构中包含 24 个时隙的数据，每个时隙的数据长度为 65 Byte；复用结构开销中承载了复用信息、时隙信息以及其他必要信息。在此复用结构下，小颗粒信号可以穿越现有 $N\times5$ Gbit/s 的 MTN，复用现有的增、删空闲码快的速率调整方式，现有 $N\times5$ Gbit/s 的 MTN 设备也不需要改造。FGU 设计了容器开销和业务开销两层开销机制，FGU 容器设计了 7 Byte 的公共开销，用来进行带宽的无损调整和

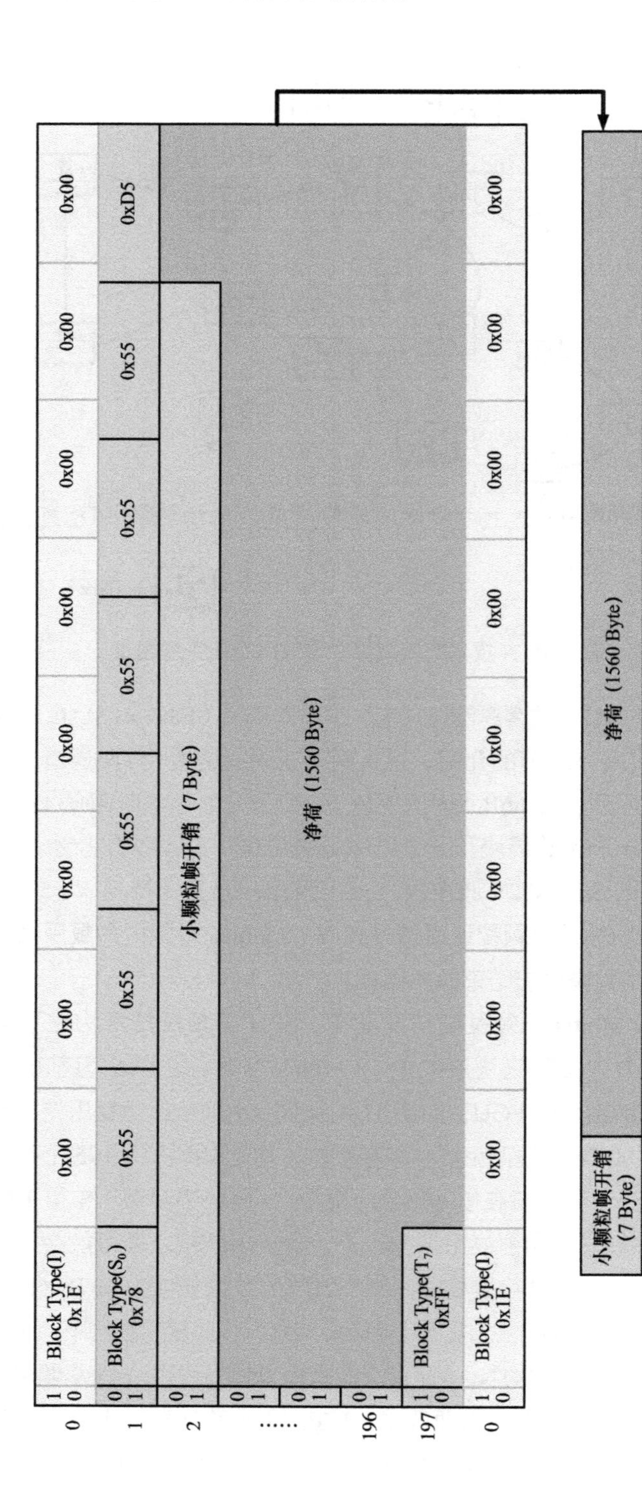

图 11-4　层次化技术路线下的一种小颗粒时隙复用结构

CRC 校验；此外，重用 SPN/MTN 1.0 的随路 OAM 机制，通过替换业务流 IPG 的空闲码块，能够在不占用业务带宽情况下，为每一小颗粒业务提供独立、完善的端到端故障和误码监测，以及 50 ms 内保护倒换和时延测量能力。

小颗粒的扁平化技术路线需要改变现有 MTN 段层帧的结构。图 11-5 以 100GBASE-R PHY 为例，给出了一种精细粒度时隙的划分方法。开销码块之间依然间隔 20 460 个 66B 码块，但是时隙不再划分为 20 个，而是分为 10 000 个。原 5 Gbit/s 的时隙被进一步划分为 500 个子时隙，例如，时隙 1 被切分为时隙 1.001，时隙 1.002，一直到时隙 1.500。依次类推，对每一个原 5 Gbit/s 的时隙进行划分。原有 MTN 段层开销的复帧结构需要重新设计，将包含 20 个时隙的配置信息改造为包含 10 000 个时隙的配置信息。在这种方式下，具有小颗粒功能的 MTN 段层

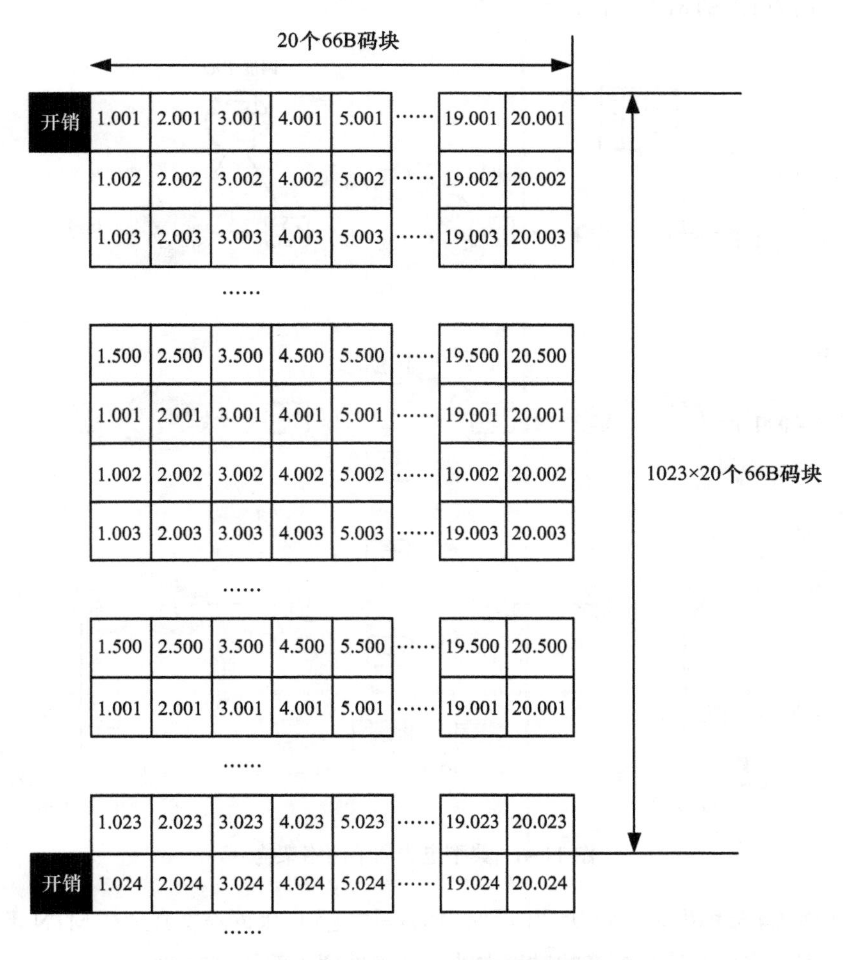

图 11-5　一种实现 MTN 小颗粒功能的扁平化方法

设备与只支持 $N\times5$ Gbit/s 的 MTN 设备无法对接。也就是说，如果希望通过升级现有 $N\times5$ Gbit/s 的 MTN 设备来支持小颗粒功能，扁平化的技术路线要求替换当前网络中的所有设备。显然此方式无法支持现有的网络平滑演进。

综合考量，层次化的方式能够使新型 MTN 设备更方便地与目前的 MTN 设备互通，兼容性更好。因此，MTN 小颗粒技术将采用层次化的技术路径。

具备小颗粒切片通道能力之后，还需要解决客户侧 CBR 业务如何映射承载在小颗粒通道上的问题。面向 5G ＋垂直行业的业务承载，存量客户设备的通信接口往往是 E1/STM-1 这类传统的 TDM 接口。如图 11-6 所示，在典型的电力通信网络中，关键的业务包括继电保护业务、精准切换业务、安稳业务和 SCADA（Supervisory Control and Data Acquisition，数据采集与监控系统）业务等，这些业务的客户侧设备接口均为 E1/STM-1 接口，承载的是 CBR 客户信号。

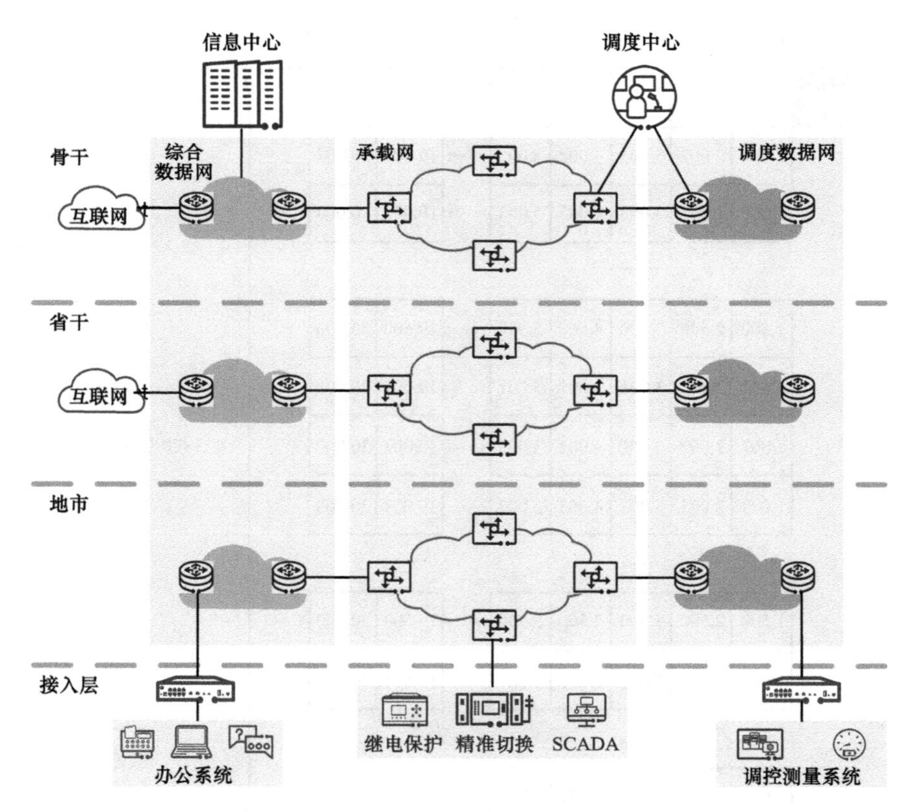

图 11-6　典型电力通信网络架构

虽然 5.4 节提供了将非以太网类客户信号转换为以太网报文并通过 MTN 承载的方法，但是这种方法在转换的过程中涉及分组处理（例如 RTP 处理、PW 处理、以太网报文处理等），难以从机制原理上保障用户信号的安全性和隔离性。如图 11-7 所示，由于 CBR 业务被转换为以太网报文，PE 节点所接入的所有客户信号业务（包括以太网类客户信号与非以太网类客户信号）都需要经过相同的分组调度模块，共享分组调度处理资源。在分组调度模块中，难以保证 CBR 业务的处理不受其他以太网类客户信号影响。另外，国家政策和一些行业规范对硬隔离有着严格要求。例如，国家能源局《国能安全〔2015〕36 号》文件要求，电网和电厂的通信网络要做到"安全分区、网络专用、横向隔离和纵向认证"，生产区之间业务必须严格隔离。在其他一些类似的场景中，比如铁路专线、政务专线与金融专线等，也都存在相应的国家级规范，对业务的安全性与隔离性均提出了严苛的要求。这些对安全性、隔离性要求较高的垂直行业用户期望设备对业务的处理资源得到可靠保障，而传统的电路仿真的方式难以满足管制要求。

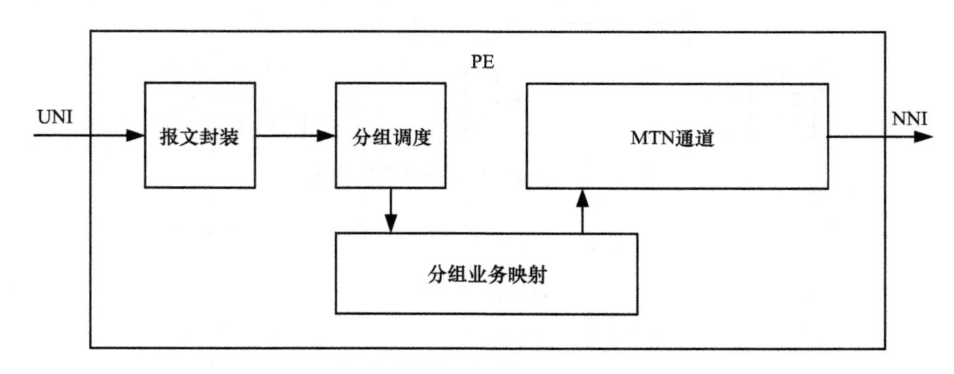

图 11–7　典型电路仿真业务接入设备功能模块

为了满足上述需求，MTN 需要发展新的技术来承载 CBR 客户信号。一种可行的思路如图 11-8 所示，将设备收到的原始 CBR 业务比特流切分为固定长度（*K* Byte）的一串序列流，每 *K* 个字节的 CBR 业务被装入 CBR 透明承载容器的净荷部分，容器还会携带开销用以携带必要的随路信息，例如客户信号时钟的恢复信息。每一个容器的长度固定为 *M* Byte，容器会被编码成一连串 66B 码块序列，在编码后的 66B 码块序列中插入填充码块，使得编码后的容器速率能够匹配承载 CBR 信号的 MTN 通道速率。

CBR 业务透明承载实现过程中的各个阶段速率如图 11-9 所示，其中，$R1$ 为 CBR 信号的原始速率。CBR 信号被装入容器后，由于容器开销以及编码开销的存在，信号速率会有膨胀，膨胀后的速率为 $R2$。在添加填充信号后，信号的速率会进一步膨胀，膨胀后的速率为 $R3$。将完成填充操作的信号映射到 MTN 通道，MTN 通道速率为 $R4$。$R1$、$R2$、$R3$、$R4$ 之间的关系是：$R1<R2<R3=R4$。

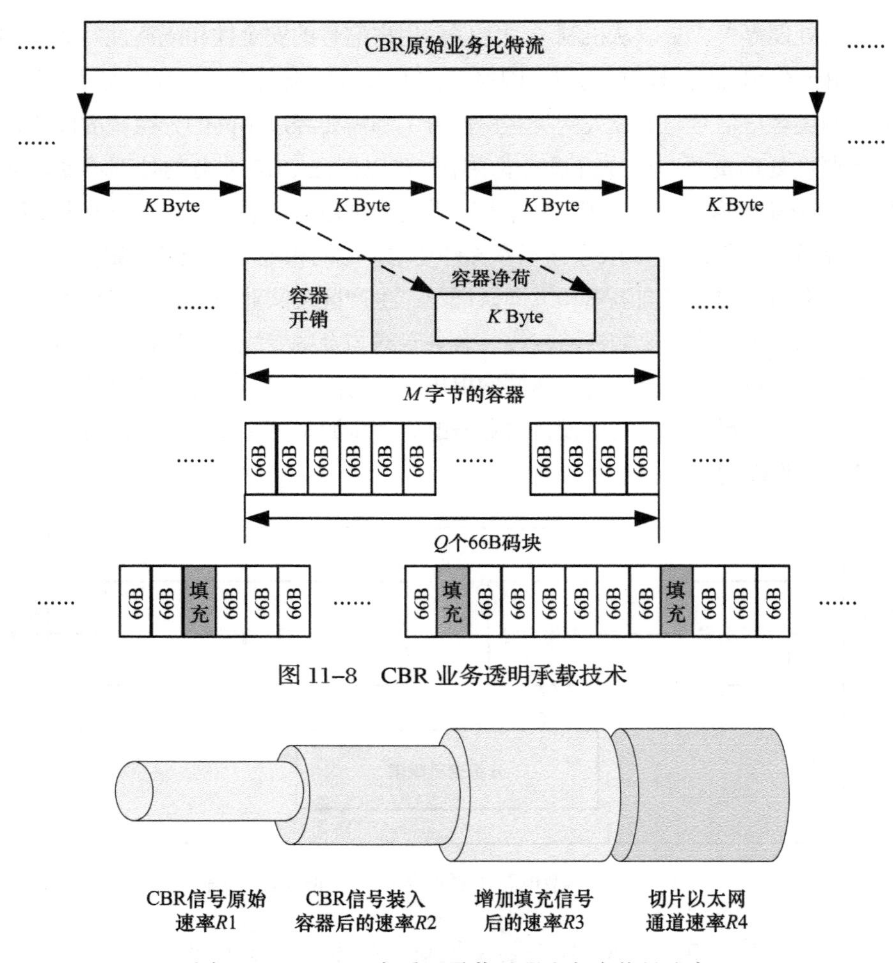

图 11-8　CBR 业务透明承载技术

图 11-9　CBR 业务透明承载过程中各个信号速率

2. 全面提升 SPN/MTN 2.0 综合承载能力

（1）面向云网融合的承载能力

SPN/MTN 2.0 能够为云业务提供业务感知、分片、灵活连接和可视化自助服务等价值特性，实现云网一站式服务。SPN/MTN 2.0 通过 VLAN ID、DSCP/VLAN PRI（Primary Rate Interface，基群速率接口）等感知不同云接入资源业务的切片需求，为不同业务提供独享切片或共享切片服务，精准匹配 SLA 保障。

基于 In-Band OAM 功能，SPN/MTN 2.0 能够实现域内和跨域的端到端以及逐跳快速性能测量，帮助用户 7 × 24 小时实时监控网络运行状态，这也是很多云服务商非常看重的功能。

此外，SPN/MTN 2.0 能够为小粒度业务提供切片服务，是目前唯一同时支持硬软隔离的专线专网技术，同时满足了安全可靠与高效低成本的需求，能为客户带来更大的价值。

（2）面向泛在覆盖的组网能力

为了构建 SPN To B 市场的良好生态，SPN/MTN 2.0 打造了一种新的设备形态——小型化接入 SPN。与 SPN/MTN 1.0 时代都是在 50GBASE-R PHY 以上的大管道里跑 10 Gbit/s 以上的业务不同，小型化接入 SPN 主打精准匹配客户末端接入需求，定义 1 U 的设备尺寸、16 Gbit/s 的交换容量，并在客户侧新增 E1/FE/GE 低速接口，在网络侧新增 10GE 以太网接口，既能将 10 Mbit/s 小颗粒的硬切片由城域接入层延伸至行业客户侧，又能精准匹配客户小型化和节能减排的需求。

由于 SPN 网关设备部署在用户侧，最贴近用户和业务，因此 SPN 网关设备还可集成 Sigma Lite 轻量级算力能力，让数据不出园区即可完成实时采集和分析，满足算力网络和边缘计算需求，拓展了应用场景；通过定义 SPN NNI 互通技术要求和标准南向接口，来实现 SPN 网关设备与城域网 SPN 的“Underlay + Overlay”的端到端管理和解耦部署，既保障了生态开放，又保障了网络端到端的质量。

（3）面向客户的运维能力

基于 MTN 的 SPN 的重要演进方向还包括打造高品质、健康、自愈、智能型网络，通过引入 AI 新技术提升智能化能力。在面向用户的自服务能力方面，SPN 设备已经基于 Telemetry 的随流检测技术实现全网流级、秒级的实时监测，并向运维人员和行业客户呈现业务质量、流量等信息。基于实时监测的大数据和 AI 技术，开展网络健康度、告警关联与根因分析等领域的研究，未来还将在管控层和设备层更多领域引入 AI，实现网络智能规划与仿真、意图分析、智能排障等能力，全面提升 SPN 的智能化等级。

（4）面向“双碳”目标的节能能力

近年来，绿色节能成为全球热点，面对新形势新挑战，SPN/MTN 2.0 不断优化并向节能减排目标迈进，提出“单比特功耗比 PTN 降低 65%”的节能目标，并从芯片、设备、网络三个层级推进该目标的实现：芯片层级，推进动态节能技术，让芯片可根据流量负载等动态关闭或开启各模块；设备层级，推进板卡、光模块、电源、风扇等单元的自动休眠技术；网络层级，推进研发功耗可视化、流量和路径智能优化系统，让用户可随时关注属地各网点功耗情况，及时发现异常点，并为用户提供功耗优化方案。

11.2 MTN 的应用展望

未来十年，世界将从移动互联网时代走向智能时代，新联接、新计算、新平台和新生态将为智能世界打造坚实的技术底座。数字化转型将深入各行各业以及人们的日常生活中，多种重要技术的聚合将会激发出巨大的创新潜能，加速推动不同产业的跨界融合，实现组织架构、商业模式与生活方式的一次深刻变革。ICT产业和承载网的转型是整个社会数字化转型的重要一环，它将推动无线、家庭宽带、云计算等业务的跨越式发展。

SPN/MTN 作为 ITU-T 定义的下一代城域承载网标准，将成为继 SDH、OTN 之后的新一代承载网技术标准。以 MTN 为核心的 SPN 网络技术架构，正在实现并不断增强其在设计之初提出的超低时延、超大容量、灵活连接、端到端硬隔离切片的愿景，为 5G 及综合业务的承载和应用打下坚实基础。

MTN 技术具备硬隔离和低时延能力，面向高品质硬专线、行业专网等业务场景，将有广阔的发展和应用前景。在不远的未来， MTN 有望在中国移动的移动承载网中达到百万台设备的部署规模，在全球移动承载网中达到百万台设备的部署规模，在垂直行业中应用达到百万台设备的部署规模，实现“三个一百万”的目标，为千行百业数字化转型提供强有力的支撑。

1. 高品质硬专线

专线是利用运营商网络向政府、企业或个人客户提供的业务接入和连接服务。受企业数字化转型、云服务和技术发展等多重因素驱动，越来越多的政府部门和企业通过专线来构建跨地域的网络连接。随着生产类业务上云，除了传统的带宽要求，主线业务对时延、抖动等 SLA 指标和安全隔离等还存在进一步的要求。MTN 技术采用时分复用，基于底层物理隔离技术，实现多业务的安全隔离。同时利用不同切片承载具有不同租户的业务，确保时延、丢包、抖动互不影响，实现一网多用。MTN 是面向未来的高品质硬专线以及 SDH 网络改造和带宽品质升级的最优选择。

未来高品质硬专线的典型代表是政企业务专线，MTN 在其中的应用场景如图 11-10 所示。在企业数字化转型的大势下，企业生产数据存在上云诉求，而企业内部的生产数据对数据安全要求较高，需要与外网隔离，可采用 MTN 小颗粒硬切片来专线承载企业生产数据上云。金融以及党政军相关业务对保密性要求高，需要高品质硬专线传输，带宽需求范围一般为 10 Mbit/s ~ 1 Gbit/s，可采用 MTN 小颗粒硬切片以专线承载金融、党政军高保密性业务。

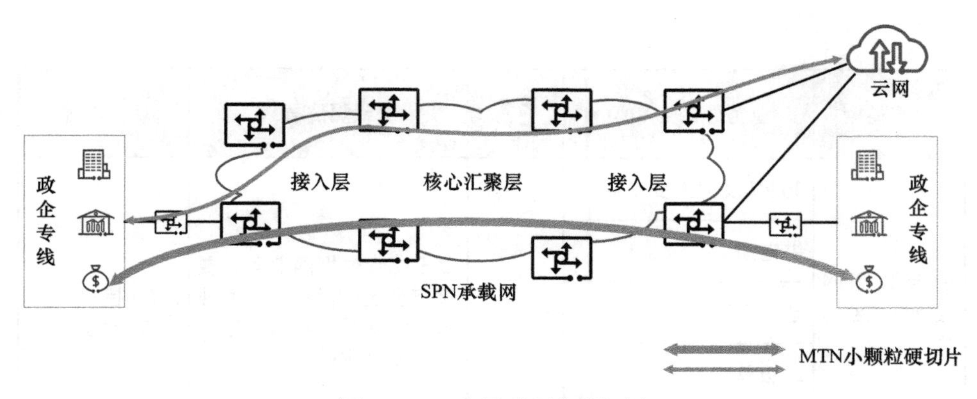

图 11-10　高品质硬专线场景

2. 电力行业专网

电力通信网络作为支撑电力业务发展的重要基础设施，满足了各类电力业务的安全性、实时性、准确性和可靠性要求。构建大容量、安全可靠的光纤骨干通信网，以及泛在多业务、灵活可信接入的配电通信网，是电力通信网络建设的两个重要组成部分。电力业务具有多颗粒带宽、低时延、高可靠等多维特征，迫切需要建设能够满足多元业务需求的切片网络。MTN 技术基于以太网，可以与 IP 技术无缝衔接，提供了基于以太网物理接口的切片隔离机制，符合电力专网各项业务的应用要求。

未来电力行业专网的网络切片架构如图 11-11 所示，采用 MTN 技术的 SPN 传输网将构筑起电力通信基础网络，它为综合数据网、调度数据网提供路由设备间的互联专线，为差动、安稳等控制终端提供端到端独享的硬隔离管道。

电力专网的切片规划建议如表 11-1 所示。

表 11-1　电力专网的切片规划建议

业务类型	业务源站点类型	接入端口	承载隔离要求	切片技术
语音视频局域网切片	35 kV 及以上变电站	GE	要求与安全 III、IV 区逻辑隔离、与生产调度网硬隔离	MTN 接口（专享切片）
	供电所			
	营业厅			
	二级单位			
	巡维中心			

续表

业务类型	业务源站点类型	接入端口	承载隔离要求	切片技术
综合数据网安全Ⅳ区切片	35 kV 及以上变电站 供电所 营业厅 二级单位 巡维中心	GE	属于综合数据网业务，要求与安全Ⅲ区、语言视频局域网逻辑隔离，与生产调度网硬隔离	MTN 接口（专享切片）
综合数据网安全Ⅲ区切片	35 kV 及以上变电站	GE	属于综合数据网业务，要求与安全Ⅳ区、语言视频局域网逻辑隔离，与生产调度网硬隔离	MTN 接口（专享切片）
调度数据网硬切片	所有变电站→汇聚路由器→核心路由器	以太或低速	属于生产类业务，要求与语音视频局域网、综合数据网硬隔离	MTN 通道（尊享切片）
差动保护小颗粒专线硬切片	变电站间	E1	属于生产类业务，要求与语音视频局域网、综合数据网硬隔离	MTN 小颗粒通道

3. 铁路行业专网

铁路 5G-R（5G-Railway，铁路 5G 专用移动通信）系统的推进和应用、数据中心规划建设加速，一方面为铁路行业专网带来带宽的大幅提升，另一方面使其面临超低时延、高可靠、高度灵活、智能化等方面的挑战。从统一资源调度、统一运维管理、统一大数据应用等角度出发，铁路行业专网不仅要满足 5G-R 系统的承载需求，同时还要满足运输调度、公安、客票、信息、智慧铁路、智能运维等其他不同方面业务的需求，支持专线、宽带等数据的统一承载。新型铁路行业专网需要具有大带宽、低时延、高精度时间同步传送、海量连接、灵活组网调度、高效软硬管道能力、敏捷业务部署、网络级的分层 OAM 和保护能力、高可靠、智能管控一体化、高效敏捷运维等特性。MTN 技术在超低时延、管道隔离、大带宽接入等方面有重大优势，能和 L2/L3 分组业务形成有效的融合，可以有效支撑下一代铁路行业专网的建设，更好地服务于铁路各类业务。

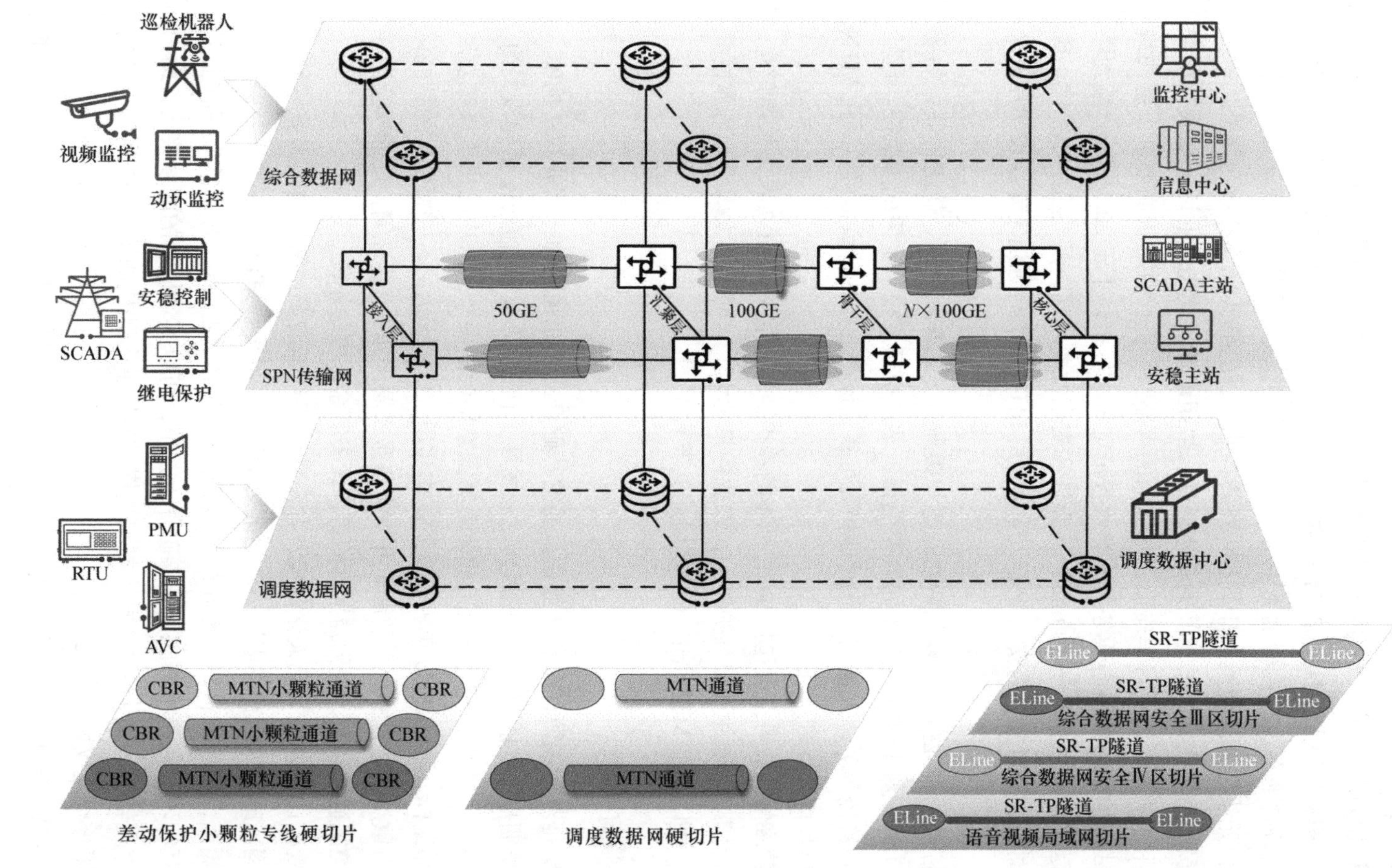

注：AVC 为 Automatic Generation Control，自动发电控制；PMU 为 Phasor Measurement Unit，相量测量单元；RTU 为 Remote Terminal Unit，远程终端单元。

图 11-11　未来电力行业专网切片架构

铁路 5G-R 系统的典型业务架构如图 11-12 所示，其中，铁路专用无线通信网络是其重要组成部分。它主要为列车提供调度通信和运行控制等行车安全业务的无线承载，为铁路移动应用提供可靠的高速车地无线通信服务。铁路无线通信业务一般分为列控 / 列调类业务、监控检测类业务、运营维修类业务三类。其中，无线调度语音业务和无线数据业务均属于列控 / 列调类业务，主要实现调度员、司机、行车保障人员、行车指挥人员之间的基本通话、群组通话、优先级通话、承载行车类安全应用等业务，涉及行车安全，对通信的可靠性和安全性有很高要求，是铁路专用无线通信网络的核心业务。该类业务带宽需求较小，小于 20 Mbit/s，端到端单向时延要求较低，小于 100 ms，可靠性和安全性要求高，是典型的小带宽、确定性低时延、高可靠、高安全业务，适合采用 MTN 小颗粒通道（专线硬切片）来承载。

监控检测类业务，主要包括物联感知类业务（如车载监测、轨道物联、站场物联等）和视频监控类业务（如轨旁视频、站点视频监控、桥梁视频监控、危险路段视频监控等），大带宽、低时延和高可靠是该类业务的特点，可以采用 MTN 通道（尊享切片）来承载。

运营维修类业务主要包括铁路、列车的养护维修通信类业务（如故障诊断信息、列车运行信息、软件升级维护等），该业务带宽大、对时延不太敏感、可靠性要求不高，可以采用 MTN 接口（专享切片）来承载。

4. 煤矿专网

煤炭是基础能源，煤炭产业是重要的基础产业。在我国的一次能源结构中，煤炭将长期是主要能源。国家在煤炭工业发展“十三五”规划中提出，要建设集约、安全、高效、绿色的现代煤炭工业体系。国家出台的多个政策中给出了煤矿发展的方向和路标，要求 2030 年重点煤矿基本实现工作面无人化，并将煤矿的智能化开采作为重点改造目标。当前煤矿井下有多张二层千兆 / 万兆环网，比如安全监控环网、控制通信环网、视频监控环网等，设备冗余、维护不便。

随着矿山智能化、无人化建设，井下业务将逐渐增多，重复建设多张网络进行业务隔离的方式存在成本过高、运维复杂等多种问题。MTN 硬隔离切片保障多系统硬隔离，实现微秒级时延和毫秒级保护技术，实现一张切片网承载多种业务系统，互相不影响，将其应用于煤矿井上井下，可以实现极简的网络架构，助力煤矿数字化转型。采用 MTN 技术构筑的煤矿专网业务架构如图 11-13 所示，专网业务应用分类建议如表 11-2 所示。

MTN 技术在千行百业的广泛应用，充分体现出其高品质、高安全、高灵活的

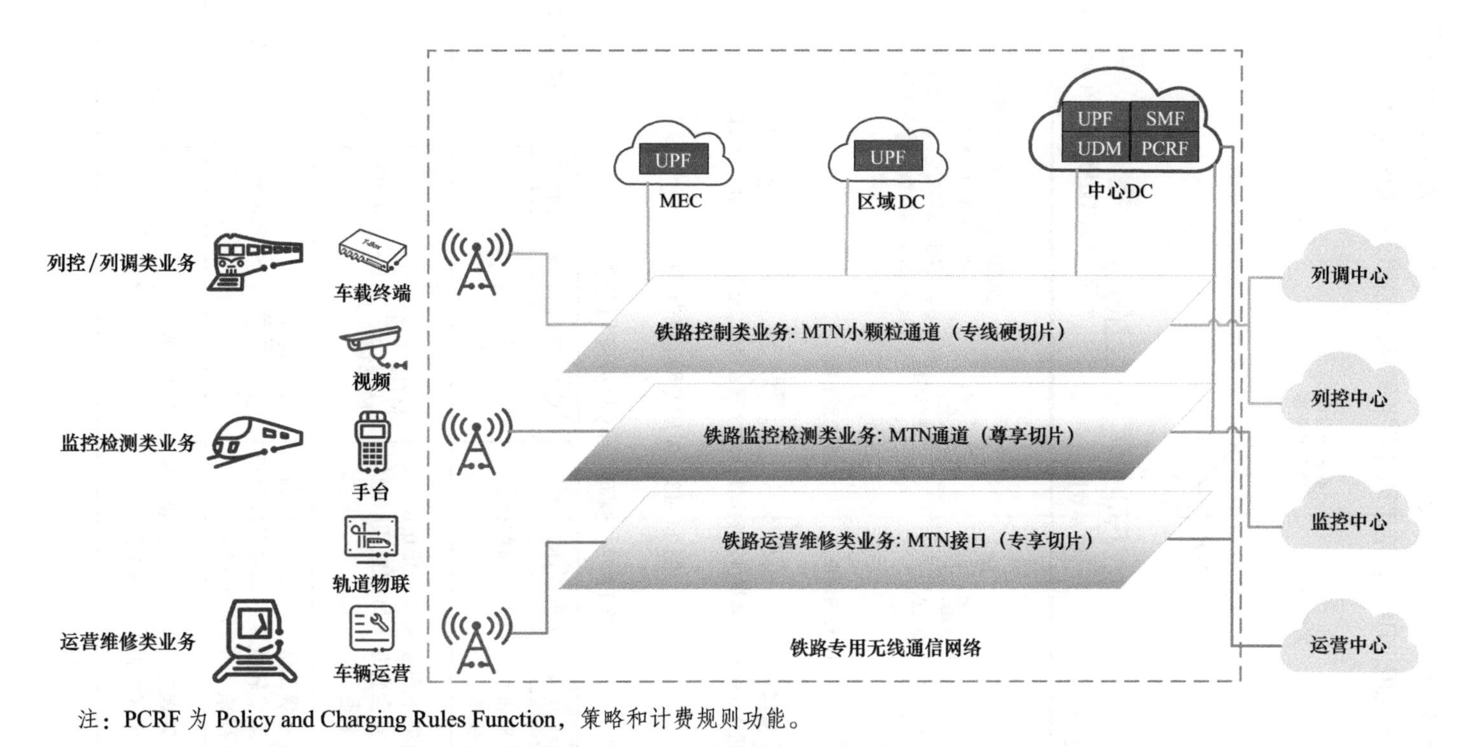

注：PCRF 为 Policy and Charging Rules Function，策略和计费规则功能。

图 11-12　铁路 5G-R 系统的典型业务架构

技术优势，能够支撑行业数字化转型。同时，MTN 技术也在持续发展和完善，以满足多样化业务精细化切片、灵活智能等业务需求，逐步迈入 SPN/MTN 2.0 时代。

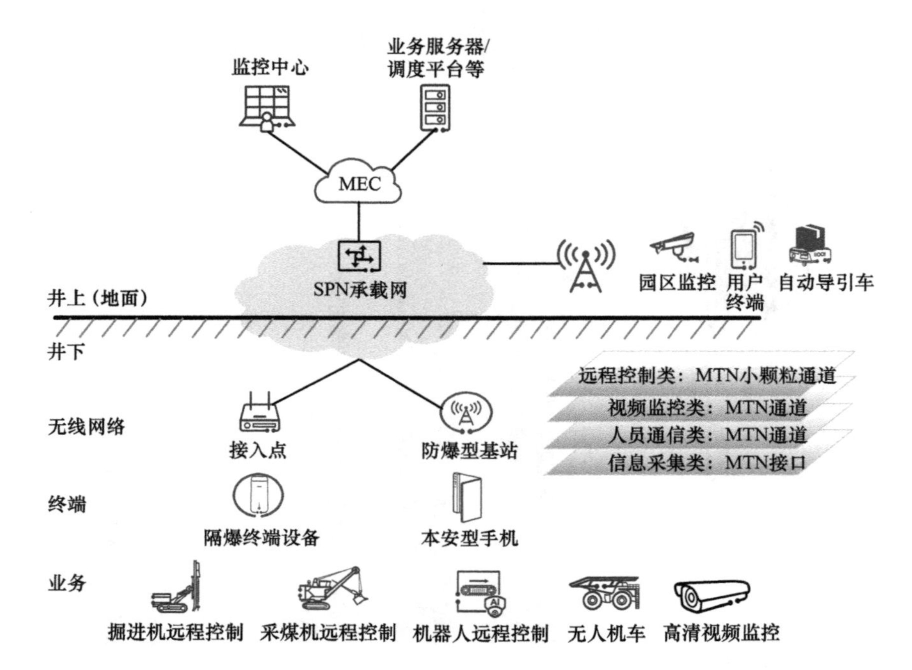

图 11–13　煤矿专网业务架构

表 11–2　煤矿专网业务应用分类建议

应用分类	场景描述	切片方案	双向时延	带宽诉求
信息采集类	皮带机的机头传感数据采集	MTN 接口（专享切片）	＜ 500 ms	30 ～ 100 kbit/s
人员通信类	井下重要岗位、跟班队干、安全督查人员配置实时通信装备	MTN 通道（尊享切片）	＜ 100 ms	1K：4 ～ 8 Mbit/s 4K：15 ～ 20 Mbit/s
视频监控类	采煤工作面、掘进工作面、运输转载点、运输车场分布视频（360 度摄像头）	MTN 通道（尊享切片）	＜ 100 ms	20 ～ 30 Mbit/s
远程控制类	采煤工作面采煤机、液压支架和泵站远程集中控制	MTN 小颗粒通道	＜ 100 ms	＜ 30 Mbit/s

附录 A 漫谈 SPN 技术

下面让我们通过一个生动的故事直观了解一下 SPN 的技术价值。

A.1 漫谈 SPN 切片技术

大秦帝国统一六国之后，北方经常受到匈奴的侵扰。始皇帝忧心不已，夜不能寐。

大秦北方边境线很长，又无隔离屏障。匈奴骑兵可轻易绕过守军，来去无踪。

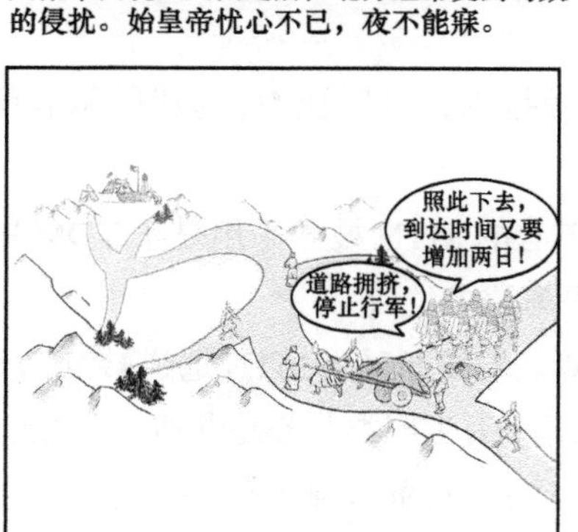

彼时，秦国内军民共用道路，大规模调军无法有效保障救援时效。

而待援军赶到，匈奴骑兵已逃之夭夭，不见踪影。

始皇帝两大硬核措施彻底解决了北方稳定问题。

筑长城，建硬隔离屏障，让匈奴骑兵“望墙兴叹”。

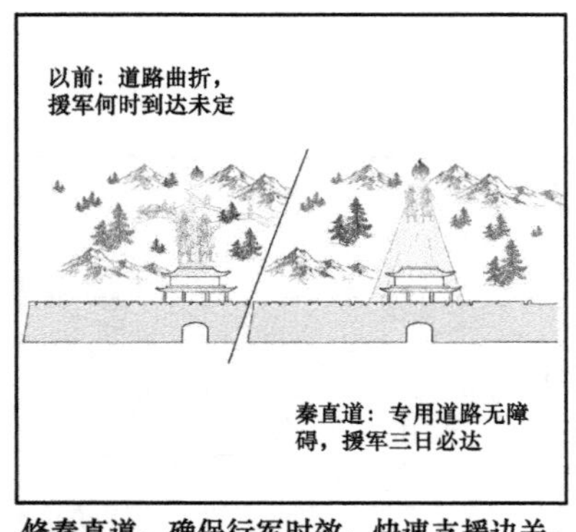

修秦直道，确保行军时效，快速支援边关。

北方大定，从此百姓安居乐业，各安其所，天下太平。

SPN 故事新解

就像大秦帝国一样，SPN 也有几大硬核技术，可以让 5G 时代的承载网“安居乐业”，如图 A-1 所示。

第一，SPN 支持端到端业务硬隔离。核心的 MTN 技术采用基于 TDM 的时隙交叉调度机制，满足多业务综合承载的硬隔离需求。

第二，SPN 为业务提供确定性 SLA 保障。转发面采用 MTN 通道转发，支持业务数据 L1 交换，实现微秒级时延和纳秒级抖动，为生产类业务提供确定性时延保障。

第三，SPN 支持 10 Mbit/s 级的小颗粒切片，可面向高价值用户提供更灵活的业务级硬隔离切片。

首先说一下硬隔离。如图 A-2 所示，传统物理接口基于报文优先级进行调度，可能出现长包阻塞短包、短包时延变大，导致不同业务之间互相影响。而 SPN 采用 MTN 接口，将报文映射为 66B 码块流并基于时隙进行调度，保证不同业务独占带宽，互相不影响，从而达到硬隔离的效果。

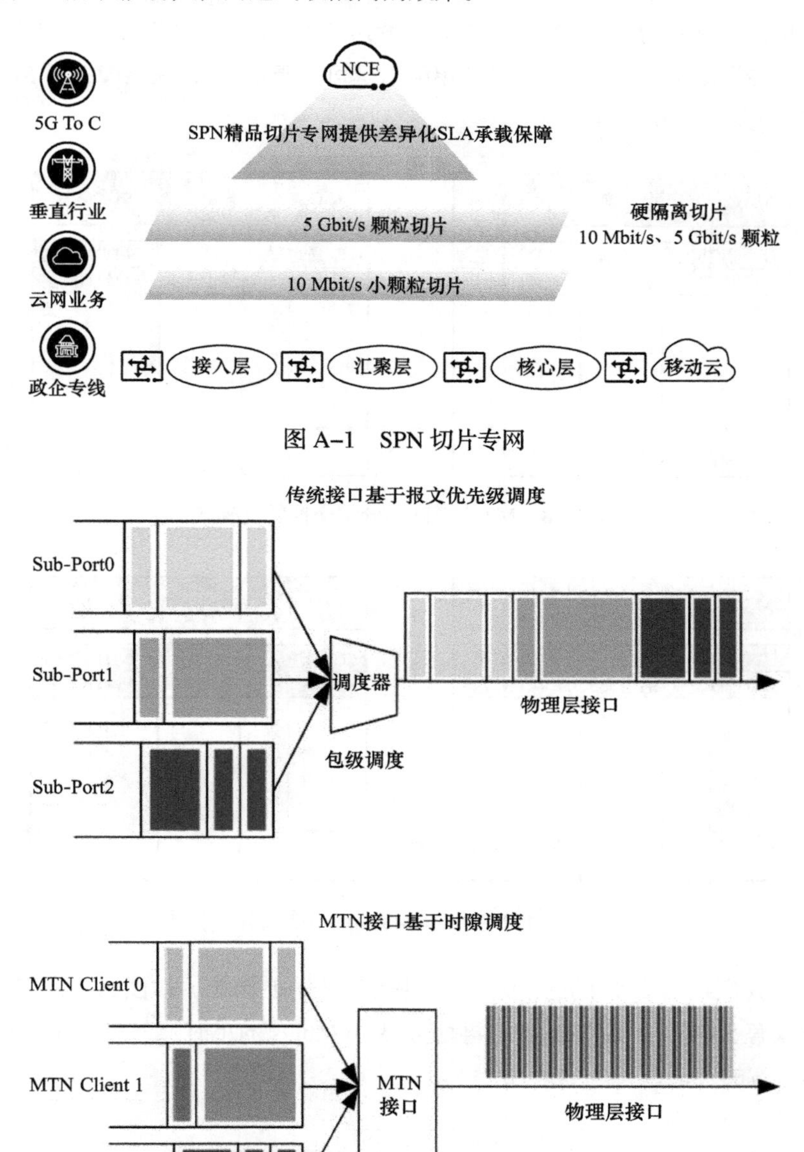

图 A–1　SPN 切片专网

图 A–2　硬隔离机制

然后再说确定性 SLA 保障。在转发面，SPN 支持“MTN 接口 + 分组交换”“MTN 接口 + MTN 通道交叉”两种转发模式。前者如图 A-3 所示，通过 MTN 接口实现切片，但业务转发仍基于 L2~L3 分组交换，单跳时延可小于 30 μs，在该模式下，SPN 提供的隔离能力是 MTN 接口级。后者如图 A-4 所示，通过 MTN 接口实现切片，业务转发基于 MTN 通道交叉，单跳时延可小于 10 μs，在该模式下 SPN 提供的隔离能力是 MTN 通道级。

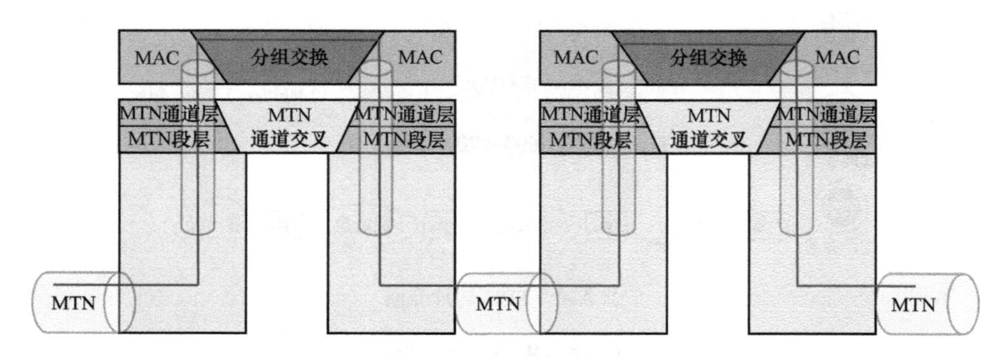

图 A-3　MTN 接口 + 分组交换转发模式

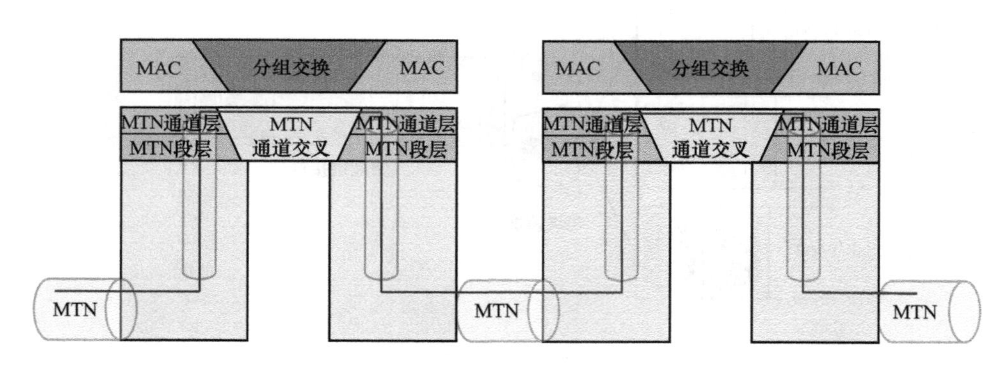

图 A-4　MTN 接口 + MTN 通道交叉转发模式

最后我们再看 SPN 的另一项“黑科技”——小颗粒。如图 A-5 所示，MTN 支持在原有 5 Gbit/s 时隙的基础上再划分出 10 Mbit/s 的小时隙，实现 $N\times 10$ Mbit/s 硬隔离带宽的灵活调整。

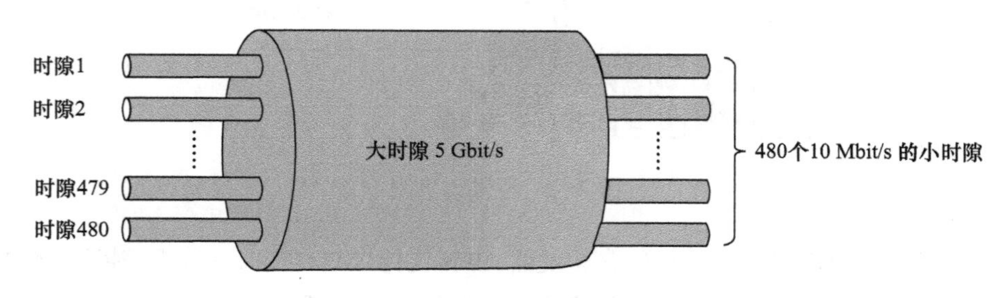

图 A-5　MTN 小颗粒机制

A.2　漫谈 SPN 随流检测技术

秦朝统一之初，百废待兴，始皇帝根据国情制定了多项新政，但是推行缓慢。

原来是因为邮驿制度还未完善，公文传递无保障。

邮道遇阻无法快速修复，公文送达时间不可知；如绕行可能遇到危险路段，公文易丢失。

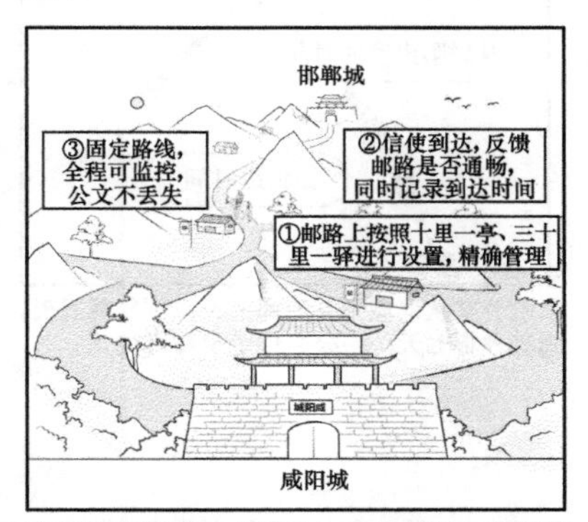

为解决此问题，秦朝建立了完善的驿传制度，保障公文传递的可管可控。

SPN 故事新解

与大秦帝国的公文驿传制度类似，SPN 也需要有高效可行的业务检测机制。首先，SPN 引入了 In-Band OAM 随流检测机制。如图 A-6 所示，当端到端的 SLA 数据超过设定阈值时，SPN 自动触发逐跳检测，实现故障快速定位。

其次，SPN 支持 MTN 通道层 OAM 功能。如图 A-7 所示，在 MTN 通道的 66B 码块中，用 OAM 码块替换空闲码块，从而在不挤占业务带宽的情况下实现检测功能。在检测到故障时，MTN 通道的切换时间小于 10 ms，倒换性能大幅提升。

邮道不通时，由信使将邮道问题信息反馈给驿臣。

驿臣根据信使的反馈，精准地找到问题路段，大幅缩短问题路段修复时间。

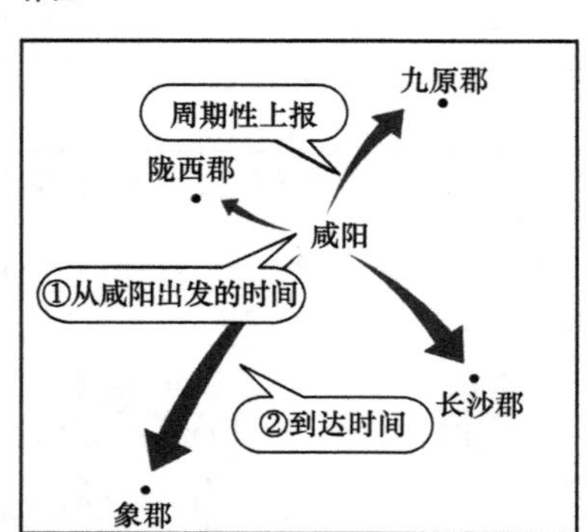

新政公文从都城到九原郡三天，到象郡五天，到长沙郡七天……公文传递全局可视化。

从此，公文畅行无阻，新政有序推行，大秦帝国欣欣向荣。

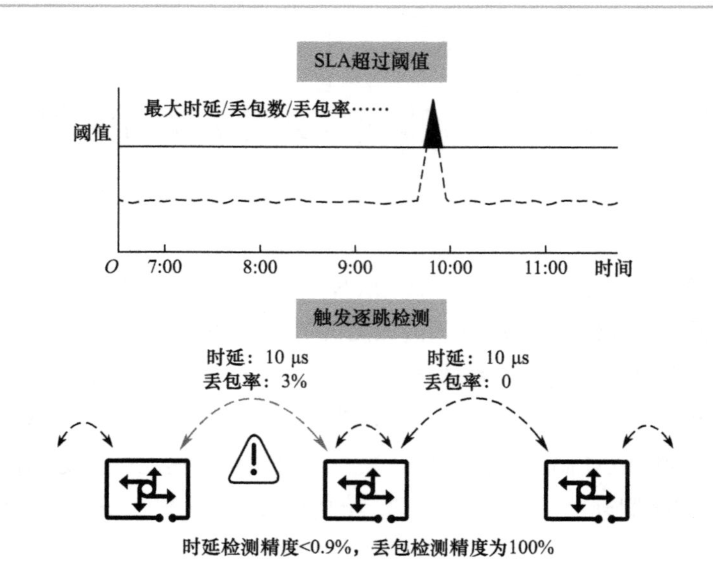

图 A-6　In-Band OAM 随流检测机制

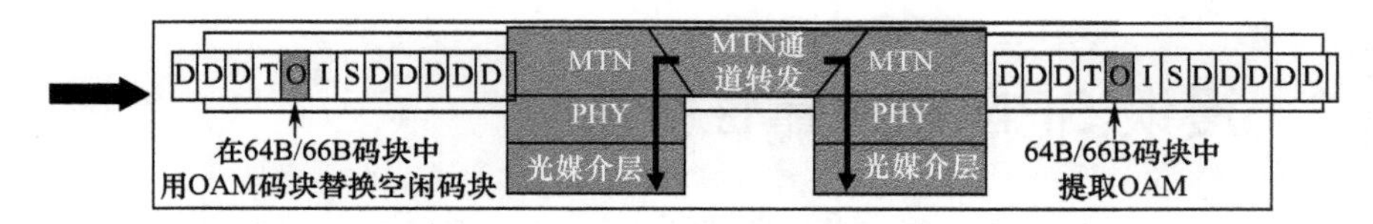

图 A-7　MTN 通道层 OAM 机制

最后，SPN 支持随流检测 SLA 端到端业务可视能力。如图 A-8 所示，SPN 基于 In-Band OAM 随流检测功能，可以直接检测业务报文，真实反映业务路径，并对每个报文逐包检测，精确捕获细微丢包。同时，SPN 通过 Telemetry 实现检测数据秒级上报，由 NCE 控制中心统一计算并呈现业务 SLA，从而实现端到端 SLA 实时可视。

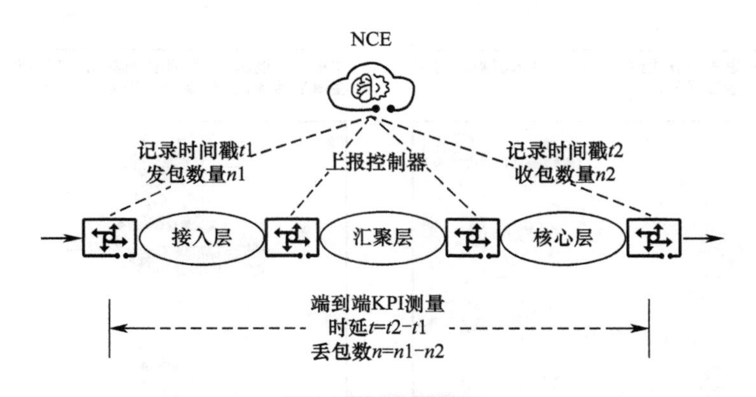

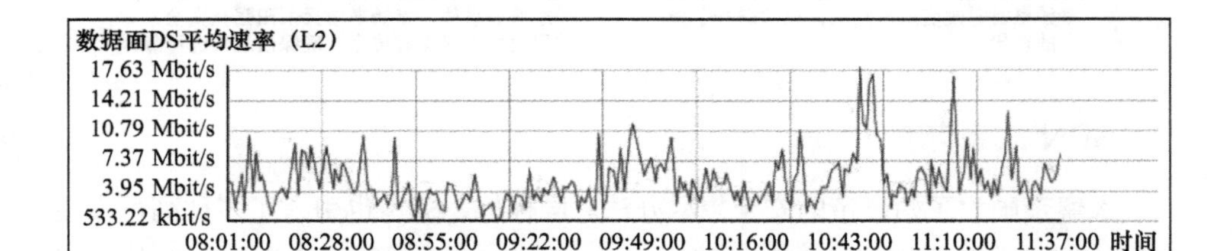

注：KPI 为 Key Performance Indicator，关键性能指标。

图 A-8　真实业务检测端到端可视

A.3 漫谈 SPN 高可靠性技术

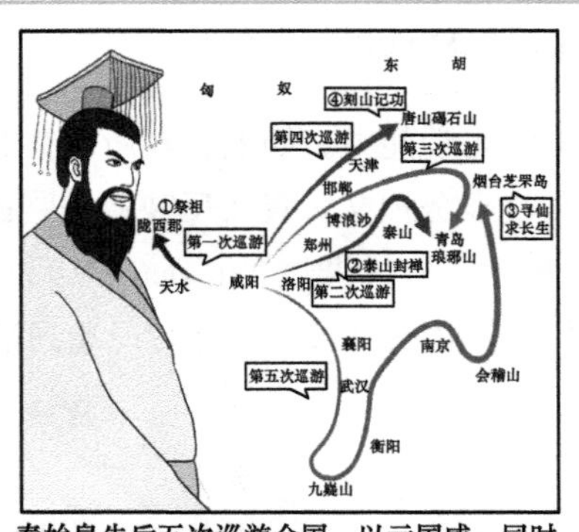

秦始皇先后五次巡游全国，以示国威。同时远赴渤海寻仙以求长生。

在第三次巡游时，张良获知秦始皇行进路线，在博浪沙埋伏。但秦始皇提前探查，掌握先机。

秦始皇及时改变巡游路线，成功避开了张良的埋伏。

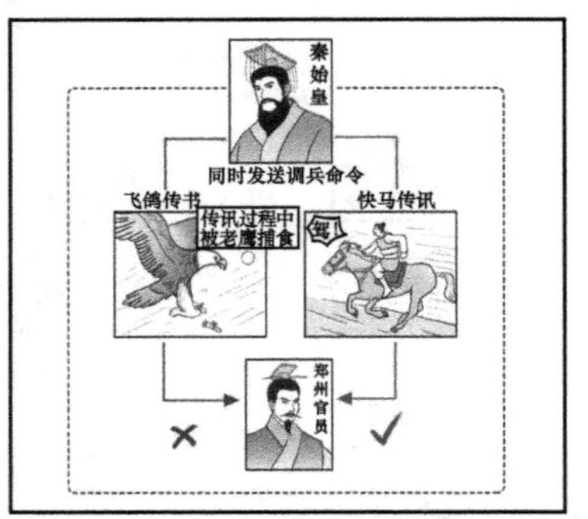

经过遇袭事件，秦始皇增兵荥阳强化安全，并用两种方式同时传令，确保信息传递可靠。

SPN 故事新解

大秦帝国为了始皇帝的安全想尽办法。同样地，SPN 也引入了多种高可靠性机制为客户业务“保驾护航”。首先，SPN 通过 NCE 控制中心为 SR-TP 隧道提供实时路径控制能力，如图 A-9 所示。单点链路故障会及时触发 SR-TP 重路由，实现永久 1∶1 保护；当发生多点故障时，SR-TP 重路由功能还能计算出新的逃生路径，确保业务秒级恢复。

其次，如图 A-10 所示，针对面向无连接的 SR-BE 隧道，SPN 支持 SR-BE 路径自动规划以及 TI-LFA（Topology-Independent Loop-Free Alternate，拓扑无关无环路备份）保护，从而实现 IGP 域内任意节点故障、链路故障可保护。

最后，SPN 引入了双发选收机制，如图 A-11 所示，只要业务报文在主备任意一条路径上到达，均可正常接收。与传统隧道保护机制相比，双发选收保护机制实现了基于客户业务层的保护，达到了切换零丢包的效果。

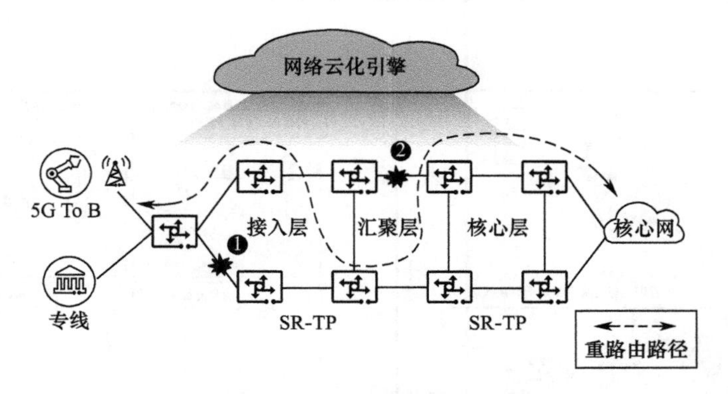

图 A-9　SR-TP 隧道路径控制机制

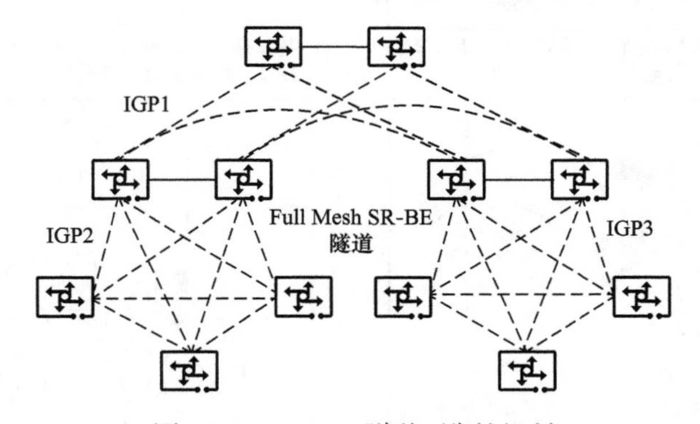

图 A-10　SR-BE 隧道可靠性机制

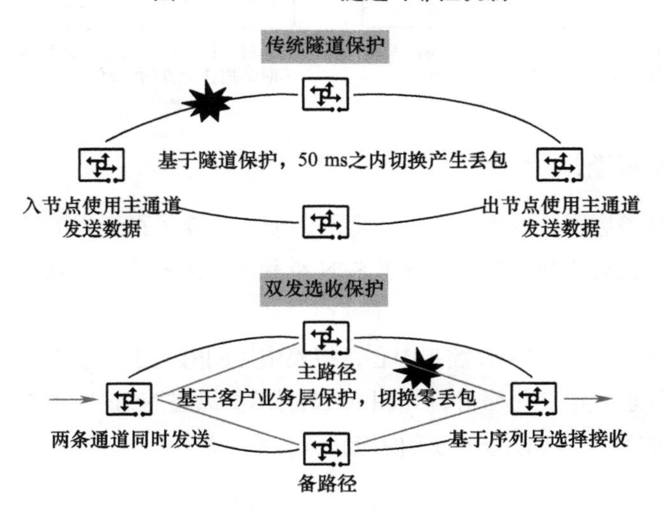

图 A-11　隧道双发选收与传统隧道机制的对比

A.4 漫谈 SPN 电商化服务技术

SPN 故事新解

秦始皇高瞻远瞩，设郡县，统一全国标准，加强了秦帝国的管理，提升了经济活力。SPN 也有两项举措，提升了 SPN 承载网的服务水平，强化了网络功能的定制化能力。

第一项举措是引入 NCE 控制中心，将集中控制融入生产系统，打通 OSS/BSS 域，实现业务承载电商化服务，如图 A-12 所示。通过 NCE 控制中心，可为客户业务提供在线订购、自动化开通等便捷服务。

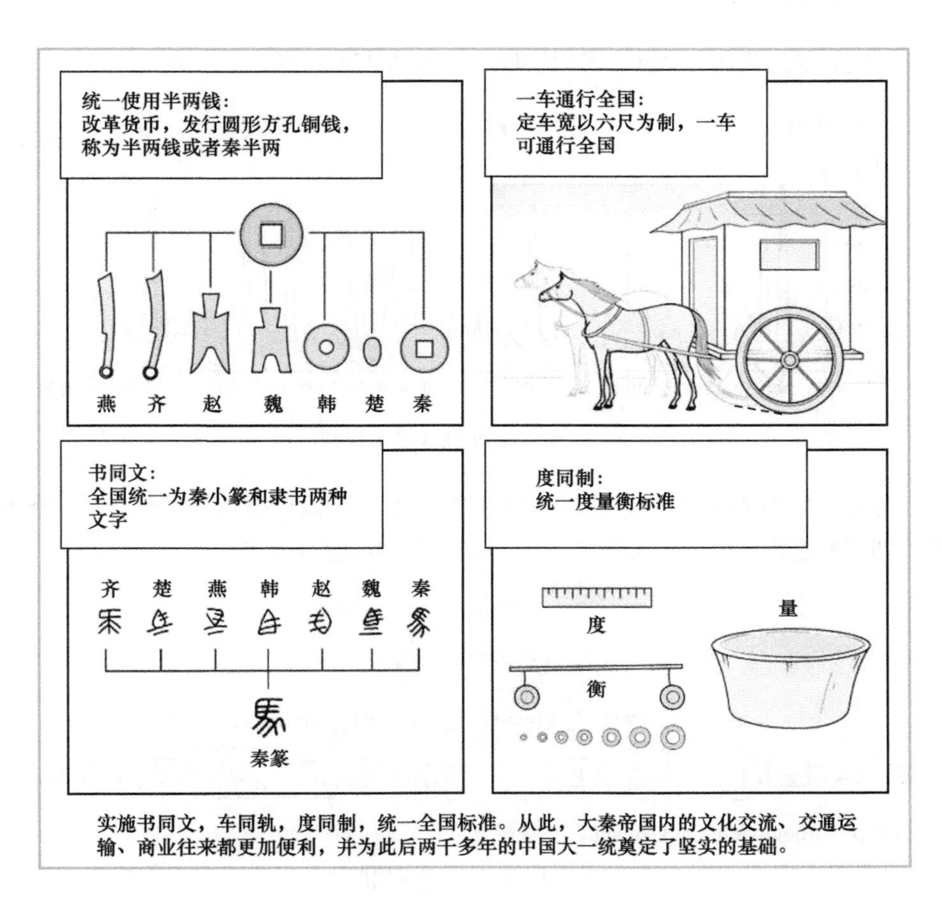

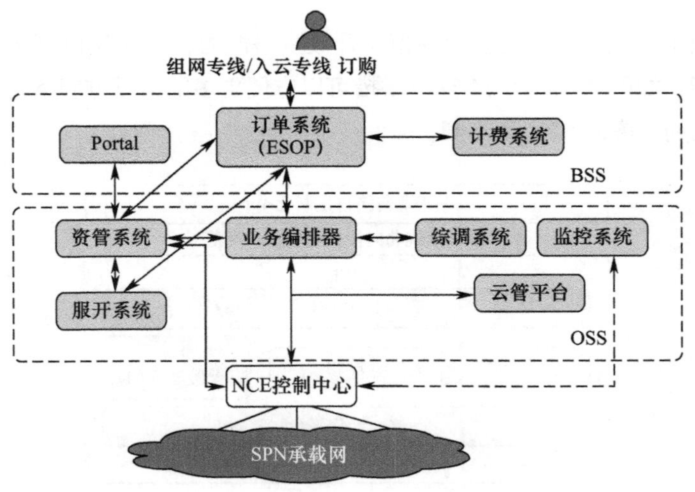

注：ESOP 为 Enterprise Service Operation Platform，企业业务运营平台。

图 A-12 SPN 实现电商化服务

同时，通过定制化 App，可以实现业务 SLA 实时可视，如图 A-13 所示。

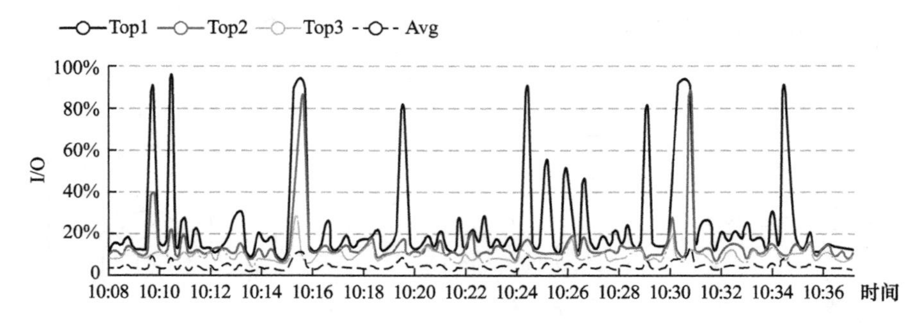

图 A-13　业务 SLA 实时可视

另外，如图 A-14 所示，通过 NCE 控制中心，可以根据具体需求，对业务的端到端带宽进行无损扩容或缩容，而且对现网业务运行零影响。

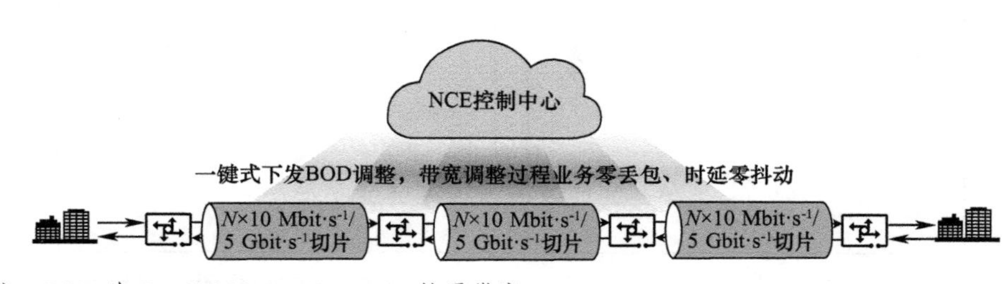

注：BOD 为 Bandwidth On Demand，按需带宽。

图 A-14　业务带宽无损调整

第二项举措是统一北向接口规范，开放网络能力，从而支持基于北向接口定制网络功能，如图 A-15 所示。这一举措可以方便更多的第三方服务提供商参与进来，构建互利共赢的 SPN 生态圈。

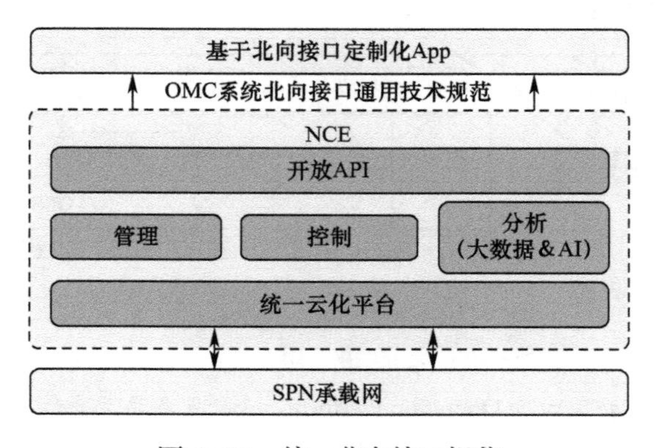

图 A-15　统一北向接口规范

附录 B　SPN/MTN 的标准体系

SPN/MTN 的标准体系包含两部分：一部分是由 CCSA 的 TC6（Technical Committee 6，第 6 技术委员会）制定的 SPN 系列行业标准规范；另一部分是由 ITU-T SG15 制定的 G.83 系列建议。SPN/MTN 的标准体系定义了 MTN 的需求、架构、接口、设备、保护、管理、演进、同步等各个方面。随着 MTN 技术的不断发展，以及 MTN 应用场景的不断丰富，CCSA 与 ITU 也会适时地扩充新的行业规范与标准建议。

CCSA 于 2002 年 12 月 18 日在北京成立，是在信息产业部通信标准研究组的基础上，经信息产业部、国家标准化管理委员会同意，民政部批准建立的一个能够适应市场需求、与国际接轨、符合我国国情的全国性、统一的通信标准化组织。如图 B-1 所示，目前 CCSA 下辖 11 个技术工作委员会，其中 TC6 研究领域包括传送网、系统和设备、接入网、传输媒质与器件、电视与多媒体数字信号传输等。TC6 主要对口 ITU-T SG15 的研究工作。

MTN 技术在国内先行标准化，整个产业希望通过在 CCSA 制定 MTN 技术行业标准，对 MTN 的理念与核心技术进行收敛、沉淀、总结，为引领 ITU 国际标准做铺垫。SPN 主要在 CCSA TC6 的 WG1 实现标准化。从 2018 年 2 月开始，CCSA 先后立项的行业标准如表 B-1 所示。

表 B-1　CCSA 行业标准

标准名称	主要内容
《切片分组网络（SPN）总体技术要求研究》	对 SPN 的市场需求、网络架构、技术需求、技术限制以及可能的技术路径等方面做了充分的调研，为《切片分组网络（SPN）设备技术要求》的立项以及行业标准的最终制定做了充分的准备
《切片分组网络（SPN）总体技术要求 》	描述了 SPN 的总体技术特征，定义了 SPN 的 SPL、SCL、STL 三层模型以及各层之间的复用关系。对 SPN 的 SDN 管控架构、传送面、控制面、管理面、应用与协同面提出了明确的要求。针对 SPN 各层的业务、OAM、保护、QoS、时间同步、管控、接口互通等方面的技术要求和机制都做了明确的描述

续表

标准名称	主要内容
《切片分组网络（SPN）设备技术要求》	描述了SPN设备的系统结构，包括SPN设备的总体系统结构、数据面结构、管理面结构、控制面结构和业务接口。对SPN设备的业务接入与转发、QoS、OAM、保护与恢复、同步、接口、管控等设备实现的规格做了相应的要求。同时，也针对SPN设备的安全性、可用性和物理电气要求一同给出了规范
《切片分组网络（SPN）网络南向技术要求》	描述了SPN的SDN集中管理器与设备之间交互的技术要求，包括SPN管控中使用的二层协议、三层协议、通道层协议，以及协议报文内容、交互流程与信息模型
《切片分组网络（SPN）网络互通测试规范》	描述了不同厂商SPN设备在互通时的测试环境、测试步骤以及预期测试结果
《切片分组网络（SPN）网络测试规范》	描述了针对多台SPN设备组成的SPN的功能、性能等测试规范，包括SPN测试环境、测试步骤以及预期测试结果
《5G网络切片　基于切片分组网络（SPN）承载的端到端切片对接技术要求》	规定了基于SPN承载网的端到端转发面和控制面互通的技术要求，在符合《5G网络切片　端到端总体技术要求》的基础上，进一步规范如下内容： ◆ 无线接入与SPN承载网、SPN承载网与核心网之间转发面网络切片对接接口，以及跨领域对接接口的协同机制； ◆ 端到端网络切片对接标识和业务SLA/KPI与承载网切片的映射关系，以及切片对接标识的生命周期管理（包括分配、回收等）
《基于切片分组网络（SPN）的承载网切片子网管理功能（TN-NSSMF）技术要求》	描述了基于SPN的承载网切片子网管理功能TN-NSSMF的系统架构、功能概述、生命周期管理、性能管理、故障监控和资源管理等，还描述了对应的切片管理流程
《5G网络切片管理功能（NSMF）与基于切片分组网络（SPN）的承载网切片子网管理功能（TN-NSSMF）接口技术要求》	基于SDN和模型驱动技术的发展趋势，提出基于5G SPN承载网的切片编排控制功能及接口技术要求，主要描述了以下内容： ◆ NSMF中SPN切片编排器的功能要求； ◆ 基于SPN的TN-NSSMF的功能要求，包括全生命周期管理中的切片规划、创建、运维和退服的基本功能要求； ◆ NSMF与基于SPN的TN-NSSMF的接口功能要求，包括基于SPN的承载网子切片业务需求模板及相关参数要求，SPN切片的创建、修改、删除子接口功能要求，SPN切片的运行状态和SLA性能参数查询、上报等子接口功能； ◆ NSMF与基于SPN的TN-NSSMF的接口数据模型，包括基于SPN的承载网子切片的规划、创建、修改、删除、状态监测和上报等

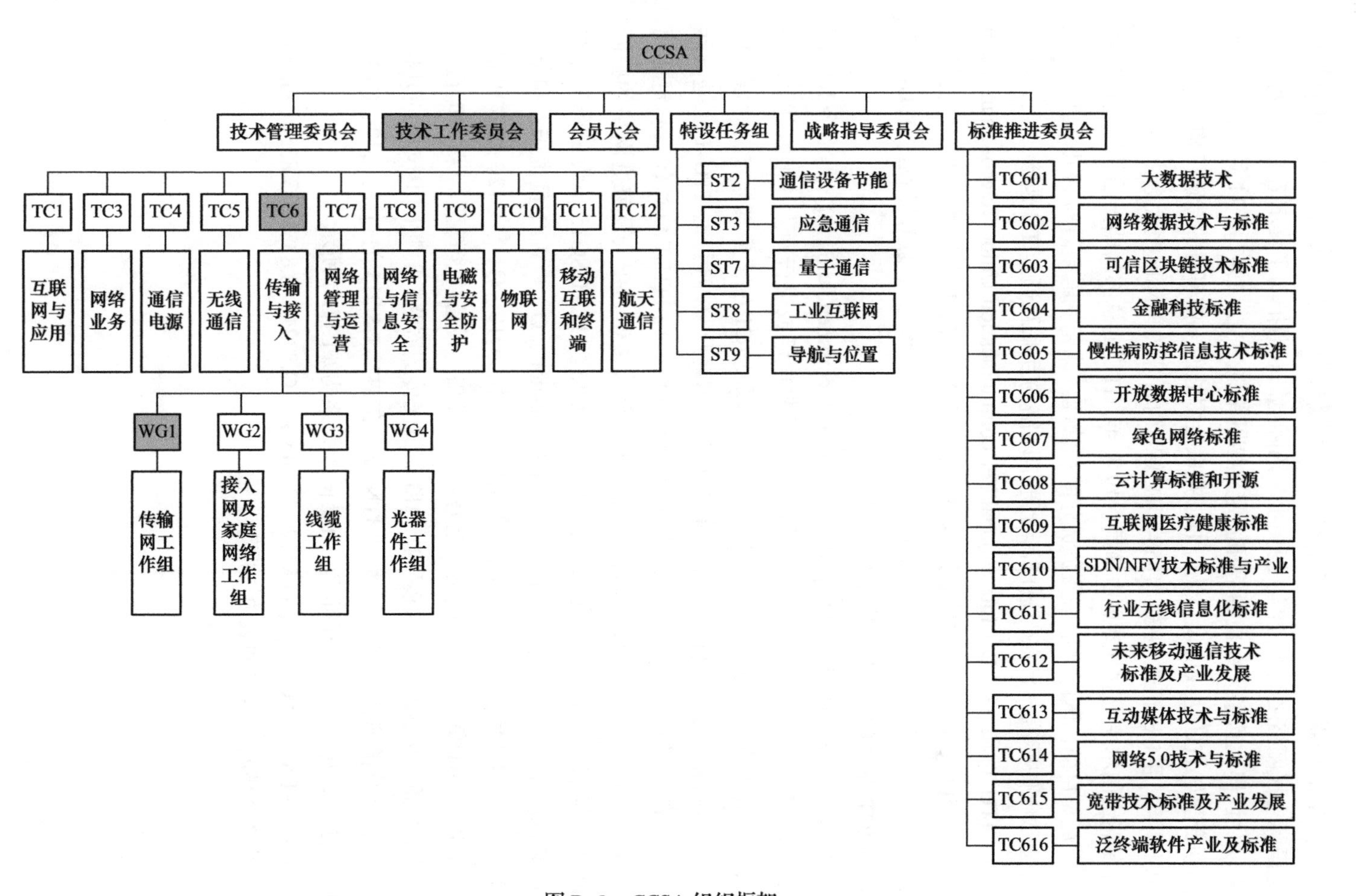

图 B-1 CCSA 组织框架

国际电信联盟是主管信息通信技术事务的联合国机构，成立于 1865 年，旨在促进国际电报网络之间的合作。历史上，国际电信联盟推动了莫尔斯电码的标准化使用以及世界上首条无线电通信和固定电信网络的建立。1947 年 11 月 5 日，新成立的联合国与 ITU 达成协议，认可 ITU 是联合国处理电信事务的特别机构，该协议于 1949 年 1 月 1 日正式生效。1868 年在维也纳召开的国际电报大会上，与会各方决定在瑞士伯尔尼成立其专属办事局。1948 年，ITU 的总部从瑞士伯尔尼迁移到瑞士日内瓦。目前，国际电信联盟负责分配和管理全球无线电频谱与卫星轨道资源，制定全球电信标准，旨在促进国际上通信网络的互联互通。ITU 包含三大领域：ITU-R、ITU-T 和 ITU-D（International Telecommunication Union-Telecommunication Development Sector，国际电信联盟电信发展部门）。ITU-R 负责协调内容广泛且日益扩展的无线电业务，并在国际层面进行无线电频谱和卫星轨道的管理。ITU-D 负责规划 ICT 在全球范围内的扩大和普及。

国际电信联盟制定的标准 [也称建议书（Recommendation）]，是当今 ICT 网络运行的根本。没有这些标准，人们就无法拨打电话或进行网上冲浪。就互联网接入、传输协议、语音和视频压缩、家庭网络以及 ICT 的诸多其他方面而言，数以百计的国际电信联盟标准使各类系统得以在本地及全球运行。ITU-T 正是国际电信联盟的电信标准化部门，其下设 11 个研究组，由 ITU-T 成员代表制定适用于 ICT 各领域的建议与标准。ITU-T SG15 是负责传输、接入及家庭网络的国际权威标准组织，SDH、OTN 都诞生于 ITU-T SG15。ITU-T SG15 下设三个工作组（Working Party，WP）和 13 个讨论小组（Question，Q）。WP1 负责接入和家庭宽带技术。WP2 负责光技术。WP3 负责传输技术。Q10、Q11、Q12、Q13 和 Q14 属于 WP3。Q11 负责光传送网络的信号结构、接口、设备功能模型、保护和互通等技术。Q12 负责光传送网络的架构。Q13 负责光传送网络的时频同步技术。Q14 负责光传送网络的管理与控制技术。MTN 技术在 ITU-T SG15 的 Q11、Q12、Q13 、Q14 中进行讨论并实现了标准化。ITU 的组织架构如图 B-2 所示。

目前 MTN 包含 G.8310、G.8312、G.Sup.69、G.8321、G.8331、G.8350、G.mtn-sync 共 7 个核心标准，如表 B-2 所示。

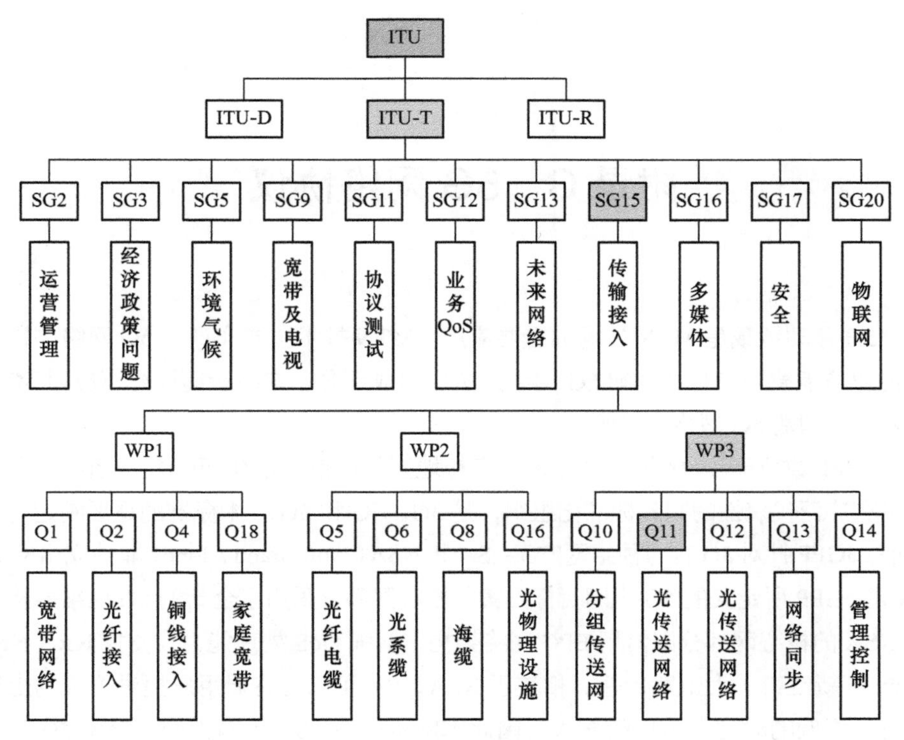

图 B-2　ITU 的组织架构

表 B-2　MTN 核心标准

标准编号	标准名称
G.8310	Architecture of the metro transport network
G.8312	Interfaces for metro transport networks
G.Sup.69	Migration of a pre-standard network to a metro transport network
G.8321	Characteristics of MTN equipment functional blocks
G.8331	Metro transport network linear protection
G.8350	Management and control for metro transport network
G.mtn-sync	Synchronization aspects of metro transport network

附录 C　5G 网络协议

5G 移动承载是 MTN 技术的重要应用。MTN 技术主要实现了 5G 网络的移动回传业务承载，它是端到端 5G 网络的重要组成部分。本附录简要介绍应用 MTN 技术的端到端 5G 网络协议栈。

3GPP 成立于 1998 年，由许多国家和地区的电信标准化组织共同组成，是一个具有广泛代表性的国际标准化组织，是 3G、4G 和 5G 技术标准的重要制定者。目前，3GPP 针对 5G 有两种组网方案：SA 和 NSA（Non-Stand Alone，非独立组网）。SA 是 3GPP 所定义的 5G 组网目标方案，核心网部分采用了全新的 5G 网络架构，而 NSA 的核心网部分则沿用 EPC 网络架构，增强 QoS 处理能力，支持 NR（New Radio，新空口）大带宽传输。相较于 NSA，SA 可以为终端用户提供更高的上行带宽、更低的时延和更快的接入。因此本附录以 5G SA 组网为例，介绍 5G 网络协议。

如图 C-1 所示，SA 方案的 5G 网络由 NG-RAN（Next Generation Radio Access Network，下一代无线电接入网）、移动承载网和 5GC 三部分组成。

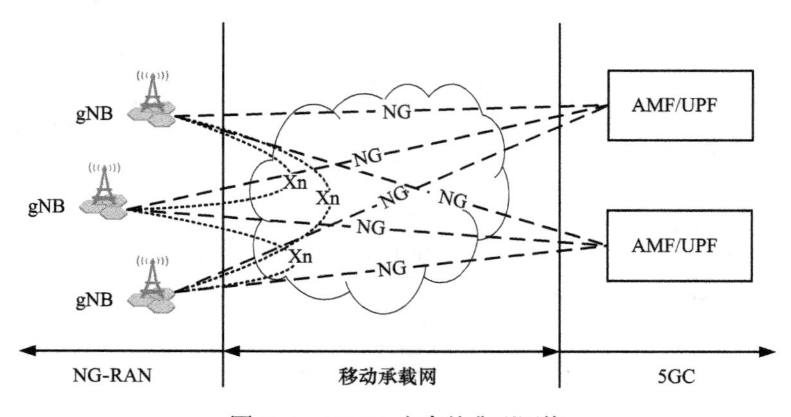

图 C-1　5G SA 方案的典型网络

NG-RAN 主要提供与无线接入相关的功能集合，主要包含 gNB（gNodeB，5G 基站）节点。gNB 是 5G 基站协议栈功能实体，通过使用 NR 用户面和控制面协议为终端提供服务，负责一个或多个小区中的所有无线相关的功能，例如无线资源管理、接入控制、连接建立、用户面数据路由到UPF、控制面信息路由到AMF以及QoS流量管理。gNB和gNB之间的接口为Xn，分为Xn控制面接口和Xn用户面接口。Xn控制面接口主要提供Xn接口管理、UE移动性管理和双连接的实现等功能；Xn用户面接口提供用户转发和流量控制功能。

移动承载网面向NG-RAN与5GC，为NG-RAN内部、5GC内部以及NG-RAN和5GC二者之间的通信提供数据承载服务。由于3GPP规定了NG-RAN与5GC之间的逻辑接口为NG（Next Generation，下一代）接口，gNB与gNB之间的逻辑接口为Xn，所以移动承载网的主要数据承载对象就是NG和Xn。

5GC主要提供认证、鉴权、计费以及建立端到端连接等功能。这些功能的集合与无线接入无关，但从网络功能完整性的角度来说是必需的。5GC的主要功能模块包括AMF、SMF、UPF、PCF、UDM、AUSF（Authentication Server Function，鉴权服务功能）、NEF（Network Exposure Function，网络开放功能）、NRF（Network Repository Function，网络存储功能）和NSSF（Network Slice Selection Function，网络切片选择功能）。其中，与NG-RAN连接的是AMF和UPF，AMF属于控制面的功能，UPF属于用户面的功能。

由于移动承载网在3G/4G时代主要负责将基站的数据回传到核心网，因此移动承载网也被称为移动回传网络。在5G时代，基站逻辑功能划分出现了新变化，4G时代的eNodeB（evolved NodeB，演进型网络基站）被5G时代的gNodeB取代。4G时代，RAN主要由BBU和RRU组成。图C-2以控制面数据为例，给出了4G和5G无线网络架构的对比。4G的BBU中包含RRC、PDCP、RLC、MAC和PHY。PHY完成模拟信号和数字信号之间的转换，依照其模拟信号处理功能以及数字信号处理功能域的划分，可以进一步分为PHY-L和PHY-H。PHY-L承担更多的模拟信号处理功能，PHY-H承担更多的数字信号处理功能。BBU和RRU之间的接口为CPRI，通常采用光纤直接承载。5G时代，将基站中不需要实时处理的功能上移并集中，构成CU，用于支持无线电接入网向全面云化战略演进。需要实时处理的部分则下沉构成DU，满足低时延业务要求，实现业务创先。AAU（Active Antenna Unit，有源天线处理单元）与DU之间的接口为eCPRI。

根据无线电接入网的不同部署形态，AAU/DU/CU/5GC之间的通信连接可分为前传、中传和回传。在5G中，原有BBU演进为DU和CU，并且根据不同的部署形态，出现不同的通信连接（前传和中传），随之也出现了前传网与中传网的概念。前传、中传和回传均有可能被移动承载网承载，但实际部署中5G移动承载聚焦中传和回传。

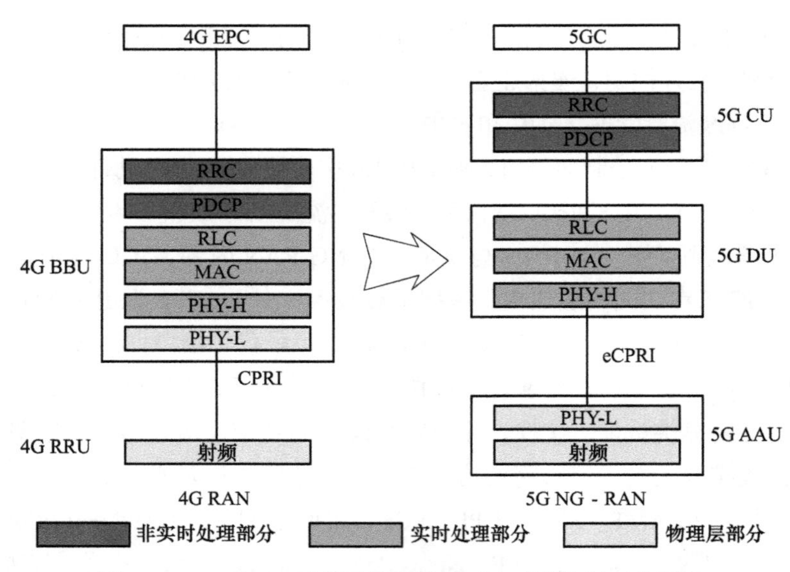

图 C-2　4G 和 5G 无线网络架构的对比（以控制面为例）

根据 AAU、DU 和 CU 的站点形态不同，5G 的无线电接入网可以分为两类，分别为 DRAN（Distributed Radio Access Network，分布式无线电接入网）和 CRAN（Centralized Radio Access Network，集中式无线电接入网）。图 C-3 中的部署形态 1 属于 DRAN，部署形态 2、3、4 属于 CRAN。DRAN 中，AAU、DU 和 CU 在同站点部署。CRAN 中 DU 或者 CU 在集中机房部署，而 AAU 仍然在站点部署。CRAN 与 DRAN 相比，其优点包括：相较于 DRAN，最靠近用户的站点只有 AAU 部署，因此可以节省站点空间；随着站点空间变小，可以进一步降低运营商获取站点的难度；DU 或者 CU 在机房中集中部署可以使得设备的散热过程集中处理，从而节省能耗；由于 CRAN 相较于 DRAN 是集中部署，有网络运营维护的优势，可以统一维护，部署效率高，减少网络运维人员上站点维护比例，从而节省费用。CRAN 的部署并不是完美无缺的，例如 CRAN 对光纤资源要求高，对 CU 或者 DU 集中机房的空间和配电要求高。从技术演进的方向上看，DRAN 正向 CRAN 不断演进。

部署形态 1 中，AAU、DU 和 CU 同站点部署，并且与 5GC 部署在不同站点。移动承载网此时只承载了回传的业务，具体数据格式采用 NG 接口格式。回传业务在移动承载网中经过多个移动承载设备并最终到达 5GC。部署形态 2 中，AAU 单独部署在一个站点，DU 和 CU 同站点部署，5GC 则部署在另外一个站点。此时 AAU 和 DU 之间的通信连接为前传，具体数据格式采用 eCPRI 接口格式；CU 和 5GC 之间的通信连接为回传，具体数据格式采用 NG 接口格式。部署形态 3 中，相较于前两种部署形态，DU 和 CU 分别部署于两个站点中，AAU 与 DU 同站点部署，

CU 集中部署于另一个站点，5GC 部署于第三个站点。此时 DU 与 CU 之间的通信连接为中传，具体数据格式采用 F1 接口格式；CU 和 5GC 之间的通信连接为回传，具体数据格式采用 NG 接口格式。部署形态 4 中，将 AAU、DU 和 CU 分别部署在不同的站点，DU 和 CU 都会集中部署。此时 AAU 和 DU 之间的通信连接为前传，具体数据格式采用 eCPRI 接口格式；DU 与 CU 之间的通信连接为中传，具体数据格式采用 F1 接口格式；CU 和 5GC 之间的通信连接为回传，具体数据格式采用 NG 接口格式。

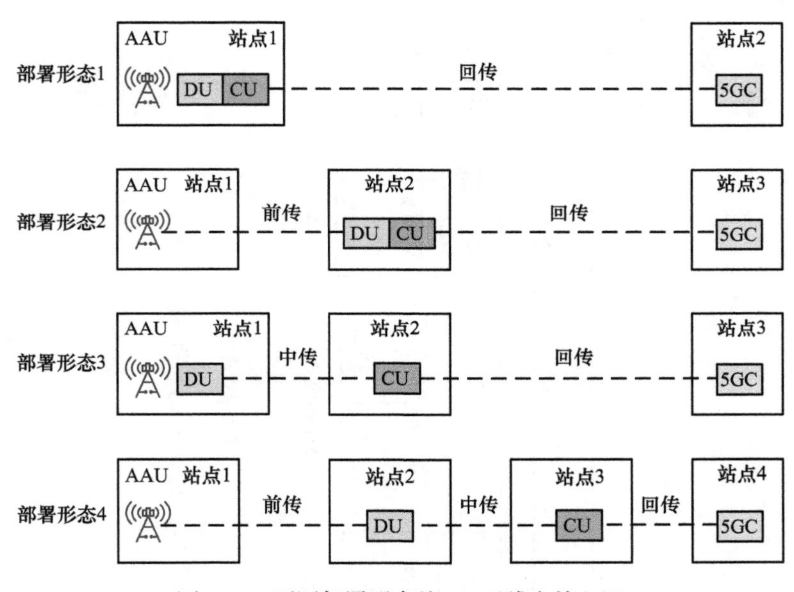

图 C-3　不同部署形态的 5G 无线电接入网

3GPP 只负责 5G 无线网络（NG-RAN 与 5GC）部分的标准化工作，移动承载网部分并不在 3GPP 的工作范畴内。单独查看 3GPP 标准或者 MTN 技术标准都无法给出端到端的数据流协议栈。图 C-4 以采用 3GPP 的 NG-RAN 5G 用户面数据为例，给出了一种应用 MTN 技术，作为 5G 承载网的 UE 至服务器的端到端网络协议栈，具体实现方式如下。

1. UE

UE 的应用层数据被送到 PDU（Protocol Data Unit，协议数据单元）层，承载相关协议的数据单元。PDU 对应的协议可以是 IP、以太网协议或者其他任何协议，具体协议选取跟 5G 技术无关。当使用 IP 时，UE 的 IP 地址由移动运营商分配，与 5GC 同属于一个域。PDU 数据随后会进入 3GPP NG-RAN 协议层，其中包

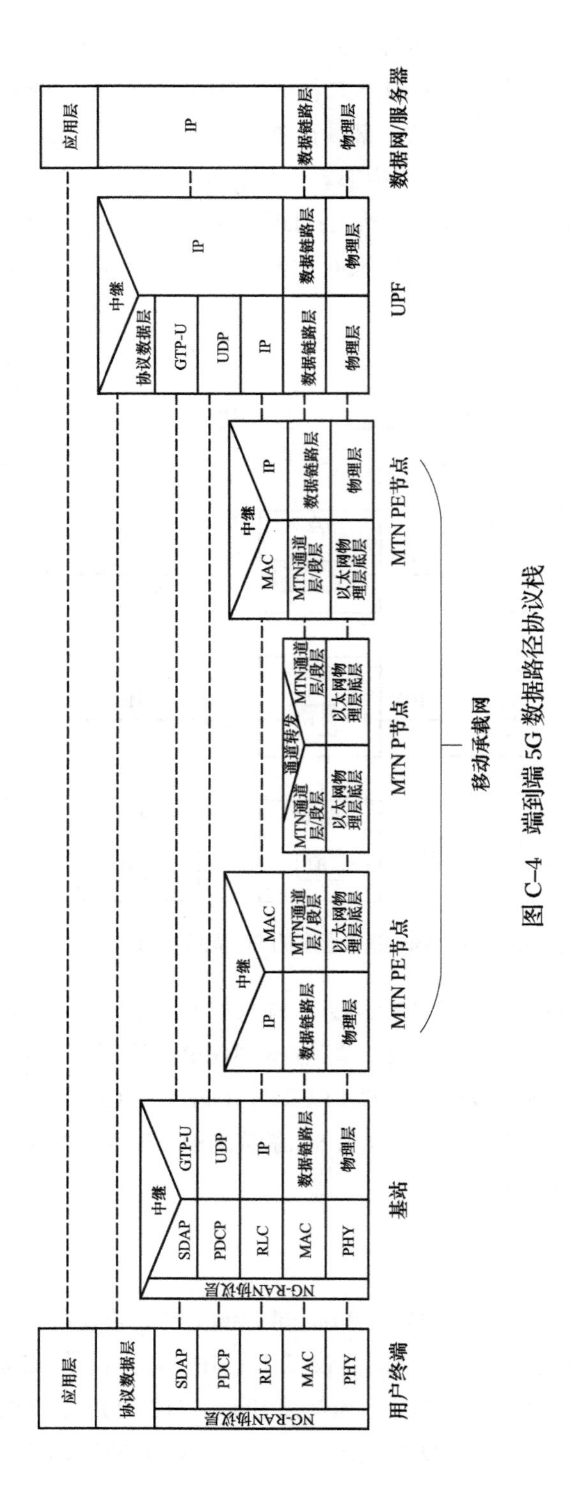

图 C-4　端到端 5G 数据路径协议栈

括 SDAP（Service Data Adaptation Protocol，服务数据适配协议）、PDCP、RLC、MAC 和 PHY。SDAP 负责 QoS 流与 DRB（Data Radio Bearer，数据无线承载）之间的映射，为数据包添加 QFI（QoS Flow ID，服务质量流标识）标记。PDCP 主要负责用户面 IP 头压缩、用户面或控制面数据加密 / 解密、控制面数据完整性校验、排序和复制检测以及 NSA 组网下的分流路由功能。RLC 负责无线链路的控制，包含数据的分段、重组和纠错功能。5G UE 的 MAC 层包含资源调度、逻辑信道和传输信道之间的映射、复用 / 解复用等功能。5G UE 的 PHY 包含错误检测、FEC 加密解密 / 速率匹配、物理信道的映射、调整和解调、频率同步和时间同步、无线测量、MIMO 处理、射频处理等功能。

2. gNB

gNB 与 UE 相连接的一侧的协议栈与 UE 一致。数据在经过 NG-RAN 协议层处理后，gNB 将恢复出的 PDU 通过 GTP-U（GPRS Tunnelling Protocol for the User plane，GPRS 用户面隧道协议）、UDP（User Datagram Protocol，用户数据报协议）、IP、数据链路层和物理层向远端的 UPF 发送。GTP-U 在 gNB 与 UPF 之间建立一条专用隧道，用于 UE 的 PDU 数据的传输。gNB 中的 IP 层负责 gNB 与 UPF 的连接，而当 PDU 层采用 IP 时，PDU 的 IP 叠加在 gNB 的 IP 层之上。gNB 的 IP 地址通常由移动运营商分配。由于 gNB 一般与 5GC 距离较远，需要通过移动承载网完成通信。数据链路层和物理层负责将 gNB 上 IP 层的数据传递给相连的移动承载网的 PE 节点（例如 MTN PE 节点）。通常 gNB 与 MTN 边缘节点在数据链路层和物理层采用以太网协议。

3. MTN PE 节点 /P 节点

当 MTN 技术应用于移动承载网时，MTN 可以在 gNB 与 5GC 之间建立一条 MTN 通道，也可以建立多条首尾依次相连的 MTN 通道完成 gNB 与 5GC 之间的数据通信。以前者为例，MTN 源 PE 节点采用 L3VPN 将接收到的 IP 报文转发至 MTN 通道所构成的逻辑端口，并按照 5.2 节的方法将分组信号映射进入 MTN 通道，按照 3.3.1 节的方法进一步映射到 MTN 段层与以太网物理层底层。MTN 的 P 节点不会终结 MTN 通道，而是按照 3.4 节的方法进行数据转发。MTN 宿 PE 节点会终结 MTN 通道，将其中的客户信号恢复还原；在与 UPF 连接的一侧，将数据通过 IP 层、数据链路层和物理层发送给 UPF。MTN PE 设备的 IP 地址通常由移动承载网运营商分配。

4. UPF

UPF 按照物理层、数据链路层、IP 层、UDP 层和 GTP-U 层的协议处理顺序，恢复出 PDU 层数据，并将 PDU 层内的数据发送给 DN（Data Network，数据网）或者 Server（服务器）。UPF 与移动承载网边缘设备相连接一侧的 IP 地址通常由移动运营商分配。UPF 与 DN/Server 相连接的一侧，数据需要依次经过 IP 层、数据链路层和物理层处理。UPF 与 DN/Server 相连接的一侧采用 IP 协议栈互联。

5. DN/Server

应用层的数据最终由 DN 或 Server 负责处理。DN/Server 依次从物理层、数据链路层和 IP 层恢复出应用层的数据，并按照应用层的相关协议处理数据，并最终完成 UE 与 Server 之间的通信。

附录 D　SPN 典型组网方案

采用 SPN 承载 5G 业务的典型组网方案如图 D-1 所示，其中各层级适用的设备及部署建议如下。

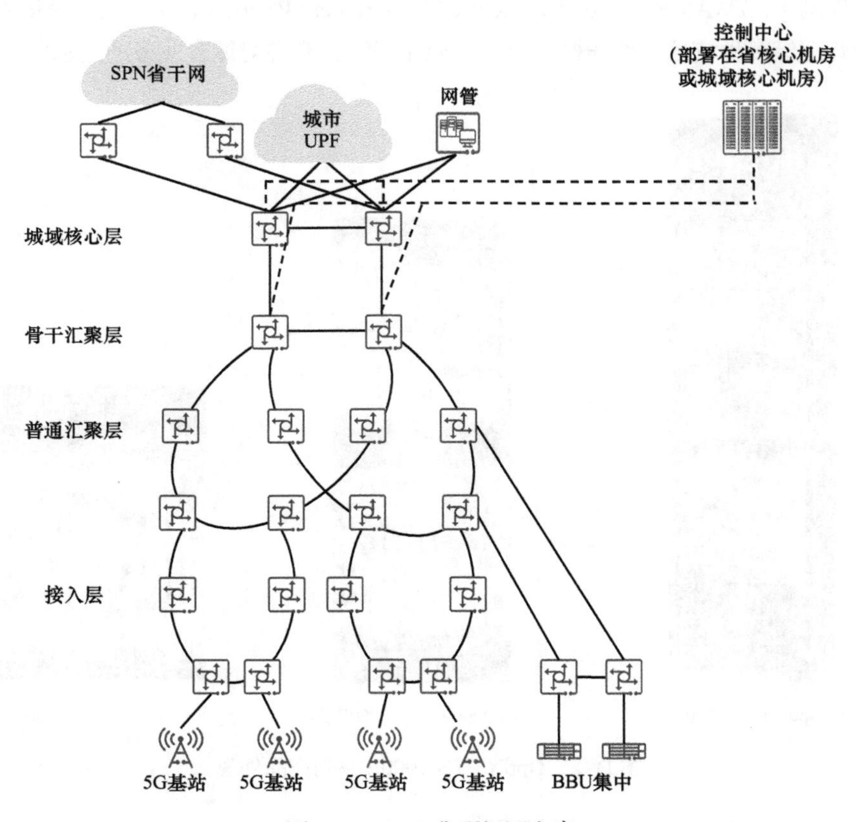

图 D–1　SPN 典型组网方案

- ◆ 接入层可部署 OptiX PTN 990E/990/980/980B/970C/970 设备组成 10GE/50GE 接入环。
- ◆ BBU（即综合接入层）可集中部署 OptiX PTN 7900E-12/PTN 990E/PTN 990 设备。

◆ 普通汇聚层可部署 OptiX PTN 7900E-32/PTN 7900E-24 设备组成 100GE/200GE 汇聚环。

◆ 骨干汇聚层以及城域核心层共同构成 Full-Mesh 口字形组网，这里建议部署 OptiX PTN 7900E-32 设备组成 100GE/200GE 核心环。

如图 D-2 所示，OptiX PTN 7900E 系列是拥有大容量、大带宽、业务智能和软件定义的切片分组汇聚核心设备，是一款基于 SDN 的 SPN 产品，其业务智能、流量可视、质量可评、容量可预测，能有效支撑企业长期演进和多业务承载。设备支持超低时延、超高精度时间同步等硬件特性，支持 MTN 切片、SR-TP、IFIT 等 5G 特性，具有秒级峰值检测、IFIT（In-situ Flow Information Telemetry，随流信息检测）、TWAMP（Two-Way Active Measurement Protocol，双向主动测量协议）性能管理等多种流量、性能检测手段，简化运维，实现对综合业务的全承载。

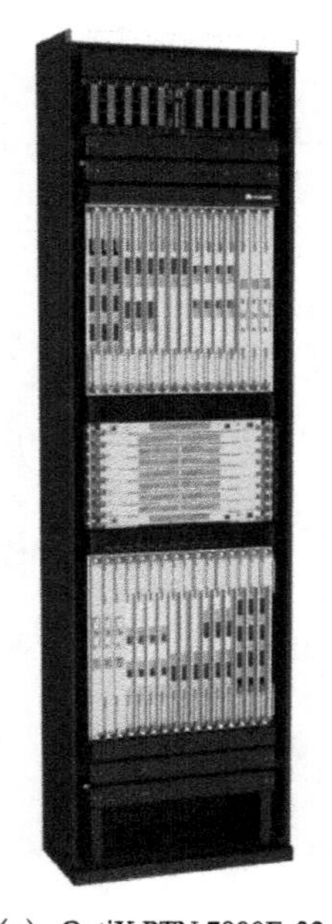

（a） OptiX PTN 7900E-32

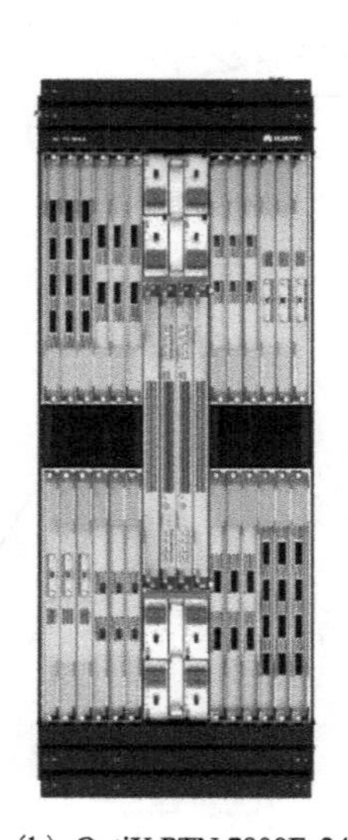

（b） OptiX PTN 7900E-24

（c） OptiX PTN 7900E-12

图 D–2　OptiX PTN 7900E 系列产品外观

如图 D-3 所示，OptiX PTN 900 系列产品是面向切片分组的新一代多业务传送平台设备，采用 MTN 技术，具备低时延、硬隔离、确定性承载、超大容量、灵活连接等特点，定位于多业务综合承载。PTN 900 系列具有全媒介接入、全媒介同步、全媒介管理等功能，可与 SPN 其他产品共同组建端到端的切片分组网络。

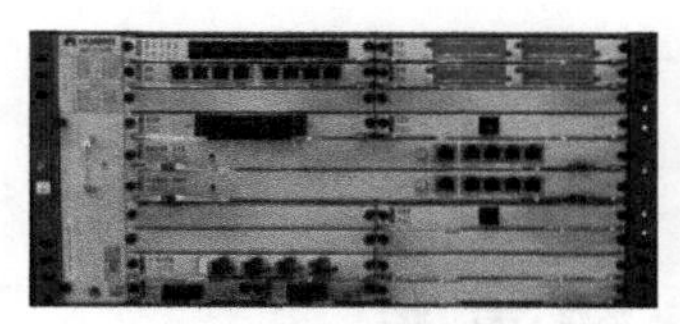

（a） OptiX PTN 990

（b） OptiX PTN 990E

（c） OptiX PTN 980

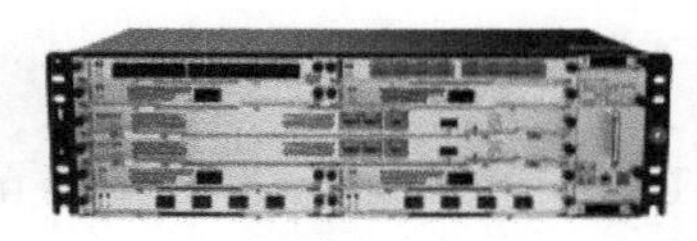

（d） OptiX PTN 980B

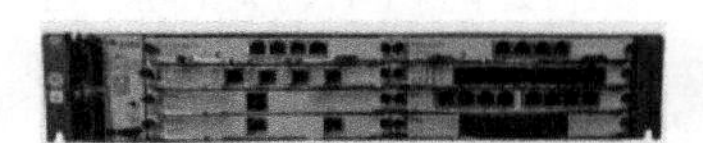

（e） OptiX PTN 970

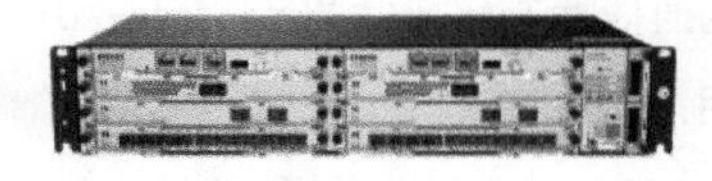

（f） OptiX PTN 970C

图 D-3　OptiX PTN 900 系列产品外观

附录 E　推荐阅读

[1] ITU-T G.8310，Architecture of the metro transport network，2020 年 9 月。

[2] ITU-T G.8312，Interfaces for the metro transport network，2020 年 9 月。

[3] 中国通信标准化协会 YD/T 2374-2011，分组传送网（PTN）总体技术要求，2011 年 12 月。

[4] IMT-2020（5G）推进组，5G 承载需求白皮书，2018 年 6 月。

[5] 中国通信标准化协会 YD/T 3826-2021，切片分组网络（SPN）总体技术要求，2021 年 3 月。

[6] IEEE 802.3cd-2018，IEEE standard for ethernet - amendment 3: media access control parameters for 50 Gb/s and physical layers and management parameters for 50 Gb/s, 100 Gb/s, and 200 Gb/s operation，2019 年 2 月。

[7] IEEE 802.3cn-2019，IEEE standard for ethernet - amendment 4: physical layers and management parameters for 50 Gb/s, 200 Gb/s, and 400 Gb/s operation over single-Mode fiber，2019 年 12 月。

[8] ITU-T G.800，Unified functional architecture of transport networks，2016 年 8 月。

[9] IEEE Std 1588TM-2019，IEEE standard for a precision clock synchronization protocol for networked measurement and control systems，2020 年 6 月。

[10] ITU-T G.781，Synchronization layer functions for frequency synchronization based on the physical layer，2020 年 4 月。

[11] ITU-T T.50，International Reference Alphabet（IRA）（formerly International Alphabet No. 5 or IA5）- information technology - 7-bit coded character set for information interchange，1993 年 4 月。

[12] IETF RFC 3550，A transport protocol for real-time applications，2003 年 7 月。

[13] IETF RFC 3985，Pseudo Wire Emulation Edge-to-Edge（PWE3）architecture，2005 年 3 月。

[14] ITU-T G.8131，Linear protection switching for MPLS transport profile，2014年7月。
[15] ITU-T G.808.1，Generic protection switching - linear trail and subnetwork protection，2014年5月。
[16] ITU-T G.8264，Distribution of timing information through packet networks，2017年8月。
[17] ITU-T G.8262，Timing characteristics of synchronous equipment slave clock，2018年11月。
[18] IEEE Std 1588™-2008，IEEE standard for a precision clock synchronization protocol for networked measurement and control systems，2008年7月。
[19] IMT-2020(5G)推进组，5G+垂直行业承载技术及典型研究白皮书，2020年10月。
[20] 3GPP TS 38.300 NR，NR and NG-RAN overall description; Stage-2，2018年1月。
[21] ITU-T G.Sup.69，Migration of a pre-standard network to a metro transport network，2020年9月。
[22] 3GPP TR 38.801，Technical specification group radio access network，study on new radio access technology: radio access architecture and interfaces，2017年3月。
[23] ITU-T G.806，Characteristics of transport equipment - description methodology and generic functionality，2017年8月。
[24] ITU-T G.808.2，Generic protection switching - ring protection，2019年8月。
[25] IETF RFC 5440，Path Computation Element (PCE) Communication Protocol (PCEP)，2009年3月。
[26] IETF RFC 8040，RESTCONF protocol，2017年1月。
[27] IETF RFC 4741，NETCONF configuration protocol，2006年12月。
[28] IETF RFC 6241，Network Configuration Protocol (NETCONF)，2011年6月。
[29] IETF RFC 4271，A border gateway protocol 4，2006年1月。
[30] ISO/IEC 10589:2002，Information technology -telecommunications and information exchange between systems- intermediate system to intermediate system intra-domain routeing information exchange protocol for use in conjunction with the protocol for providing the connectionless-mode network service，2002年11月。
[31] MEF MEF 6.3，Subscriber ethernet service definitions，2019年11月。

[32] 3GPP TS 36.420，Evolved Universal Terrestrial Radio Access Network (E-UTRAN)，X2 general aspects and principles，2022 年 4 月。
[33] ITU-T G.709，Interface for optical transport network，2020 年 6 月。
[34] 工业互联网产业联盟，工业互联网网络连接白皮书，2021 年 9 月。
[35] OIF flex ethernet implementation agreement，2016 年 3 月。

缩略语表

缩写	英文全称	中文全称
1DM	One-way Delay Measurement	单向时延测量
2DMM	Two-way Delay Measurement	双向时延测量
2DMR	Two-way Delay Measurement Response	双向时延测量应答
3GPP	3rd Generation Partnership Project	第三代合作伙伴计划
5G SA	5G Stand Alone	5G 独立独网
5GC	5G Core	5G 核心网
5G-R	5G-Railway	铁路 5G 专用移动通信
AAU	Active Antenna Unit	有源天线处理单元
ACI	Active Calendar Indicator	生效时隙配置表指示
ADM	Add/Drop Multiplexer	分插复用器
AM	Alignment Marker	对齐字符
AMF	Access and Mobility management Function	接入和移动性管理功能
AN	Auto-Negotiation	自协商
API	Application Program Interface	应用程序接口
App	Application	应用
APS	Auto Protection Switching	自动保护倒换
AR	Augmented Reality	增强现实
ARCNET	Attached Resource Computer Network	附加资源计算机网络
ASIC	Application Specific Integrated Circuit	专用集成电路
AUSF	Authentication Server Function	鉴权服务功能
AVC	Automatic Generation Control	自动发电控制
BBU	Building Baseband Unit	室内基带处理单元
BER	Bit Error Rate	误码率
BFD	Bidirectional Forwarding Detection	双向转发检测
BGP	Border Gateway Protocol	边界网关协议
BGP-LS	Border Gateway Protocol-Link State	BGP 链路状态（协议）
BIP	Bit Interleaved Parity	比特交织奇偶性
BITS	Building-Integrated Timing Supply	大楼综合定时供给
BMC	Best Master Clock	最优主时钟

续表

缩写	英文全称	中文全称
BOD	Bandwidth On Demand	按需带宽
BRT	Bus Rapid Transit	快速公交系统
BSS	Business Support System	业务支撑系统
CA	Carrier Aggregation	载波聚合
CBR	Constant Bit Rate	恒定比特率
CCSA	China Communications Standards Association	中国通信标准化协会
CDMA	Code-Division Multiple Access	码分多址
CDR	Clock Data Recovery	时钟数据恢复
CE	Customer Edge	用户边缘（设备）
CES	Circuit Emulation Service	电路仿真业务
CGMII	Centum Gigabit Media Independent Interface	100 吉比特媒体无关接口
CIR	Committed Information Rate	承诺信息速率
CN	Core Network	核心网
CN-NSSMF	Core Network-Network Slice Subnet Management Function	核心网网络切片子网管理功能
CO-CS	Connection Oriented Circuit Switching	面向连接的电路交换
CoMP	Coordinated MultiPoint	协作多点
CP	Control Plane	控制面
CPE	Customer Premises Equipment	用户驻地设备，业界常称客户终端设备
CPRI	Common Public Radio Interface	通用公共无线电接口
C-RAN	Cloud-RAN	云化无线电接入网
CRAN	Centralized Radio Access Network	集中式无线电接入网
CRC	Cyclic Redundancy Check	循环冗余校验
CS	Client Signal	客户信号
CS_LF	Client Signal Local Fault	客户信号本地故障
CS_LPI	Client Signal Low Power Idle	客户信号低功耗空闲
CS_RF	Client Signal Remote Fault	客户信号远端故障
CSA	Calendar Switch Acknowledge	时隙配置表切换确认
CSMA/CD	Carrier Sense Multiple Access with Collision Detection	带冲突检测的载波监听多路访问
CSMF	Communication Service Management Function	通信服务管理功能
CSPF	Constrained Shortest Path First	约束最短通路优先
CSR	Calendar Switch Request	时隙配置表切换请求
CU	Central Unit	集中单元

续表

缩写	英文全称	中文全称
CV	Connectivity Verification	连通性校验
CW	Control Word	控制字
DAPI	Destination Access Point Identifier	宿接入点标识
DC	Data Center	数据中心
DCI	Data Center Interconnection	数据中心互联
DCN	Data Communication Network	数据通信网
DM	Delay Measurement	时延测量
DMAC	Destination MAC	目的 MAC 地址
DN	Data Network	数据网
DNR	Do Not Revert	非返回
DNU	Do Not Use	不可用
DRAN	Distributed Radio Access Network	分布式无线电接入网
DRB	Data Radio Bearer	数据无线承载
DSCP	Differentiated Services Code Point	区分服务码点
DSL	Digital Subscriber Line	数字用户线
DSP	Digital Signal Processing	数字信号处理
DTU	Digital Trunk Unit	数字中继单元
DU	Distributed Unit	分布单元
DXC	Digital Cross-Connect	数字交叉连接
E2E	End to End	端到端
ECMP	Equal-Cost Multi-Path	等价多路径（路由协议）
eCPRI	enhanced Common Public Radio Interface	增强型通用公共无线电接口
EDGE	Enhanced Data rates for GSM Evolution	增强型数据速率 GSM 演进
EFD	End of Frame Delimiter	帧结束分隔符
E-LAN	Ethernet Local Area Network	以太网局域网
E-Line	Ethernet Line	以太网专线
eMBB	enhanced Mobile Broadband	增强型移动带宽
eNodeB	evolved NodeB	演进型网络基站
EOR	End Of Row	列末（交换机）
EOTN	Ethernet Optical Transport Network	以太网光传送网络
EPC	Evolved Packet Core	演进型分组核心（网）
ePRC	enhanced Primary Reference Clock	增强型基准参考时钟
ePRTC	enhanced Primary Reference Time Clock	增强型基准定时参考时钟
eSEC	enhanced Synchronous Equipment Clock	增强型同步设备时钟
ESOP	Enterprise Service Operation Platform	企业业务运营平台

续表

缩写	英文全称	中文全称
eSSM	enhanced Synchronization Status Message	增强同步状态消息
EVPN	Ethernet Virtual Private Network	以太网虚拟专用网
FC	Fibre Channel	光纤通道
FCS	Frame Check Sequence	帧检验序列
FDD	Frequency Division Duplex	频分双工
FDDI	Fiber Distributed Data Interface	光纤分布式数据接口
FE	Fast Ethernet	快速以太网
FEC	Forward Error Correction	前向纠错
FGU	Fine Granularity Unit	小颗粒技术
FlexE	Flexible Ethernet	灵活以太网
FPGA	Field Programmable Gate Array	现场可编程门阵列
FRR	Fast ReRoute	快速重路由
FS	Forced Switching	强制倒换
GE	Gigabit Ethernet	千兆以太网
gNB	gNodeB	5G 基站
GNSS	Global Navigation Satellite System	全球导航卫星系统
GPON	Gigabit Passive Optical Network	吉比特无源光网络
GPRS	General Packet Radio Service	通用分组无线业务
GPS	Global Positioning System	全球定位系统
GSM	Global System for Mobile communications	全球移动通信系统
G-SRv6	Generalized Segment Routing over IPv6	通用 SRv6
GTP-U	GPRS Tunnelling Protocol for the User plane	GPRS 用户面隧道协议
HARQ	Hybrid Automatic Repeat Request	混合自动重传请求
HDMI	High-Definition Multimedia Interface	高清晰度多媒体接口
HDR	High Data Rate	高数据速率
Hi-BER	High Bit Error Rate	高比特误码率
IB	InfiniBand	无限带宽
ICT	Information and Communication Technology	信息通信技术
IDC	International Data Corporation	国际数据公司
IETF	Internet Engineering Task Force	因特网工程任务组
IFIT	In-situ Flow Information Telemetry	随流信息检测
IGP	Interior Gateway Protocol	内部网关协议
IoT	Internet of Things	物联网
IP RAN	IP Radio Access Network	IP 化的无线电接入网
IPG	Inter Packet Gap	报文间隙

续表

缩写	英文全称	中文全称
ISDN	Integrated Services Digital Network	综合业务数字网
IS-IS	Intermediate System to Intermediate System	中间系统到中间系统
ISO	International Organization for Standardization	国际标准化组织
ITU-D	International Telecommunication Union-Telecommunication Development Sector	国际电信联盟电信发展部门
ITU-R	International Telecommunication Union-Radiocommunication Sector	国际电信联盟无线电通信部门
ITU-T	International Telecommunication Union-Telecommunication Standardization Sector	国际电信联盟电信标准化部门
KPI	Key Performance Indicator	关键性能指标
L2-NRT	Layer 2 Non Real Time	二层非实时
L2-RT	Layer 2 Real Time	二层实时
L2VPN	Layer 2 Virtual Private Network	二层虚拟专用网
L3VPN	Layer 3 Virtual Private Network	三层虚拟专用网
LDP	Label Distribution Protocol	标签分发协议
LDPC	Low Density Parity Check	低密度奇偶校验
LF	Local Fault	本地故障
LLC	Logical Link Control	逻辑链路控制
LLDP	Link Layer Discovery Protocol	链路层发现协议
LoP	Lockout of Protection	保护锁定
LPI	Low Power Idle	低功耗空闲
LSB	Least Significant Bit	最低有效位
LSP	Label Switched Path	标签交换路径
LTE	Long Term Evolution	长期演进技术
M2M	Machine-to-Machine	机器对机器
MAC	Medium Access Control	介质访问控制
MCC	Management Communication Channel	管理通信通道
MEC	Multi-access Edge Computing	多接入边缘计算
MFI	Multi-Frame Indicator	复帧指示
MIMO	Multiple-Input Multiple-Output	多输入多输出
MMF	Multimode Fiber	多模光纤
mMTC	massive Machine-Type Communication	大连接物联网，也称海量机器类通信
MPLS	Multi-Protocol Label Switching	多协议标签交换
MPLS-TP	Multi-Protocol Label Switching-Transport Profile	多协议标签交换－传送子集
MS	Manual Switching	人工倒换

续表

缩写	英文全称	中文全称
MSB	Most Significant Bit	最高有效位
MSTP	Multi-Service Transport Platform	多业务传送平台
MTN	Metro Transport Network	城域传送网
MTNP	MTN Path Layer	MTN 通道层
MTNS	MTN Section Layer	MTN 段层
MTTFPA	Mean Time to False Packet Acceptance	错误报文平均接收时间
NCE	Network Cloud Engine	网络云化引擎
NE	Network Element	网元
NEF	Network Exposure Function	网络开放功能
NETCONF	Network Configuration	网络配置（协议）
NFV	Network Functions Virtualization	网络功能虚拟化
NG	Next Generation	下一代
NGMN	Next Generation Mobile Network	下一代移动网络
NG-RAN	Next Generation Radio Access Network	下一代无线电接入网
NMS	Network Management System	网络管理系统
NNI	Network-Network Interface	网络—网络接口
NPU	Network Processing Unit	网络处理单元
NR	New Radio	新空口
NR	No Request	无请求
NRF	Network Repository Function	网络存储功能
NRZ	Non-Return-to-Zero	不归零
NSA	Non-Stand Alone	非独立组网
NSMF	Network Slice Management Function	网络切片管理功能
NSSF	Network Slice Selection Function	网络切片选择功能
OADM	Optical Add/Drop Multiplexer	光分插复用器
OAM	Operation, Administration and Maintenance	运行、管理与维护
OH	Overhead	开销
OIF	Optical Internetworking Forum	光互联论坛
OMC	Operation and Maintenance Center	运行与维护中心
ONF	Open Networking Foundation	开放网络基金会
O-RAN	Open Radio Access Network	开放式无线电接入网
OSFP	Octal Small Form-factor Pluggable	八通道小型可插拔
OSI	Open System Interconnection	开放系统互连
OSS	Operation Support System	运营支撑系统
OTDOA	Observed Time Difference Of Arrival	观察到达时间差

续表

缩写	英文全称	中文全称
OTN	Optical Transport Network	光传送网络
OTU	Optical Transport Unit	光传输单元
P2P	Peer to Peer	点到点
PAM4	Four-level Pulse Amplitude Modulation	四级脉冲幅度调制
PC	Personal Computer	个人计算机
PCE	Path Computation Element	路径计算单元
PCEP	Path Computation Element Communication Protocol	路径计算单元通信协议
PCF	Policy Control Function	策略控制功能
PCM	Pulse Code Modulation	脉冲编码调制
PCRF	Policy and Charging Rules Function	策略和计费规则功能
PCS	Physical Coding Sublayer	物理编码子层
PDCP	Packet Data Convergence Protocol	分组数据汇聚协议
PDH	Plesiochronous Digital Hierarchy	准同步数字系列
PDU	Protocol Data Unit	协议数据单元
PE	Provider Edge	提供商边缘（设备）
PHP	Penultimate Hop Popping	倒数第二跳弹出
PHY	Physical Layer	物理层
PID	Path Identifier	通道身份信息
PLC	Programmable Logic Controller	可编程逻辑控制器
PMA	Physical Medium Attachment	物理媒介附属
PMD	Physical Medium Dependent	物理媒介依赖
PMU	Phasor Measurement Unit	相量测量单元
POTN	Packet Optical Transport Network	分组光传送网络
ppm	parts per million	百万分率，业界常用于表示衡量指标
pps	pulse per second	秒脉冲
PRI	Primary Rate Interface	基群速率接口
PSN	Packet Switched Network	分组交换网
PSTN	Public Switched Telephone Network	公用电话交换网
PTN	Packet Transport Network	分组传送网
PTP	Precision Timing Protocol	精确时间协议
PW	Pseudo Wire	伪线
PWE3	Pseudo-Wire Emulation Edge to Edge	端到端伪线仿真
QFI	QoS Flow ID	服务质量流标识

续表

缩写	英文全称	中文全称
QL	Quality Level	质量等级
QoS	Quality of Service	服务质量
QSFP	Quad Small Form-factor Pluggable	四通道小型可插拔
RAN	Radio Access Network	无线电接入网
RDI	Remote Defect Indication	远端缺陷指示
REI	Remote Error Indication	远端误码指示
RESTCONF	Representational State Transfer Configuration	描述性状态转移配置（协议）
RF	Remote Fault	远端故障
RJ45	Registered Jack 45	RJ45 接口
RLC	Radio Link Control	无线链路控制
RPF	Remote PHY Fault	远端 PHY 故障
RR	Reverse Request	反向请求
RRC	Radio Resource Control	无线电资源控制
RRU	Remote Radio Unit	射频拉远单元
RS	Reconciliation Sublayer	协调子层
RTP	Real-time Transport Protocol	实时传送协议
RTU	Remote Terminal Unit	远程终端单元
SA	Stand Alone	独立组网
SANE	Secure Architecture for the Networked Enterprise	面向网络化企业的安全架构
SAPI	Source Access Point Identifier	源接入点标识
SBA	Service-Based Architecture	基于服务的架构
SC	Synchronization Configuration	同步配置
SCADA	Supervisory Control and Data Acquisition	数据采集与监控系统
SCC	Service Control Center	业务控制中心
SCL	Slicing Channel Layer	切片通道层
SD	Signal Degrade	信号劣化
SDAP	Service Data Adaptation Protocol	服务数据适配协议
SDH	Synchronous Digital Hierarchy	同步数字系列
SDI	Serial Digital Interface	串口数字接口
SDN	Software Defined Network	软件定义网络
SerDes	Serializer/Deserializer	串行器 / 解串器
SF	Signal Fail	信号失效
SF_P	Signal Fail for Protection	保护通道信号失效

续表

缩写	英文全称	中文全称
SF_W	Signal Fail for Work	工作通道信号失效
SFD	Start of Frame Delimiter	帧起始分隔符
SFP	Small Form-factor Pluggable	小型可插拔
SFP-DD	Small Form-factor Pluggable Double Density	双密度小型可插拔
SG	Section Group	段层组
SH	Sync Header	同步头
SI	Section Instance	段层实例
SLA	Service Level Agreement	服务等级协定
SMAC	Source MAC	源 MAC 地址
SMC	Synchronization Messaging Channel	同步消息通道
SMF	Session Management Function	会话管理功能
SPL	Slicing Packet Layer	切片分组层
SPN	Slicing Packet Network	切片分组网络
SR	Segment Routing	段路由
SR-BE	Segment Routing Best Effort	段路由尽力而为
SR-TP	Segment Routing Transport Profile	段路由传输模板
SSM	Synchronization Status Message	同步状态消息
SSU	Synchronization Supply Unit	同步支持单元
STL	Slicing Transport Layer	切片传送层
STP	Spanning Tree Protocol	生成树协议
SW	Switch	（普通）交换机
TCM	Tandem Connection Monitoring	串联连接监视
TCO	Total Cost of Operation	总运营成本
TDD	Time Division Duplex	时分双工
TD-LTE	Time Division Long Term Evolution	时分长期演进
TDM	Time Division Multiplexing	时分复用
TD-SCDMA	Time Division-Synchronous Code-Division Multiple Access	时分同步码分多址
TI-LFA	Topology-Independent Loop-Free Alternate	拓扑无关无环路备份
TN-NSSMF	Transport Network-Network Slice Subnet Management Function	承载网网络切片子网管理功能
To B	To Business	面向企业
To C	To Consumer	面向消费者
Topo	Topology	拓扑
ToS	Type of Service	服务类型

续表

缩写	英文全称	中文全称
TWAMP	Two-way Active Measurement Protocol	双向主动测量协议
UDM	Unified Data Management	统一数据管理
UDP	User Datagram Protocol	用户数据报协议
UE	User End	用户终端
UNI	User-Network Interface	用户—网络接口
UP	User Plane	用户面
UPF	User Plane Function	用户面功能
URI	Uniform Resource Identifier	统一资源标识符
URLLC	Ultra-Reliable Low-Latency Communication	超可靠低时延通信
VBR	Variable Bit Rate	可变比特率
VIP	Very Important Person	重要客户
VLAN	Virtual Local Area Network	虚拟局域网
VPN	Virtual Private Network	虚拟专用网
VR	Virtual Reality	虚拟现实
VRF	Virtual Routing and Forwarding	虚拟路由和转发
VSI	Virtual Switch Interface	虚拟交换接口
WCDMA	Wideband Code-Division Multiple Access	宽带码分多址
WDM	Wave-Division Multiplexing	波分复用
WP	Working Party	工作组
WTR	Wait To Restore	等待恢复

参考文献

[1] 韦乐平 . 光同步数字传输网 [M]. 北京 : 人民邮电出版社 , 1993.

[2] ARIKAN E. Channel polarization: a method for constructing capacity-achieving codes for symmetric binary-input memoryless channels [J]. IEEE Transactions on Information Theory, 2009, 55 (7): 3051-3073.

[3] Li H, HAN L Y, DUAN R, et al. Analysis of the synchronization requirements of 5G and corresponding solutions [J]. IEEE Communications Standards Magazine, 2017, 1 (1): 52-58.

[4] LAW D. IEEE 802.3cb 2.5 Gb/s and 5 Gb/s backplane and copper task force interim [EB/OL]. (2016-01) [2022-08-01].

[5] LI H, CHENG W Q, WANG L, et al. Proposal of new work item on new OAM tools for SCL layer network [EB/OL]. (2018-10) [2022-08-01].

[6] CHENG W Q, MURILLO L C, OREN E, et al. Proposal of new work item for SCL layer network of Slicing Packet Network [EB/OL]. (2018-10) [2022-08].

[7] 叶雯 , 韩柳燕 , 张德朝 . “创新先锋”李晗： 不忘网络强国初心 追寻科创兴国之梦 [N/OL]. 人民邮电报 , 2021-10-14 [2022-04-15].

[8] LI H, CHENG W Q, LI F, et al. Proposal for initiation of work on MTN Recommendations [EB/OL]. (2019-07) [2022-08-01].

[9] HAN L Y, LI H, LU R D, et al. Proposed a new work item on Recommendation G.mtn-sync [EB/OL]. (2018-10) [2022-08-01].

[10] CHENG W Q, CHENG W. Chip architecture design of SCL and new application scenarios [EB/OL]. (2018-10) [2022-08-01].

[11] LI R X, WANG R L, HALACHMI N, et al. X-Ethernet: enabling integrated fronthaul/backhaul architecture in 5G networks [EB/OL]. (2017-09) [2022-08-01].

[12] KATSALIS K, LI R X. Programmable Flex-E and X-Ethernet networks for traffic Isolation in multi-tenant environments [C]. Cham: Springer, 2019.

[13] GUSTLIN M. XL/CGMII and RS proposal [EB/OL]. (2008-05) [2022-08-01].

[14] ZHONG Q W, XU L, LI R X, et al. MTN path layer BER monitoring [EB/OL]. (2019-09) [2022-08-01].

[15] YANG F, LI H, HAN L Y, et al. Independent connection function for fine granularity MTN layered network [EB/OL]. (2021-12) [2022-08-01].